森 重文 編集代表
ライブラリ数理科学のための数学とその展開　AL3

複素シンプレクティック代数多様体

特異点とその変形

並河 良典 著

サイエンス社

編者のことば

　近年，諸科学において数学は記述言語という役割ばかりか研究の中での数学的手法の活用に期待が集まっている．このように，数学は人類最古の学問の一つでありながら，外部との相互作用も加わって現在も激しく変化し続けている学問である．既知の理論を整備・拡張して一般化する仕事がある一方，新しい概念を見出し視点を変えることにより数学を予想もしなかった方向に導く仕事が現れる．数学はこういった営為の繰り返しによって今日まで発展してきた．数学には，体系の整備に向かう動きと体系の外を目指す動きの二つがあり，これらが同時に働くことで学問としての活力が保たれている．

　この数学テキストのライブラリは，基礎編と展開編の二つからなっている．基礎編では学部段階の数学の体系的な扱いを意識して，主題を重要な項目から取り上げている．展開編では，大学院生から研究者を対象に現代の数学のさまざまなトピックについて自由に解説することを企図している．各著者の方々には，それぞれの見解に基づいて主題の数学について個性豊かな記述を与えていただくことをお願いしている．ライブラリ全体が現代数学を俯瞰することは意図しておらず，むしろ，数学テキストの範囲に留まらず，数学のダイナミックな動きを伝え，学習者・研究者に新鮮で個性的な刺激を与えることを期待している．本ライブラリの展開編の企画に際しては，数学を大きく4つの分野に分けて森脇淳（代数），中島啓（幾何），岡本久（解析），山田道夫（応用数理）が編集を担当し森重文が全体を監修した．数学を学ぶ読者や数学にヒントを探す読者に有用なライブラリとなれば望外の幸せである．

編者を代表して

森　重文

まえがき

　本書では，シンプレクティック形式を持った特異点を代数幾何学の立場から考察する．出発点となるのは，クライン特異点である．クライン特異点とは2次元アファイン空間 $\mathbf{C}^2$ を $SL(2, \mathbf{C})$ の有限部分群で割ってできる特異点のことである．クライン特異点を極小特異点解消すると例外因子として有限個の射影直線が現れ，その双対グラフは A_n-型，D_n-型 $(n \geq 4)$，E_n-型 $(n = 6, 7, 8)$ のディンキン図形に一致する．この事実は，クライン特異点とリー環の間になんらかの関係があることを示唆している．実際，A, D, E-型の複素単純リー環 $\mathfrak{g}$ の中で副正則べき零軌道と呼ばれる特別なべき零軌道を考え，この軌道に対する横断片 $\mathcal{S}$ を考えると，$\mathcal{S}$ とべき零錐 $\mathcal{N}$ との交わり $S := \mathcal{S} \cap \mathcal{N}$ が対応するクライン特異点になる．さらに，横断片 $\mathcal{S}$ を用いて S の半普遍変形族が得られる．また，クライン特異点の半普遍変形族の同時特異点解消をリー群論的に構成することも可能である．これによって，最初に述べた例外因子の双対グラフが，リー環のディンキン図形と一致していることが見事に説明される．ここで述べた結果は，最初，グロタンディークによって予想され，その後，ブリースコーン [Br] によって解決された．証明の詳細は，スロードウィーの論文 [Slo] に書かれている．[Slo] では，横断片の作り方が，具体的に与えられていて，現在では，この横断片のことをスロードウィー切片と呼ぶことが多い．

　クライン特異点の概念を高次元化したものが，錐的シンプレクティック多様体である．上で説明したスロードウィー切片は，すべてのべき零軌道に対して定義できる．このときスロードウィー切片とべき零錐 $\mathcal{N}$ との交わりは，錐的シンプレクティック多様体になる．他にも，複素べき零軌道の閉包を正規化したもの，トーリック超ケーラー多様体，箙 多様体，シンプレクティック商多様体など，幾何学的表現論の観点からも重要な対象が錐的シンプレクティック多様体の例になっている．本書では，先に述べたクライン特異点の理論を，[G-K]，[Na 2]，[Na 3] に基づいて，錐的シンプレクティック多様体に対して拡張する．クライン特異点は孤立特異点であったが，錐的シンプレクティック多様体の特異点は孤立していない．そのため，通常の変形理論を用いることは難しい．そ

の代わりをするのが，ポアソン変形である．錐的シンプレクティック多様体は，自然なポアソン構造を持つ．代数多様体とポアソン構造の組を変形するのが，ポアソン変形である．

　本書を読むにあたっての予備知識としては，大学の学部程度の幾何学，リー環やリー群 (代数群) の初歩，そして可換環論，代数幾何の基礎的な知識を仮定した．これらの部分については，[Mat], [Hu], [Bo], [Ma], [Ha] などが適当な参考文献である．

　本書の姉妹版ともいえる書物が [Part 1] である．[Part 1] ではシンプレクティック代数多様体に関する基礎的事項が解説されていて，本書でも時々引用する．しかし，本書は，[Part 1] とは独立して読めるように書かれてある．

2021 年 3 月

並河良典

目　　次

第1章
複素代数多様体と
正則シンプレクティック構造

この章では，本書で必要となる基礎的事項を簡単にふりかえる．より詳しい説明を読みたい場合は，1.1 節に関しては [Matz] を，それ以降の節に関しては [Part 1] を参照されたい.

1.1 クライン特異点

3 次元アファイン空間の超曲面 $S = \{(x, y, z) \in \mathbf{C}^3 \mid f(x, y, z) = 0\}$ で f が次のいずれかの形のものを，**クライン特異点**と呼ぶ.

$$(A_r)\colon\ x^{r+1} + y^2 + z^2\ (r \geq 1)$$
$$(D_r)\colon\ x^{r-1} + xy^2 + z^2\ (r \geq 4)$$
$$(E_6)\colon\ x^4 + y^3 + z^2$$
$$(E_7)\colon\ x^3 y + y^3 + z^2$$
$$(E_8)\colon\ x^5 + y^3 + z^2$$

S は，原点でのみ特異点を持つ代数曲面である．$\mathbf{C}^3$ 上の 3-形式 $dx \wedge dy \wedge dz$ の**留数** (residue) を取ることにより，S の非特異部分 $S_{\mathrm{reg}} := S - \{0\}$ は，至るところ非退化で d-閉な正則 2-形式 (シンプレクティック形式)

$$\omega_S := \mathrm{Res}(dx \wedge dy \wedge dz / f(x, y, z))$$

を持つ.

S を特異点でブローアップしていくことにより，特異点解消 $\pi\colon \tilde{S} \to S$ を得る．$\pi^{-1}(0)$ の既約成分を $E_1, E_2, \ldots$ と置いて，交点数 $(E_i.E_j)_{\tilde{S}}$ を a_{ij} とする．各 E_i に頂点を対応させ，相異なる i, j に対して E_i に対応する頂点と E_j に対応する頂点を a_{ij} 本の辺で結ぶ．このようにして作ったグラフのこと

を，π の**双対グラフ**と呼ぶ．クライン特異点の場合，E_i はすべて $\mathbf{P}^1$ と同型で，$a_{ii} = -2$ が成り立つ．さらに $E_1, E_2, \ldots$ を適当に並び変えると，π の双対グラフは以下のようになる．

(A_r)：頂点の個数は r 個

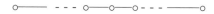

(D_r)：頂点の個数は r 個

(E_6)：

(E_7)：

(E_8)：

さらに，$\pi^*\omega_S$ は $\tilde{S}$ 上のシンプレクティック形式になる．特に，S の標準因子 K_S の π による引き戻しは，$\tilde{S}$ の標準因子 $K_{\tilde{S}}$ と線形同値である：$K_{\tilde{S}} \sim \pi^* K_S$.

例 1.1.1　(A_r)-型：

S を A_r-型のクライン特異点とする．$\mathbf{C}^3$ を原点でブローアップしたものを $\nu_1: \tilde{\mathbf{C}}^3 \to \mathbf{C}^3$ とする．S を原点でブローアップしたものを $\pi_1: S_1 \to S$ とすると，$S_1 \subset \tilde{\mathbf{C}}^3$ であり，$\pi_1 = \nu_1|_{S_1}$ である．$\tilde{\mathbf{C}}^3$ はいくつかの3次元アファ

イン空間で覆われているが，そのうちの1つ U で，$\pi|_U$ が射

$$\mathbf{C}^3 \to \mathbf{C}^3, \quad (x_1, y_1, z_1) \to (x_1, x_1 y_1, x_1 z_1)$$

と同一視できるようなものを取る．$x^{r+1} + y^2 + z^2 = x_1^2(x_1^{r-1} + y_1^2 + z_1^2)$ に注意すると，

$$S_1 \cap U = \{(x_1, y_1, z_1) \in \mathbf{C}^3 \mid x_1^{r-1} + y_1^2 + z_1^2 = 0\}$$

となる．したがって，S_1 は，原点に対応する点 p_1 で A_{r-2}-型のクライン特異点を持つ（$r \le 2$ のときは，非特異点である）．さらに，S_1 は p_1 以外の点では非特異であることもわかる．$\pi_1^{-1}(0) \cap U$ は，$r = 1$ のときは $1 + y_1^2 + z_1^2 = 0$ で定義される既約なアフィン曲線，$r \ge 2$ のときは $y_1^2 + z_1^2 = 0$ で定義される，2つの既約成分を持ったアフィン曲線である．実は，$r = 1$ のときは，$\pi^{-1}(0)$ は $\mathbf{P}^1$ と同型であり，$r \ge 2$ のときは，p_1 で交わる2つの $\mathbf{P}^1$ の和集合である．$(S, 0)$ を (S_1, p_1) に置き換えてブローアップを続けていくと，最終的に，例外曲線が r 個の $\mathbf{P}^1$ であるような特異点解消 $\pi \colon \tilde{S} \to S$ を得る．また，

$$\pi_1^* \omega_S |_{S_1 \cap U} = \mathrm{Res}(dx_1 \wedge dy_1 \wedge dz_1 / x_1^{r-1} + y_1^2 + z_1^2)$$

なので，$\pi_1^* \omega_S$ は，$(S_1)_{\mathrm{reg}}$ 上のシンプレクティック形式であることがわかる．このことから，$\pi^* \omega_S$ は $\tilde{S}$ 上のシンプレクティック形式である．□

　クライン特異点は，アフィン空間 $\mathbf{C}^2$ の商特異点としても記述される．このことについて簡単に説明しよう．$\mathbf{R}^3$ の回転群

$$SO(3) := \{A \in SL(3, \mathbf{R}) \mid A^t A = I_3\}$$

を考える．$SO(3)$ の自明でない有限部分群は，巡回群 C_n ($n > 1$)，正2面体群 D_n ($n > 1$)，正4面体群 T，正8面体群 O，正20面体群 I のいずれかに同型であり，同型な部分群は互いに共役であることが知られている．ここで $|C_n| = n$, $|D_n| = 2n$, $|T| = 12$, $|O| = 24$, $|I| = 60$ である．$SO(3)$ は，$\mathbf{R}^3$ の中の単位球面 S^2 に作用する．S^2 は複素射影直線 $\mathbf{P}^1$ と同相である．ここで，複素射影直線 $\mathbf{P}^1$ の自己同型群は，$PGL(2, \mathbf{C}) := GL(2, \mathbf{C})/\mathbf{C}^*$ であることを思い出そう．S^2 と $\mathbf{P}^1$ の同一視を通して，$SO(3, \mathbf{R})$ を $PGL(2, \mathbf{C})$ の部分群とみなす．最後に，$PGL(2, \mathbf{C}) \cong SL(2, \mathbf{C})/\{1, -1\}$ によって，$2 : 1$ 準

同型射 $\rho\colon SL(2,\mathbf{C}) \to PGL(2,\mathbf{C})$ が誘導される．ここで，$\tilde{D}_n := \rho^{-1}(D_n)$,
$\tilde{T} := \rho^{-1}(T)$, $\tilde{O} := \rho^{-1}(O)$, $\tilde{I} := \rho^{-1}(I)$ と定義する．$\tilde{D}_n, \tilde{T}, \tilde{O}, \tilde{I}$ は各々，
2項正2面体群，2項4面体群，2項正8面体群，2項20面体群と呼ばれる．定
義から，

$$|\tilde{D}_n| = 4n, \ |\tilde{T}| = 24, \ |\tilde{O}| = 48, \ |\tilde{I}| = 120$$

である．このとき，次が成り立つ．

命題 1.1.2 $SL(2,\mathbf{C})$ の自明でない有限部分群は，巡回群 C_n $(n > 1)$，2項
正2面体群 $\tilde{D}_n$ $(n > 1)$，2項正4面体群 $\tilde{T}$，2項正8面体群 $\tilde{O}$，2項正20面
体群 $\tilde{I}$ のいずれかに同型であり，同型な部分群は互いに共役である．

　$SL(2,\mathbf{C})$ は，$\mathbf{C}^2$ の座標環 $\mathbf{C}[u,v]$ に作用する．$SL(2,\mathbf{C})$ の有限部分群 G
に対して，G の不変式環 $\mathbf{C}[u,v]^G$ を $\mathbf{C}[u,v]$ の中で G-不変な多項式全体から
なる部分環として定義する．$\mathbf{C}[u,v]^G$ は $\mathbf{C}$ 上有限生成な環である．このとき，
商多様体を $\mathbf{C}^2/G := \mathrm{Spec}\,\mathbf{C}[u,v]^G$ として定義する．実際，こう定義すると，
$\mathrm{Spec}\,\mathbf{C}[u,v]^G$ の閉点は，$\mathbf{C}^2$ の閉点の G-軌道と $1:1$ に対応することがわか
る．次が成立する．証明は [Matz], 1章を参照せよ．

定理 1.1.3 $G = C_n$ $(n > 1)$ のとき，$\mathbf{C}^2/G$ は，A_{n-1}-型のクライン特異点
と同型である．

　$G = \tilde{D}_n$ $(n > 1)$ のとき，$\mathbf{C}^2/G$ は，D_n-型のクライン特異点と同型である．

　$G = \tilde{T}, \tilde{O}, \tilde{I}$ のとき，$\mathbf{C}^2/G$ はそれぞれ E_6-型，E_7-型，E_8-型のクライン
　特異点に同型である．

1.2　シンプレクティック代数多様体

　複素数体 $\mathbf{C}$ 上分離的で，有限型の概型のことを，($\mathbf{C}$ 上の) **代数的概型**と呼
ぶ．既約かつ被約な代数的概型のことを**複素代数多様体**と呼ぶ．代数的概型 X
から自然に複素解析空間が決まる．この複素解析空間を X^{an} であらわす．

定義 1.2.1 X を偶数次元 $2d$ の複素正規代数多様体とする．X_{reg} 上に代数的
2-形式 ω が存在して，次の2条件を満たすとき，(X,ω) を**シンプレクティック
代数多様体**と呼ぶ．

(i) ω はシンプレクティック形式である. つまり $d\omega = 0$ で $\wedge^d \omega$ は至る所で消えていない 2d-形式である.

(ii) X の特異点解消 $f: Y \to X$ を取ると, $f^{-1}(X_{\mathrm{reg}})$ 上の 2-形式 $f^*\omega$ は Y 上の 2-形式 ω_Y に延長可能である.

ここで (ii) の条件は, 特別な特異点解消に対して成り立てば, すべての特異点解消に対して正しいことに注意する. 実際 $f: Y \to X$ に対して (ii) が成り立っているとして, 他の特異点解消 $f': Y' \to X$ を取ってくる. このとき Y, Y' をともに支配するような特異点解消 $g: Z \to X$ を取ることができる. つまり g は $Z \xrightarrow{h} Y \xrightarrow{f} X$, $Z \xrightarrow{h'} Y' \xrightarrow{f'} X$ と分解する. Y 上には $f^*\omega$ を延長した 2-形式 ω_Y が存在する. ω_Y を Z まで引き戻すことによって Z 上の 2-形式 ω_Z が決まる. 一方 h' は非特異代数多様体の間の双有理固有射なので $h'_*\Omega^2_Z = \Omega^2_{Y'}$ が成り立っている. したがって ω_Z は Y' 上の 2-形式を定め, これは $f'^{-1}(X_{\mathrm{reg}})$ 上の 2-形式 $f'^*\omega$ を延長したものになっている.

シンプレクティック代数多様体は標準特異点を持つ. これは, $\wedge^d \omega \in \Gamma(X_{\mathrm{reg}}, \mathcal{O}(K_X))$ が至る所消えない切断なので $K_X \sim 0$ となり, $f^*(\wedge^d \omega)$ は (ii) の条件から Y 上の 2d-形式 $\wedge^d \omega_Y$ に拡張されるからである.

代数多様体 X が局所的にシンプレクティック代数多様体になっているときに, X は**シンプレクティック特異点**を持つと呼ぶことにする. 定義 1.2.1 の (ii) において Y 上に延長された 2-形式がシンプレクティック形式になっている場合, f のことを**シンプレクティック特異点解消**と呼ぶ. (X, ω) がシンプレクティック代数多様体の場合, クレパント特異点解消とシンプレクティック特異点解消は同じものになる. 実際 $f: Y \to X$ がクレパント特異点解消であれば, $K_Y \sim f^*K_X$ なので $f^*(\wedge^d \omega)$ は Y 上の至る所消えない 2d-形式に拡張される. これは $\wedge^d \omega_Y$ と一致するので, ω_Y はシンプレクティック 2-形式である. 逆に f がシンプレクティック特異点解消であれば, 至るところ消えない 2d-形式 $\wedge^d \omega_Y$ が $f^*(\wedge^d \omega)$ の拡張になっていることから $K_Y \sim f^*K_X$ である.

シンプレクティック構造より一般的な構造として, ポアソン構造がある. **C** 上の代数的概型 X が**ポアソン概型**であるとは, **ポアソン括弧積**と呼ばれる **C-双線形射**

$$\{\ ,\ \}: \mathcal{O}_X \times \mathcal{O}_X \to \mathcal{O}_X$$

で次の性質を満たすものが存在することである.

(i) $\{\,,\,\}$ は反対称形式であり，$\{f \cdot g, h\} = f\{g, h\} + g\{f, h\}$ が成り立つ.

(ii) ヤコビ恒等式

$$\{f, \{g, h\}\} + \{g, \{h, f\}\} + \{h, \{f, g\}\} = 0$$

が成り立つ.

X を $\mathbf{C}$ 上のポアソン概型，$Y \subset X$ をその閉部分概型とする. $I \subset \mathcal{O}_X$ を Y の定義イデアル層とする. $\{I, \mathcal{O}_X\} \subset I$ が成り立つとき，Y を X の**部分ポアソン概型**と呼ぶ. Y が X の部分ポアソン概型であれば，X 上のポアソン括弧積 $\{\,,\,\}$ は Y 上のポアソン括弧積 $\{\,,\,\}\colon \mathcal{O}_Y \times \mathcal{O}_Y \to \mathcal{O}_Y$ を自然に誘導する.

シンプレクティック代数多様体は，自然にポアソン概型とみなせることを以下で説明しよう.

X_{reg} 上のシンプレクティック形式 $\omega \in \Gamma(X_{\mathrm{reg}}, \Omega^2_{X_{\mathrm{reg}}})$ を考える. このとき ω は $\Theta_{X_{\mathrm{reg}}}$ と $\Omega_{X_{\mathrm{reg}}}$ の間の同型射 $\Theta_{X_{\mathrm{reg}}} \cong \Omega_{X_{\mathrm{reg}}}$ $(v \to v \lrcorner \omega)$ を定義する. ここで $v \lrcorner \omega$ は ω とベクトル場 v との**内部積** (inner product) であり，$v \lrcorner \omega(\cdot) := \omega(v, \cdot)$ で定義される. この同型射は $\Theta^i_{X_{\mathrm{reg}}}$ と $\Omega^i_{X_{\mathrm{reg}}}$ の間の同一視を与える. この同一視を i にかかわらず $\phi\colon \Theta^i_{X_{\mathrm{reg}}} \cong \Omega^i_{X_{\mathrm{reg}}}$ と書くことにする. 特に，$\omega \in \Gamma(X_{\mathrm{reg}}, \Omega^2_{X_{\mathrm{reg}}})$ に対して 2-ベクトル $\theta := \phi^{-1}(\omega) \in \Gamma(X_{\mathrm{reg}}, \Theta^2_{X_{\mathrm{reg}}})$ が 1 つ決まる. 括弧積 $\{\,,\,\}\colon \mathcal{O}_{X_{\mathrm{reg}}} \times \mathcal{O}_{X_{\mathrm{reg}}} \to \mathcal{O}_{X_{\mathrm{reg}}}$ を $\{f, g\} := \theta(df \wedge dg)$ によって定義する. ω が d-閉であることから，括弧積はヤコビ恒等式を満たし，X_{reg} 上にポアソン構造を定義する. X は正規代数多様体なので，ポアソン括弧積は X 上のポアソン括弧積

$$\{\,,\,\}\colon \mathcal{O}_X \times \mathcal{O}_X \to \mathcal{O}_X$$

に一意的に延長される. このようにして，X をポアソン概型とみなすことができる. シンプレクティック代数多様体のポアソン構造は，次に述べる特筆すべき性質を持つ. ([Part 1], 定理 4.1.4)

定理 1.2.2 (カレーディン (Kaledin))　(X, ω) をシンプレクティック代数多様体として，$\{\,,\,\}$ を ω から決まる X 上のポアソン構造とする.

(a) X の特異点集合に被約な閉概型の構造を入れたものを $\mathrm{Sing}^{(1)}(X)$ とす

る．このとき $\mathrm{Sing}^{(1)}(X)$ 自身とその既約成分はいずれも X の閉部分ポアソン概型になる．次に $\mathrm{Sing}^{(2)}(X) := \mathrm{Sing}(\mathrm{Sing}^{(1)}(X))$ と置くと，$\mathrm{Sing}^{(2)}(X)$ とその既約成分は X の閉部分ポアソン概型になる．同様にして $\mathrm{Sing}^{(i)}(X)$ $(i \geq 3)$ およびこれらの既約成分はすべて X の閉部分ポアソン概型になる．逆に X の既約かつ被約な閉部分ポアソン概型はすべて $\mathrm{Sing}^{(i)}(X)$ の既約成分として得られる．

(b) X, $\mathrm{Sing}^{(i)}(X)$ $(i \geq 1)$ の非特異部分を $U^{(0)}$, $U^{(i)}$ $(i \geq 1)$ と置く．このとき

$$X = \bigcup_{i \geq 0} U^{(i)}$$

であり $U^{(i)}$ $(i \geq 0)$ の各連結成分は自然なポアソン構造によって非特異シンプレクティック代数多様体になる．

(c) $x \in U^{(i)}$ に対してシンプレクティック代数多様体 $x \in Y_x$ が存在して，形式的概型のポアソン同型射

$$\hat{X}_x \cong \hat{U}_x^{(i)} \hat{\times} \hat{Y}_x$$

が存在する．

(b) に出てきた $U^{(i)}$ の各連結成分を X の**シンプレクティックリーフ**と呼ぶ．シンプレクティックリーフはすべて偶数次元である．

系 1.2.3 X は上の定理と同じものとする．(b) の分割において，$U^{(i)}$ を余次元 2 のシンプレクティックリーフとする．このとき，$x \in U^{(i)}$ における複素解析空間の芽 (X^{an}, x) はクライン特異点の芽 $(S^{an}, 0)$ と $(\mathbf{C}^{2d-2}, 0)$ の直積に同型である．

証明. 定理 1.2.2, (c) より，X の $x \in X$ における形式的近傍と，$S \times \mathbf{C}^{2d-2}$ の原点における形式的近傍は同じである．ここで [Ar], Corollary 2.6 を用いると，$x \in X$ と $0 \in S \times \mathbf{C}^{2d-2}$ の共通のエタール近傍 $w \in W$ が取れる．これは，系を意味する．□

最後に錐的シンプレクティック多様体を定義しておく．

定義 1.2.4　(X, ω) をアファインなシンプレクティック代数多様体とする. $R := \Gamma(X, \mathcal{O}_X)$ を X の座標環とする. 次の条件を満たすとき (X, ω) のことを**錐的シンプレクティック多様体**と呼ぶ.

(i) R は正に次数付けられている. つまり R は **C** 上の次数付き環

$$R = \bigoplus_{i \geq 0} R_i$$

であり $R_0 = \mathbf{C}$ である (このとき X は良い $\mathbf{C}^*$-作用を持つという).

(ii) (i) の $\mathbf{C}^*$-作用に関して ω は**斉次的** (homogeneous) である. すなわち, ある整数 l が存在して, 任意の $t \in \mathbf{C}^*$ に対して

$$\varphi_t^* \omega = t^l \omega$$

が成り立つ. ただし φ_t は t が引き起こす X の自己同型射のことである. l のことを ω の**ウエイト**と呼んで, $wt(\omega) = l$ と書くことも多い.

ウエイト l は常に正である ([Part 1], 命題 4.1.14). クライン特異点に対して, x, y, z に適当な正のウエイトを与えれば, 定義方程式 $f(x, y, z)$ は斉次になる. さらに ω も斉次になる. したがって, クライン特異点は, 錐的シンプレクティック多様体とみなすことができる.

1.3　変　　　形

X_0 を **C** 上の代数的概型とする. T を **C** 上の代数的概型で, その上の閉点 $0 \in T$ が指定されているものとする. 代数的概型の平坦な全射 $\pi \colon X \to T$ と同型射 $\varphi \colon X_0 \cong \pi^{-1}(0)$ が与えられたとき, $\pi \colon X \to T$ のことを X_0 の T 上の**変形**と呼ぶ. $T \to T'$ を閉埋め込みとする. 平坦な全射 $\pi' \colon X' \to T'$ と同型射 $\phi \colon X \cong X' \times_{T'} T$ の組のことを, X の T' 上への**拡張**と呼ぶ. T' 上に X の 2 つの拡張 (X_1', ϕ_1), (X_2', ϕ_2) が与えられたとする. T' 上の同型射 $X_1' \cong X_2'$ で, T 上に誘導される同型射 $X_1' \times_{T'} T \cong X_2' \times_{T'} T$ が, 次の可換図式を満たすとき, 2 つの拡張は**同値**であると呼ぶ:

$$
\begin{array}{ccc}
X & \xrightarrow{\ id\ } & X \\
{\scriptstyle \phi_1}\downarrow & & \downarrow{\scriptstyle \phi_2} \\
X_1' \times_{T'} T & \longrightarrow & X_2' \times_{T'} T
\end{array}
\tag{1.1}
$$

局所アルチン $\mathbf{C}$-代数 (A, m) で $A/m = \mathbf{C}$ となるものに対して, $T := \operatorname{Spec} A$ と置く. $A[\epsilon] := A \otimes_{\mathbf{C}} \mathbf{C}[\epsilon]/(\epsilon^2)$ に対して, $T[\epsilon] := \operatorname{Spec} A[\epsilon]$ と定義する. このとき, 全射 $A[\epsilon] \to A$ によって, T は $T[\epsilon]$ の閉部分概型とみなせる.

X を X_0 の T 上の変形として, X' を X の $T[\epsilon]$ 上への拡張とする. X' の $T[\epsilon]$ 上の自己同型射 $f\colon X' \to X'$ で $f|_X = id_X$ となるもの全体の集合は $id_{X'}$ を単位元とする群の構造を持つ. この群を $\operatorname{Aut}(X'; id|_X)$ であらわす. $\Theta_{X/T} := \underline{\operatorname{Hom}}(\Omega^1_{X/T}, \mathcal{O}_X)$ と置くと, 次が成立する.

命題 1.3.1　$\operatorname{Aut}(X'; id|_X) = H^0(X, \Theta_{X/T})$.

証明.　$\psi \in \operatorname{Aut}(X'; id|_X)$ に対して $\psi - id_{X'}$ を考えると, $\psi|_X = id_X$ なので, $A[\epsilon]/(\epsilon^2)$-加群の準同型射 $\psi^* - id\colon \mathcal{O}_{X'} \to \epsilon\mathcal{O}_{X'}$ が決まる. $\psi^* - id$ は $A[\epsilon]/(\epsilon^2)$-導分である. 実際, $f, g \in \mathcal{O}_{X'}$ に対して,

$$(\psi^* - id)(fg) = \psi^*(f)(\psi^*(g) - g) + g(\psi^*(f) - f)$$
$$= f(\psi^*(g) - g) + g(\psi^*(f) - f)$$

が成り立つ. 2 番目の等号は

$$\psi^*(f)(\psi^*(g) - g) - f(\psi^*(g) - g) = (\psi^*(f) - f)(\psi^*(g) - g) \in \epsilon^2\mathcal{O}_{X'} = 0$$

であることを使った. 一方で, $(\psi^* - id)(\epsilon\mathcal{O}_{X'}) = 0$ である. なぜなら $\epsilon f \in \epsilon\mathcal{O}_{X'}$ に対して,

$$(\psi^* - id)(\epsilon f) = \epsilon \cdot (\psi^* - id)(f) \in \epsilon^2\mathcal{O}_{X'} = 0$$

となるからである. ここで $\mathcal{O}_X = \mathcal{O}_{X'}/\epsilon\mathcal{O}_{X'}$ に注意すると, $\psi^* - id$ は $\mathcal{O}_X$ から $\mathcal{O}_X$ への A-導分であることがわかる. これからベクトル場 $v \in H^0(X, \Theta_{X/T})$ が決まる. 反対に $v \in H^0(X, \Theta_{X/T})$ に対して, この対応を逆にたどることによって自己同型 $\psi \in \operatorname{Aut}(X'; id|_X)$ が決まる. $\square$

次に, X を X_0 の T 上の変形として, $\mathrm{D}(X/T; T[\epsilon])$ を X の $T[\epsilon]$ への拡張の同値類全体の集合とする.

命題 1.3.2　X_0 を被約な代数的概型とすると,

$$\mathrm{D}(X/T; T[\epsilon]) = \operatorname{Ext}^1_{\mathcal{O}_X}(\Omega^1_{X/T}, \mathcal{O}_X)$$

が成り立つ.

証明. X' を X の $T[\epsilon]$ 上への拡張とする. X' を T-概型とみなしてケーラー微分層を $\Omega^1_{X'/T}$ と書く. このとき, 完全系列

$$\epsilon\mathcal{O}_X \xrightarrow{d} \Omega^1_{X'/T} \otimes_{\mathcal{O}_{X'}} \mathcal{O}_X \to \Omega^1_{X/T} \to 0$$

が存在する. ここで射 d が単射であることを見よう. X_0 は被約で $\mathbf{C}$ 上有限型なので X_0 の稠密なザリスキー開集合上では非特異である. $x \in X_0$ を非特異点として, $x \in X_0$ の非特異なアファイン開近傍 U_0 を取る. このとき, $X \to T$ は, U_0 上ではスムース射であることを示そう. そのためには, $X|_{U_0} = \operatorname{Spec} B$, $X_0|_{U_0} = \operatorname{Spec} B_0$, $T := \operatorname{Spec} A$ と置いたとき, B が A-代数として, $B_0 \otimes_{\mathbf{C}} A$ と同型であることを示せばよい. $A_n := A/m_A^{n+1}$, $B_n := B \otimes_A A/m_A^{n+1}$ と定義すると, A がアルチン環なので, ある n_0 に対して, $A = A_{n_0}$, $B = B_{n_0}$ である. そこで, n の帰納法により, A_n-代数として, $B_n \cong B_0 \otimes_{\mathbf{C}} A_n$ であることを示す. $n = 0$ のときは明らかに正しい. $B_{n-1} \cong B_0 \otimes_{\mathbf{C}} A_{n-1}$ とすると, 可換図式

$$\begin{array}{ccc} B_0 \otimes_{\mathbf{C}} A_n & \longrightarrow & B_{n-1} \\ \uparrow & & \uparrow \\ A_n & \longrightarrow & A_{n-1} \end{array} \qquad (1.2)$$

が存在する. B_0 は $\mathbf{C}$ 上スムースなので, $B_0 \otimes_{\mathbf{C}} A_n$ は A_n 上スムースである. したがって, 上の可換図式は, 可換図式

$$\begin{array}{ccc} B_0 \otimes_{\mathbf{C}} A_n & \longrightarrow & B_n \\ \uparrow & & \uparrow \\ A_n & \longrightarrow & A_n \end{array} \qquad (1.3)$$

にまで持ち上がる. このとき, 次の補題から, $B_0 \otimes_{\mathbf{C}} A_n \cong B_n$ であることがわかる. したがって, B は A 上スムースである.

補題 1.3.3 A を可換環として $f\colon M \to N$ を A-加群の準同型とする. また N は平坦 A-加群であると仮定する. このとき, もし A のべき零イデアル I に対して $\bar{f}\colon M/IM \to N/IN$ が同型射ならば, f は同型である.

証明. $K := \operatorname{Coker}(f)$ と置き, 完全系列 $M \xrightarrow{f} N \to K \to 0$ に A/I をテ

ンソルすると完全系列

$$M/IM \xrightarrow{\bar{f}} N/IN \to K/IK \to 0$$

を得る．ここで $\bar{f}$ は同型なので $K/IK = 0$ である．このとき I がべき零なので $K = IK = I^2 K = \cdots = 0$ である．次に $L := \mathrm{Ker}(f)$ と置くと

$$0 \to L \to M \to N \to 0$$

は完全系列である．これに A/I をテンソルすると，N は平坦 A-加群なので

$$0 \to L/IL \to M/IN \to N/IN \to 0$$

は完全系列であり，$L/IL = 0$ がわかる．I がべき零イデアルなので K のときと同じ議論から $L = 0$ である．□

　次に，$X'|_{U_0} = \mathrm{Spec}\, B'$ と置く．B' は $A[\epsilon]$-代数であり，$B' \otimes_{A[\epsilon]} A \cong B$ である．実は，$A[\epsilon]$-代数として，$B' \cong B \otimes_A A[\epsilon]$ であることを示そう．これは，上と全く同じ議論からしたがう．実際，B は A 上スムースなので，$B \otimes_A A[\epsilon]$ は $A[\epsilon]$ 上スムースである．したがって，可換図式

$$
\begin{CD}
B \otimes_A A[\epsilon] @>>> B \\
@AAA @AAA \\
A[\epsilon] @>>> A
\end{CD}
\tag{1.4}
$$

は可換図式

$$
\begin{CD}
B \otimes_A A[\epsilon] @>>> B' \\
@AAA @AAA \\
A[\epsilon] @>id>> A[\epsilon]
\end{CD}
\tag{1.5}
$$

にまで持ち上がる．ここで補題 1.3.3 を用いると，$B \otimes_A A[\epsilon] \cong B'$ である．このことを使うと $d\colon \epsilon B \to \Omega^1_{B'/A} \otimes_{B'} B$ は明らかに単射である．したがって $d\colon \epsilon \mathcal{O}_X \to \Omega^1_{X'/T} \otimes_{\mathcal{O}_{X'}} \mathcal{O}_X$ は x の近傍では単射である．そこで $\mathrm{Ker}(d)$ の台は X_0 の特異点集合 Z に含まれる．一方で $\mathrm{Ker}(d)$ は $\epsilon \mathcal{O}_X \cong \mathcal{O}_X$ の $\mathcal{O}_X$-部分加群である．しかし X_0 が被約なので $\mathcal{H}^0_Z(\mathcal{O}_{X_0}) = 0$ である．$X_n := X \times_T \mathrm{Spec}\, A_n$ と置いて，完全系列

$$0 \to \mathcal{O}_{X_0} \otimes_{\mathbf{C}} m_A^n/m_A^{n+1} \to \mathcal{O}_{X_n} \to \mathcal{O}_{X_{n-1}} \to 0$$

に $\mathcal{H}_Z^0$ を施すと，n の帰納法により $\mathcal{H}_Z^0(\mathcal{O}_X) = 0$ がわかる．したがって，$\mathrm{Ker}(d) = 0$ である．

逆に $\mathcal{O}_X$-加群の完全図式

$$0 \to \mathcal{O}_X \xrightarrow{\alpha} \mathcal{F} \xrightarrow{\phi} \Omega^1_{X/T} \to 0$$

が与えられたとすると，$d \colon \mathcal{O}_X \to \Omega^1_{X/T}$ を用いて

$$\mathcal{G} := \{(f,g) \in \mathcal{F} \oplus \mathcal{O}_X \mid \phi(f) = dg\}$$

と置く．$\mathcal{G}$ の作り方から次の可換図式が存在して，各行は完全である．

$$\begin{array}{ccccccccc}
0 & \longrightarrow & \mathcal{O}_X & \longrightarrow & \mathcal{G} & \xrightarrow{pr_2} & \mathcal{O}_X & \longrightarrow & 0 \\
 & & \downarrow{\scriptstyle id} & & \downarrow & & \downarrow{\scriptstyle d} & & \\
0 & \longrightarrow & \mathcal{O}_X & \xrightarrow{\alpha} & \mathcal{F} & \xrightarrow{\phi} & \Omega^1_{X/T} & \longrightarrow & 0
\end{array} \qquad (1.6)$$

$\mathcal{G}$ には

$$(f,g) \cdot (f',g') := (g'f + gf', gg'),$$
$$(f,g) + (f',g') := (f + f', g + g')$$

によって環構造が入る．さらに

$$\epsilon \cdot (f,g) := (\alpha(g), 0)$$

によって $\mathcal{G}$ に $A[\epsilon]$-代数の構造を与える．定義から

$$\epsilon\mathcal{G} = \{(\alpha(g), 0) \in \mathcal{F} \oplus \mathcal{O}_X \mid g \in \mathcal{O}_X\}$$

であり，$\epsilon\mathcal{G} = \mathrm{Ker}(pr_2)$ が成り立つ．これは $\mathcal{G} \otimes_{A[\epsilon]} A \cong \mathcal{O}_X$ を意味する．さらに自然な全射 $\mathcal{G} \otimes_{A[\epsilon]} \epsilon A[\epsilon] \to \epsilon\mathcal{G}$ の両辺は $\mathcal{O}_X$ に一致するので，この射は同型である．これは $\mathrm{Tor}_1^{A[\epsilon]}(A, \mathcal{G}) = 0$ であることを意味する．したがって [Ma]，定理 22.3 より $\mathcal{G}$ は $A[\epsilon]$ 上平坦である．以上より環付き空間 $(|X|, \mathcal{G})$ は X の $T[\epsilon]$ 上への拡張を与えることがわかる．□

被約な代数的概型 X_0 の T 上の変形 $X \to T$ を考える．このとき接空間の元 $v \in T_0T$ に対して，射 $\phi \colon \mathrm{Spec}\,\mathbf{C}[\epsilon] \to T$ が決まる．$X_v := X \times_T \mathrm{Spec}\,\mathbf{C}[\epsilon]$ は X_0 の $\mathrm{Spec}\,\mathbf{C}[\epsilon]$ 上の変形，すなわち，X_0 の **1 次無限小変形**になる．したがって，命題 1.3.2 から $\mathrm{Ext}^1(\Omega^1_{X_0}, \mathcal{O}_{X_0})$ の元 $[X_v]$ が決まる．この対応

$$\kappa\colon T_0 T \to \mathrm{Ext}^1(\Omega^1_{X_0}, \mathcal{O}_{X_0})$$

のことを**小平–スペンサー写像**と呼ぶ. κ は **C**-線形写像になる.

1.4　ポアソン変形

X_0 を **C** 上の代数的概型として, $\{\,,\,\}$ を X_0 上のポアソン括弧積とする. T を **C** 上の代数的概型として, X を T-概型とする, X が**ポアソン T-概型**であるとは, X 上に $\mathcal{O}_T$-双線形なポアソン括弧積

$$\{\,,\,\}_X\colon \mathcal{O}_X \times \mathcal{O}_X \to \mathcal{O}_X$$

が存在することである. 閉点 $0 \in T$ が与えられたとする. このときポアソン T-概型 X が $(X_0, \{\,,\,\})$ の**ポアソン変形**であるとは, $\pi\colon X \to T$ が平坦な全射であり, 同型射 $\varphi\colon X_0 \cong \pi^{-1}(0)$ が存在して $\varphi^*\{\,,\,\}_X = \{\,,\,\}$ を満たすことである. $T \subset T'$ を閉埋め込みとする. ポアソン T'-概型 X' で $X' \to T'$ が平坦な全射であるものを考える. さらにポアソン同型射 $\phi\colon X \cong X' \times_{T'} T$ が与えられたとき, (X', ϕ) のことを, X の T' 上への**拡張**と呼ぶ.

T' 上に X の 2 つの拡張 (X'_1, ϕ_1), (X'_2, ϕ_2) が与えられたとする. T' 上のポアソン同型射 $X'_1 \cong X'_2$ で, T 上に誘導されるポアソン同型射 $X'_1 \times_{T'} T \cong X'_2 \times_{T'} T$ が, 次の可換図式を満たすとき, 2 つの拡張は**同値**であると呼ぶ:

$$
\begin{array}{ccc}
X & \xrightarrow{\ id\ } & X \\
{\scriptstyle \phi_1}\downarrow & & \downarrow{\scriptstyle \phi_2} \\
X'_1 \times_{T'} T & \longrightarrow & X'_2 \times_{T'} T
\end{array}
\tag{1.7}
$$

以後, X_0 は非特異と仮定する. さらに, T は局所アルチン **C**-代数 A のスペクトラムとし, $T[\epsilon]$ は前節と同じものとする. X_0 の T 上のポアソン変形 X を考える. $\Theta^i_{X/T} := \underline{\mathrm{Hom}}(\Omega^i_{X/T}, \mathcal{O}_X)$ と置く. このとき, **リヒャネロウイッツ–ポアソン複体** $(\Theta^{\cdot}_{X/T}, \delta)$:

$$\mathcal{O}_X \xrightarrow{\delta} \Theta_{X/T} \xrightarrow{\delta} \Theta^2_{X/T} \xrightarrow{\delta} \cdots$$

を考える. ここで, 複体の次数 p の部分は $\Theta^p_{X/T}$ であると約束する. **コバウンダリー写像** $\delta\colon \Theta^p_{X/T} \to \Theta^{p+1}_{X/T}$ は, $x_1, \ldots, x_{p+1} \in \mathcal{O}_X$, $f \in \Theta^p_{X/T}$ に対して,

$$\delta f(dx_1 \wedge \cdots \wedge dx_{p+1})$$

$$= \sum (-1)^{i+1}\{x_i, f(dx_1 \wedge \cdots \wedge \hat{dx_i} \wedge \cdots \wedge dx_{p+1})\}$$

$$+ \sum (-1)^{j+k} f\big(d\{x_j, x_k\} \wedge dx_1 \wedge \cdots \wedge \hat{dx_j} \wedge \cdots \wedge \hat{dx_k} \wedge \cdots \wedge dx_{p+1}\big)$$

で定義されている. リヒャネロウィッツ–ポアソン複体から, 次数 0 の部分を取り去ってできる複体を $(\Theta^{\geq 1}_{X/T}, \delta)$ であらわす.

$\mathrm{PD}(X/T; T[\epsilon])$ を X の $T[\epsilon]$ への拡張の同値類全体からなる集合とする. X_0 がアファインの場合, $\mathrm{PD}(X/T; T[\epsilon]) = H^2(\Gamma(X, \Theta^{\geq 1}_{X/T}), \delta)$ である. 実際 A-代数 R を用いて, $X = \mathrm{Spec}\, R$ と書ける. $R \oplus \epsilon R$ に自明な環構造を入れたものを R' とする. すなわち, $(x + \epsilon y)(z + \epsilon w) = xy + \epsilon(xw + yz)$ で積を定める. X は T 上スムースなので, X の $T[\epsilon]$ 上への拡張 X' は, $X' = \mathrm{Spec}\, R'$ の形をしている. R' のポアソン括弧積 $\{\,,\,\}_\epsilon$ は, R のポアソン括弧積 $\{\,,\,\}$ と $\theta \in \Theta^2_{R/A}$ を用いて,

$$\{x, y\}_\epsilon = \{x, y\} + \epsilon \theta(dx \wedge dy), \ x, y \in R$$

と書ける. このとき, ヤコビ恒等式

$$\{\{x, y\}_\epsilon, z\}_\epsilon + \{\{y, z\}_\epsilon, x\}_\epsilon + \{\{z, x\}_\epsilon, y\}_\epsilon = 0$$

を書き直すと

$$\theta(d\{x, y\} \wedge dz\}) + \theta(d\{y, z\} \wedge dx\}) + \theta(d\{z, x\} \wedge dy\})$$

$$+ \{\theta(dx \wedge dy), z\} + \{\theta(dy \wedge dz), x\} + \{\theta(dz \wedge dx), y\} = 0$$

となる. これは $\delta(\theta) = 0$ に他ならない. 一方, もし, $\theta, \theta' \in \Theta^2_{R/A}$ から決まる 2 つのポアソン括弧積 $\{\,,\,\}_\epsilon$ と $\{\,,\,\}'_\epsilon$ が同値であれば, 環同型射 $\psi \colon R' \to R'$ で, $\psi \otimes_{A[\epsilon]} A = id$ かつ $\{\psi(x), \psi(y)\}'_\epsilon = \psi(\{x, y\}_\epsilon)$ を満たすものが存在する. 環同型射 ψ をベクトル場 $v \in \Theta_R$ を用いて $\psi(x + \epsilon y) = x + \epsilon(y + v(dx))$ と書く. このとき, 条件式 $\{\psi(x), \psi(y)\}'_\epsilon = \psi(\{x, y\}_\epsilon)$ の左辺は

$$\{\psi(x), \psi(y)\}'_\epsilon = \{x, y\} + \epsilon(\theta'(dx \wedge dy) + \{x, v(dy)\} + \{v(dx), y\})$$

となり, 右辺は

$$\psi(\{x, y\}_\epsilon) = \{x, y\} + \epsilon(v(d\{x, y\}) + \theta(dx \wedge dy))$$

となる. これは $\theta - \theta' = \delta(v)$ が成り立つことに他ならない.

X_0 がアファインではない場合は,複体の超コホモロジーを考えることにより,類似の結果が得られる. $(\Theta^{\geq 1}_{X/T}, \delta)$ の超コホモロジーは以下に説明する2重複体を用いて計算することができる. まず X をアファイン開集合合族 $\mathcal{U} := \{U_i\}_{i \in I}$ で被覆する. $p+1$ 個の添え字 $i_0, \ldots, i_p \in I$ に対して開集合合 $U_{i_0} \cap \cdots \cap U_{i_p}$ を考え,$j_{i_0,\ldots,i_p} : U_{i_0} \cap \cdots \cap U_{i_p} \to X$ を包含写像とする. X 上の $\mathcal{O}_X$-加群の層 $\mathcal{F}$ に対して $\mathcal{C}^p(\mathcal{U}, \mathcal{F}) := \prod_{i_0,\ldots,i_p \in I} (j_{i_0,\ldots,i_p})_* \mathcal{F}$ と置く. このときチェック複体

$$\mathcal{F} \to \mathcal{C}^0(\mathcal{U}, \mathcal{F}) \overset{\delta_{cech}}{\to} \mathcal{C}^1(\mathcal{U}, \mathcal{F}) \overset{\delta_{cech}}{\to} \cdots$$

は $\mathcal{F}$ の**環状的分解** (acyclic resolution) を与える. これを $\Theta^p_{X/T}$ に適用すると次の2重複体を得る.

$$
\begin{array}{ccccccc}
\delta \uparrow & & \delta \uparrow & & \delta \uparrow & & \\
\Theta^2_{X/T} & \longrightarrow & \mathcal{C}^0(\mathcal{U}, \Theta^2_{X/T}) & \overset{\delta_{cech}}{\longrightarrow} & \mathcal{C}^1(\mathcal{U}, \Theta^2_{X/T}) & \overset{-\delta_{cech}}{\longrightarrow} & \\
\delta \uparrow & & \delta \uparrow & & \delta \uparrow & & \\
\Theta_{X/T} & \longrightarrow & \mathcal{C}^0(\mathcal{U}, \Theta_{X/T}) & \overset{-\delta_{cech}}{\longrightarrow} & \mathcal{C}^1(\mathcal{U}, \Theta_{X/T}) & \overset{\delta_{cech}}{\longrightarrow} &
\end{array}
\tag{1.8}
$$

ここで水平方向の列は完全なので,複体 $(\Theta^{\geq 1}_{X/T}, \delta)$ は2重複体

$$
\begin{array}{ccccc}
\delta \uparrow & & \delta \uparrow & & \\
\mathcal{C}^0(\mathcal{U}, \Theta^2_{X/T}) & \overset{\delta_{cech}}{\longrightarrow} & \mathcal{C}^1(\mathcal{U}, \Theta^2_{X/T}) & \overset{-\delta_{cech}}{\longrightarrow} & \\
\delta \uparrow & & \delta \uparrow & & \\
\mathcal{C}^0(\mathcal{U}, \Theta_{X/T}) & \overset{-\delta_{cech}}{\longrightarrow} & \mathcal{C}^1(\mathcal{U}, \Theta_{X/T}) & \overset{\delta_{cech}}{\longrightarrow} &
\end{array}
\tag{1.9}
$$

からできる**全複体** (total complex) と**擬同型** (quasi-isomorphic) であることがわかる. 特に,こうして作った全複体の各成分は環状的なので,$(\Theta^{\geq 1}_{X/T}, \delta)$ の超コホモロジー群を全複体の大域切断を用いて計算することができる.

命題 1.4.1 X_0 が非特異なポアソン概型のとき,次が成立する.
(1) $\mathrm{PD}(X/T; T[\epsilon]) \cong \mathbf{H}^2(X, \Theta^{\geq 1}_{X/T})$.
(2) $(X', \{,\}_{X'})$ を $(X, \{,\}_X)$ の $T[\epsilon]$ 上への拡張に対して,$\mathrm{PAut}(X'; id|_X)$

を X' の ポアソン T-概型としての同型射で，X に制限すると id_X になるようなもの全体のなす群とする．このとき，

$$\mathrm{PAut}(X'; id|_X) \cong \mathbf{H}^1(X, \Theta_{X/T}^{\geq 1}).$$

証明.　(1)：すでに注意したように，超コホモロジー群 $\mathbf{H}^p(X, \Theta_{X/S}^{\geq 1})$ は 2 重複体

$$
\begin{array}{ccccc}
\delta\uparrow & & \delta\uparrow & & \\
\Gamma(X, \mathcal{C}^0(\mathcal{U}, \Theta_{X/T}^2)) & \xrightarrow{\delta_{cech}} & \Gamma(X, \mathcal{C}^1(\mathcal{U}, \Theta_{X/T}^2)) & \xrightarrow{-\delta_{cech}} & \\
\delta\uparrow & & \delta\uparrow & & \\
\Gamma(X, \mathcal{C}^0(\mathcal{U}, \Theta_{X/T})) & \xrightarrow{-\delta_{cech}} & \Gamma(X, \mathcal{C}^1(\mathcal{U}, \Theta_{X/T})) & \xrightarrow{\delta_{cech}} &
\end{array}
\tag{1.10}
$$

の全複体の p 番目のコホモロジー群として計算できる．特に $\mathbf{H}^2(X, \Theta_{X/T}^{\geq 1})$ の元は 2-コサイクル

$$(\{\zeta_{i_0}\}, \{\zeta_{i_0, i_1}\}) \in \Gamma(X, \mathcal{C}^0(\mathcal{U}, \Theta_{X/T}^2)) \oplus \Gamma(X, \mathcal{C}^1(\mathcal{U}, \Theta_{X/T}))$$

で代表される．ここで

$$\Gamma(X, \mathcal{C}^0(\mathcal{U}, \Theta_{X/T}^2)) = \prod_{i_0 \in I} \Gamma(U_{i_0}, \Theta_{X/T}^2),$$

$$\Gamma(X, \mathcal{C}^1(\mathcal{U}, \Theta_{X/T})) = \prod_{i_0, i_1 \in I} \Gamma(U_{i_0} \cap U_{i_1}, \Theta_{X/T})$$

であることに注意する．$\delta(\zeta_{i_0}) = 0$ なので ζ_{i_0} によって U_{i_0} 上のポアソン構造が $U_{i_0} \times_S S[\epsilon]$ 上にまで拡張される．次に ζ_{i_0, i_1} は $U_{i_0} \cap U_{i_1}$ の恒等写像の拡張

$$(U_{i_0} \cap U_{i_1}) \times_T T[\epsilon] \overset{\zeta_{i_0, i_1}}{\to} (U_{i_0} \cap U_{i_1}) \times_T T[\epsilon]$$

を定める．左辺を $U_{i_1} \times_T T[\epsilon]$ の開集合，右辺を $U_{i_0} \times_T T[\epsilon]$ の開集合とみなして $U_{i_1} \times_T T[\epsilon]$ と $U_{i_0} \times_T T[\epsilon]$ を張り合わせる．$\delta_{cech}(\{\zeta_{i_0, i_1}\}) = 0$ なので，この操作によって X の (通常の概型としての) $T[\epsilon]$ 上への拡張 $\mathcal{X} \to T[\epsilon]$ が得られる．一方，条件式 $\delta_{cech}(\{\zeta_{i_0}\}) + \delta(\{\zeta_{i_0, i_1}\}) = 0$ は

$$\zeta_{i_1} - \zeta_{i_0} + \delta(\zeta_{i_0, i_1}) = 0$$

と言い換えられる．したがって，この張り合わせによって各 $U_{i_0} \times_T T[\epsilon]$ 上に定義されたポアソン構造はうまく張り合って $\mathcal{X}$ 上のポアソン構造を与える．

次に 2 つのコサイクル $(\{\zeta_{i_0}\}, \{\zeta_{i_0,i_1}\})$, $(\{\zeta'_{i_0}\}, \{\zeta'_{i_0,i_1}\})$ が $\mathbf{H}^2(X, \Theta^{\geq 1}_{X/T})$ の同じ元を定めたと仮定しよう. 言い換えると $\prod_{i_0 \in I} \Gamma(U_{i_0}, \Theta_{X/T})$ の元 $\{v_{i_0}\}$ が存在して

$$\{\zeta'_{i_0}\} - \{\zeta_{i_0}\} = \delta(\{v_{i_0}\}),$$

$$\{\zeta'_{i_0,i_1}\} - \{\zeta_{i_0,i_1}\} = -\delta_{cech}(\{v_{i_0}\})$$

であったとする. このとき, 各 i_0 に対して, ベクトル場 v_{i_0} は U_{i_0} の恒等写像の拡張 $U_{i_0} \times_T T[\epsilon] \overset{v_0}{\to} U_{i_0} \times_T T[\epsilon]$ を定める. 左辺を $\mathcal{X}$ の開集合とみなし, 右辺を $\mathcal{X}'$ の開集合とみなすと, 2 番目の条件式から, $\{v_{i_0}\}$ は張り合って $S[\epsilon]$-同型射 $\mathcal{X} \to \mathcal{X}'$ を引き起こす. 最初の条件式は, この同型射が双方のポアソン構造を保つことを意味している.

(2): (1) の証明の後半部分で $\{\zeta'_{i_0}\} = \{\zeta_{i_0}\}$, $\{\zeta'_{i_0,i_1}\} = \{\zeta_{i_0,i_1}\}$ の場合を考えればよい. □

特に, (X_0, ω_0) が非特異シンプレクティック代数多様体のとき, X 上には, 相対的シンプレクティック形式 $\omega \in \Gamma(X, \Omega^2_{X/T})$ で $\omega|_{X_0} = \omega_0$ となるようなものが存在して, X の T-ポアソン構造は, ω から誘導されている. このとき, $\wedge^i \omega$ によって, $\Theta^i_{X/T}$ と $\Omega^i_{X/T}$ を同一視する. さらに, これにより, リヒャネロウイッツ–ポアソン複体 $(\Theta^{\cdot}_{X/T}, \delta)$ はドラーム複体 $(\Omega^{\cdot}_{X/T}, d)$ と同一視される ([Part 1], 命題 2.1.6). ここで, さらに $H^1(X_0, \mathcal{O}_{X_0}) = H^2(X_0, \mathcal{O}_{X_0}) = 0$ と仮定すると, $H^1(X, \mathcal{O}_X) = H^2(X, \mathcal{O}_X) = 0$ が成り立つ. 実際, $\mathrm{length}(A) = n$ とすると, $t \in A$ を $tm = 0$ となるように取って, 完全系列

$$0 \to \mathbf{C} \overset{t}{\to} A \to \bar{A} \to 0$$

を考える. これに $\mathcal{O}_X$ をテンソルして, コホモロジーを取ると, 完全系列

$$\to H^i(X_0, \mathcal{O}_{X_0}) \to H^i(X, \mathcal{O}_X) \to H^i(\bar{X}, \mathcal{O}_{\bar{X}}) \to$$

を得る. したがって, $\mathrm{length}(A)$ の帰納法から

$$H^1(X, \mathcal{O}_X) = H^2(X, \mathcal{O}_X) = 0$$

であることがわかる. さて, **完全三角** (distinguished tiangle)

$$\Omega^{\geq 1}_{X/T} \to \Omega^{\cdot}_{X/T} \to \mathcal{O}_X \to \Omega^{\geq 1}_{X/T}[1]$$

と，コホモロジーの消滅を用いると，$\mathbf{H}^2(X, \Omega^{\geq 1}_{X/T}) \cong \mathbf{H}^2(X, \Omega^{\cdot}_{X/T})$ である
ことがわかる．次に $\mathbf{H}^i(X, \Omega^{\cdot}_{X/T}) \cong \mathbf{H}^i(X^{an}, \Omega^{\cdot}_{X^{an}/T})$ であることを示す．
これも $\mathrm{length}(A)$ の帰納法で証明できる．まず，グロタンディークの定理 [Gr]
より非特異な複素代数多様体の代数的なドラーム超コホモロジーと複素解析的
なドラーム超コホモロジーは等しい：$\mathbf{H}^i(X_0, \Omega^{\cdot}_{X_0}) \cong \mathbf{H}^i(X_0^{an}, \Omega^{\cdot}_{X_0^{an}})$．

　　可換な完全図式

$$
\begin{array}{ccccccc}
\longrightarrow & \mathbf{H}^i(X_0, \Omega^{\cdot}_{X_0}) & \longrightarrow & \mathbf{H}^i(X, \Omega^{\cdot}_{X/T}) & \longrightarrow & \mathbf{H}^i(\bar{X}, \Omega^{\cdot}_{\bar{X}/\bar{T}}) & \longrightarrow \\
& \cong \downarrow & & \downarrow & & \cong \downarrow & \\
\longrightarrow & \mathbf{H}^i(X_0^{an}, \Omega^{\cdot}_{X_0^{an}}) & \longrightarrow & \mathbf{H}^i(X^{an}, \Omega^{\cdot}_{X^{an}/T}) & \longrightarrow & \mathbf{H}^i(\bar{X}^{an}, \Omega^{\cdot}_{\bar{X}^{an}/\bar{T}}) & \longrightarrow
\end{array}
$$

$$(1.11)$$

において，両端は帰納法の仮定から同型である．したがって $\mathbf{H}^i(X, \Omega^{\cdot}_{X/T}) \cong$
$\mathbf{H}^i(X^{an}, \Omega^{\cdot}_{X^{an}/T})$ である．複素解析的なドラーム複体

$$0 \to A \to \mathcal{O}_{X^{an}} \xrightarrow{d} \Omega^1_{X^{an}/T} \xrightarrow{d} \cdots$$

は A がアルチン環の場合は完全系列なので $\mathbf{H}^i(X^{an}, \Omega^{\cdot}_{X^{an}/T}) = H^i(X_0^{an}, A)$
が成り立つ．以上をまとめて

$$\mathbf{H}^2(X, \Omega^{\geq 1}_{X/T}) \cong \mathbf{H}^2(X, \Omega^{\cdot}_{X/T}) \cong \mathbf{H}^2(X^{an}, \Omega^{\cdot}_{X^{an}/T}) = H^2(X_0^{an}, A)$$

を得る．以上の考察から，次が証明された：

系 1.4.2　(X_0, ω_0) を非特異シンプレクティック代数多様体で，$H^1(X_0, \mathcal{O}_{X_0}) =$
$H^2(X_0, \mathcal{O}_{X_0}) = 0$ を満たすものとする．このとき，

$$\mathrm{PD}(X; T[\epsilon]) \cong \mathbf{H}^2(X_0^{an}, A)$$

が成り立つ．

　　X_0 を系 1.4.2 と同じものとして，X_0 の T 上のポアソン変形が与えられたと
しよう．このとき，1.3 節の最後で定義したのと同様のやり方で，$\mathbf{C}$-線形写像

$$p\kappa \colon T_0 T \to H^2(X_0^{an}, \mathbf{C})$$

が決まる．これを，**ポアソン–小平–スペンサー写像**と呼ぶ．

第 2 章
クライン特異点とリー環

　　クライン特異点は，複素単純リー環のべき錐の中で，副正則べき零軌道に対する横断片として特徴付けられる．さらに，スロードウィー切片を用いて，クライン特異点の半普遍変形を構成する．ここでの議論は，おおむね [Br], [Slo] に沿ったものであるが，付随するシンプレクティック構造やポアソン構造も込めて説明してある．

2.1　べ き 零 軌 道

　　複素半単純リー群 G はリー環 $\mathfrak{g}$ に随伴的に作用する．この作用に対する軌道 O を **随伴軌道** と呼ぶ．G の O への随伴作用を考えたとき，$x \in O$ に対する G の 固定化部分群を G_x とする．

$$\mathfrak{g}_x := \{z \in \mathfrak{g} \mid [x, z] = 0\}$$

と置くと，$\mathfrak{g}_x$ は G_x のリー環に他ならない．$O \cong G/G_x$ なので，$T_x O = \mathfrak{g}/\mathfrak{g}_x$ である．$\kappa \colon \mathfrak{g} \times \mathfrak{g} \to \mathbf{C}$ をキリング形式とする．このとき，**反対称形式**

$$\tilde{\omega}_x \colon \mathfrak{g} \times \mathfrak{g} \to \mathbf{C}$$

を，$\tilde{\omega}_x(y, z) := \kappa(x, [y, z])$ で定義する．$\tilde{\omega}_x$ は 反対称形式

$$\omega_x \colon \mathfrak{g}/\mathfrak{g}_x \times \mathfrak{g}/\mathfrak{g}_x \to \mathbf{C}$$

を誘導することがわかるので，ω_x を $\wedge^2 T_x^* O$ の元とみなすことができる．$\omega_{KK} := \{\omega_x\}_{x \in O}$ は O のシンプレクティック形式を定める．ω_{KK} のことを，O 上の **キリロフ–コスタント形式** と呼ぶ．このように，随伴軌道はシンプレクティック構造を持っているので偶数次元である．

　　随伴軌道がべき零元を含むとき，特に **べき零軌道** と呼ぶ．べき零軌道について知られていることを簡単に紹介しておこう．詳しくは [C-M] を参照するのが

よい．$\mathfrak{g}$ のべき零軌道は高々有限個である．このうち次元が最大のべき零軌道 O^r がただ 1 つ存在して，これを**正則べき零軌道**と呼ぶ．さらに O^r の元のことを**正則べき零元**と呼ぶ．このとき

$$\dim O^r = \dim \mathfrak{g} - \mathrm{rank}\,\mathfrak{g}$$

である．ここで $\mathrm{rank}\,\mathfrak{g}$ は $\mathfrak{g}$ のカルタン部分代数 $\mathfrak{h}$ の次元のことである．O^r の閉包 $\bar{O}^r$ は $\mathfrak{g}$ のべき零元全体の集合と一致する．これを (正しくはこれに被約な概型構造をいれたものを) **べき零錐**と呼び $\mathcal{N}$ という記号であらわすことが多い．$\mathfrak{g}$ の他のべき零軌道はすべて $\bar{O}^r - O^r$ に含まれている．正則べき零軌道以外のべき零軌道の中で次元が最大の軌道 O^{sr} がただ 1 つ存在し，それを**副正則べき零軌道**と呼ぶ．さらに O^{sr} の元のことを**副正則べき零元**と呼ぶ．このとき

$$\dim O^r = \dim \mathfrak{g} - \mathrm{rank}\,\mathfrak{g} - 2$$

である．さらに

$$\bar{O}^r - O^r = \bar{O}^{sr}$$

が成り立つ．一般のべき零軌道 O に対しても $\bar{O} - O$ は有限個のより小さなべき零軌道の和集合になっている．しかし $\bar{O} - O$ は可約になることもあり，その場合 $\bar{O} - O$ は 1 つのべき零軌道の閉包にはなっていない．べき零錐 $\mathcal{N}$ はアファイン代数多様体の構造を持つ．G のボレル部分群を B として，B のべき単根基を U として，U のリー環を $\mathfrak{n}$ とする．B は $\mathfrak{n}$ に随伴的に作用する．G/B 上のベクトル束を

$$G \times^B \mathfrak{n} := G \times \mathfrak{n}/\sim$$

によって定義する．ただし，$G \times \mathfrak{n}$ の元 (g, x), (g', x') に対して，B の元 b が存在して，$g' = gb$, $x' = Ad_{b^{-1}}(x)$ となるとき，$(g, x) \sim (g', x')$ と定義する．このとき，**スプリンガー射**

$$s \colon G \times^B \mathfrak{n} \to \mathfrak{g}, \quad [g, x] \mapsto Ad_g(x)$$

を考えると，$\mathrm{Im}(s) = \mathcal{N}$ であり，s は $\mathcal{N}$ の特異点解消を与える ([Part 1], 命題 6.3.1)．ベクトル束 $G \times^B \mathfrak{n}$ は G/B の余接束 $T^*(G/B)$ に同型である ([ibid], 6.2 を参照)．余接束 $T^*(G/B)$ は標準的なシンプレクティック形式 ω を持つが，$\omega = s^* \omega_{KK}$ が成り立つ．

2.2 重みつきディンキン図形

$\mathfrak{g}$ のべき零軌道 O に対して**重みつきディンキン図形**と呼ばれるものが定義される．これを簡単に説明しておこう．$\mathfrak{g}$ のカルタン部分代数 $\mathfrak{h}$ とルート系 Φ，そして Φ の基底 $\Delta := \{\alpha_1, \ldots, \alpha_r\}$ を 1 つ固定する．O の元 x に対してジャコブソン–モロゾフの定理から $sl(2)$-トリプル $\{x, y, h\}$ が取れる．まず h を含むカルタン部分代数 $\mathfrak{h}'$ が存在するが，$\mathfrak{h}'$ は最初に固定した $\mathfrak{h}$ と G の元で共役である．さらに $\mathfrak{h}$ の任意の元はワイル群 $W(\Phi)$ の元によって $\mathfrak{h}$ の $W(\Phi)$-基本領域

$$C(\Delta) := \{z \in \mathfrak{h} \mid \alpha \in \Delta \text{ に対して } \alpha(z) \text{ の実部は } 0 \text{ 以上,}$$
$$\text{さらに実部が } 0 \text{ のときには } \alpha(z) \text{ の虚部が } 0 \text{ 以上}\}$$

に移すことができる (cf. [C-M], Theorem 2.2.4)．すなわち G の元 g をうまく取ると $Ad_g(h) \in C(\Delta)$ が成り立つ．別の $x' \in O$ に対して $sl(2)$-トリプル $\{x', y', h'\}$ を取る．このとき 2 つの $sl(2)$-トリプル $\{x, y, h\}$, $\{x', y', h'\}$ は互いに共役である (cf. [ibid], Theorem 3.2.10)．つまり x と x', y と y', そして h と h' は G の同じ元を用いて共役になる．h に対して行ったことを h' に対しても行うと，ある $g' \in G$ が存在して $Ad_{g'}(h') \in C(\Delta)$ である．h に共役な元で $C(\Delta)$ に含まれるものはただ 1 つに決まる (cf. [ibid], Theorem 2.2.4) ので $Ad_{g'}(h') = Ad_g(h)$ である．したがって $h_0 := Ad_g(h)$ と置くと $h_0 \in C(\Delta)$ は最初に与えたカルタン部分代数 $\mathfrak{h}$ と単純ルート Δ，そしてべき零軌道 O のみから決まっている．

$$ad_{h_0} \colon \mathfrak{g} \to \mathfrak{g}, \quad z \mapsto [h_0, z]$$

は半単純な自己準同型射なので

$$\mathfrak{g} = \bigoplus_{\lambda \in \mathbf{C}} \mathfrak{g}_\lambda, \ \mathfrak{g}_\lambda = \{z \in \mathfrak{g} \mid ad_{h_0} z = \lambda z\}$$

と分解する．ところで $x_0 := Ad_g(x)$, $y_0 := Ad_g(y)$ と置くと h_0 は $sl(2)$-トリプル $\{x_0, y_0, h_0\}$ の一部であったから，$\mathfrak{g}$ を $sl(2)$-表現とみなして既約分解を考えると h_0 の固有値はすべて整数であることがわかる．このことから

$$\mathfrak{g} = \bigoplus_{i \in \mathbf{Z}} \mathfrak{g}_i$$

となる．$h_0 \in C(\Lambda)$ より $\alpha_i(h_0) \geq 0$ $\forall i$ である．したがって

$$\alpha_i(h_0) \in \{0, 1, 2, \ldots\}$$

である．実はより強く，次が成り立つ：

$$\alpha_i(h_0) \in \{0, 1, 2\}.$$

実際 $\alpha \in \Phi$ に対して $\mathfrak{g}$ の α-固有空間 $\mathfrak{g}_\alpha$ は 1 次元部分空間でその生成元を x_α とする．ここで

$$y_0 = h_{y_0} + \sum_{\alpha \in \Phi} c_\alpha x_\alpha, \ h_{y_0} \in \mathfrak{h}$$

と書く．$-2y_0 = [h_0, y_0]$ であるから，この式の左辺と右辺を比較することにより

$$-2h_{y_0} + \sum_{\alpha \in \Phi} -2c_\alpha x_\alpha = \sum_{\alpha \in \Phi} \alpha(h_0) c_\alpha x_\alpha$$

が成り立つ．これより $h_{y_0} = 0$ であることと，$c_\alpha \neq 0$ となる α に対しては $\alpha(h_0) = -2$ がわかる．$\alpha \in \Delta$ に対しては $\alpha(h_0) \geq 0$ なので $c_\alpha \neq 0$ であれば α は Δ に関して負ルートである．すなわち

$$y_0 = \sum_{\alpha \in \Phi^-} c_\alpha x_\alpha$$

と書ける．一方，ヤコビ恒等式から

$$[h_0, [y_0, x_{\alpha_i}]] = -[y_0, [x_{\alpha_i}, h_0] - [x_{\alpha_i}, [h_0, y_0]]$$
$$= [y_0, (\alpha_i(h_0) - 2)x_{\alpha_i}] = (\alpha_i(h_0) - 2)[y_0, x_{\alpha_i}]$$

が成り立つ．ここで $\alpha_i(h_0) > 2$ と仮定する．このとき $[y_0, x_{\alpha_i}]$ は ad_{h_0} に関して正の固有値を持つ．一方，先の式を使って $[y_0, x_{\alpha_i}]$ を計算してみよう．

$$[x_\alpha, x_{\alpha_i}] = k_{\alpha, \alpha_i} x_{\alpha + \alpha_i}, \ k_{\alpha, \alpha_i} \in \mathbf{C}$$

とあらわせることに注意する．ただし $\alpha + \alpha_i \notin \Phi$ のときは $k_{\alpha, \alpha_i} = 0$ である．このとき

$$[y_0, x_{\alpha_i}] = \sum_{\alpha \in \Phi^-} c_\alpha k_{\alpha, \alpha_i} x_{\alpha + \alpha_i}$$

である．このとき

$$[h_0, [y_0, x_{\alpha_i}]] = \sum_{\alpha \in \Phi^-} c_\alpha k_{\alpha, \alpha_i} [h_0, x_{\alpha + \alpha_i}] = \sum_{\alpha \in \Phi^-} c_\alpha k_{\alpha, \alpha_i} (\alpha + \alpha_i)(h_0) x_{\alpha + \alpha_i}$$

である．したがって $c_\alpha k_{\alpha, \alpha_i} \neq 0$ となるような $\alpha \in \Phi^-$ に対しては $(\alpha + \alpha_i)(h_0) > 0$ でなければならない．これは $\alpha + \alpha_i \in \Phi^+$ であることを意味する．$\alpha \in \Phi^-$ でそのようなものは存在しない．したがって $[y_0, x_{\alpha_i}] = 0$ でなければならない．これは $x_{\alpha_i} \in \mathrm{Ker}(ad_{y_0})$ を意味する．ところが $\mathfrak{g}$ を $sl(2)$-既約表現の直和とみなしたとき $\mathrm{Ker}(ad_{y_0})$ は各既約表現の最低ウエイトベクトルで張られた空間に他ならない．このことから x_{α_i} の ad_{h_0} に関するウエイト $\alpha_i(h_0)$ は 0 以下の整数である．これは最初の仮定 $\alpha_i(h_0) > 2$ に反する．

　ディンキン図形の各頂点には単純ルートが対応していた．このとき α_i に対応する頂点に数字 $\alpha_i(h_0) \in \{0, 1, 2\}$ をふったものをべき零軌道 O に対応する**重みつきディンキン図形**と呼ぶ．ADE 型複素単純リー環 $\mathfrak{g}$ の副正則べき零軌道に対する重みつきディンキン図形は次のようになる：

$(A_n) : (n = 2k + 1)$

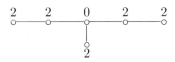

$(A_n) : (n = 2k)$

$(D_n) :$

$(E_6) :$

(E_7) :

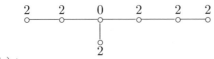

(E_8) :

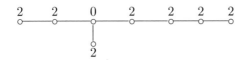

2.3　ワイル群とべき指数

複素半単純リー環 $\mathfrak{g}$ とそのカルタン部分代数 $\mathfrak{h}$ を固定する．$(\mathfrak{g}, \mathfrak{h})$ に付随するルート系を $\Phi \subset \mathfrak{h}^*$ とする．Φ の元 α は鏡映変換

$$\sigma_\alpha \colon \mathfrak{h}^* \to \mathfrak{h}^*, \ \sigma_\alpha(x) = x - \frac{2(x, \alpha)}{(\alpha, \alpha)}\alpha$$

を定義する．Φ のワイル群 W は $\{\sigma_\alpha\}_{\alpha \in \Phi}$ で生成された $GL(\mathfrak{h}^*)$ の部分群に他ならない．Φ の順序のついた基底 $\{\alpha_1, \dots, \alpha_r\}$ を固定したとき $s_{\alpha_1} \circ s_{\alpha_2} \circ \cdots \circ s_{\alpha_r}$ の形の W の元のことを**コクセター変換**と呼ぶ．コクセター変換は基底とその順序付けによって異なっているが，それらはすべて W の中で共役になっている．したがってコクセター変換の位数 h と固有多項式 $P(t)$ は一意的に定まり，特に $P(t)$ は

$$P(t) = \prod_{1 \le i \le r} \left(t - \exp\left(\frac{2\pi i m_j}{h} \right) \right), \ 0 \le m_1 \le \cdots \le m_r < h, \ m_j \in \mathbf{Z} \, (\forall j)$$

の形に分解する．h のことを W の**コクセター数**，整数 $m_1, \dots, m_r$ のことを W の**べき指数** (exponents) と呼ぶ．

ADE 型複素単純リー環 $\mathfrak{g}$ のワイル群のべき指数は次のようになる：

$$A_r : \quad (m_1, \dots, m_r) = (1, 2, \dots, r)$$

$$D_r : \quad (m_1, \dots, m_r) = (1, 3, \dots, 2r - 5, 2r - 3, r - 1)$$

$$E_6 : \quad (m_1, \dots, m_6) = (1, 4, 5, 7, 8, 11)$$

$$E_7: \quad (m_1, \ldots, m_7) = (1, 5, 7, 9, 11, 13, 17)$$

$$E_8: \quad (m_1, \ldots, m_8) = (1, 7, 11, 13, 17, 19, 23, 29)$$

キリング形式で $\mathfrak{h}^*$ を $\mathfrak{h}$ と同一視することによって W は $\mathfrak{h}$ に線形的に作用する. $\mathfrak{h}$ を r 次元アファイン空間とみなして $\mathbf{C}[\mathfrak{h}]$ を代数多様体 $\mathfrak{h}$ の関数環とする. W は $\mathbf{C}[\mathfrak{h}]$ に自然に作用する. 一方複素単純リー環 $\mathfrak{g}$ もアファイン空間とみなして, $\mathbf{C}[\mathfrak{g}]$ をその関数環とする. $\mathfrak{g}$ の随伴群 G は自然に $\mathfrak{g}$ に作用するから G は $\mathbf{C}[\mathfrak{g}]$ にも作用する.

定理 2.3.1 (cf. [Bour], Chapter V, §5) 自然な全射 $\mathbf{C}[\mathfrak{g}] \to \mathbf{C}[\mathfrak{h}]$ は不変式環の間の同型射 $\mathbf{C}[\mathfrak{g}]^G \to \mathbf{C}[\mathfrak{h}]^W$ を誘導する. さらに $\mathbf{C}[\mathfrak{h}]^W$ は $\mathbf{C}$ 上 r 個の代数的独立な斉次多項式 $f_1, \ldots, f_r$ で生成され $\deg(f_i) = m_i + 1$ である.

2.4 スロードウィー切片

$\mathfrak{g}$ を複素半単純リー環として, $x \in \mathfrak{g}$ を 0 でないべき零元, O を x を含むべき零軌道とする. ジャコブソン-モロゾフの定理より $\mathfrak{g}$ の元 y, h を

$$[h, x] = 2x, \quad [h, y] = -2y, \quad [x, y] = h$$

となるように取れる. このとき x, y, h で生成される $\mathfrak{g}$ の部分空間は $sl(2, \mathbf{C})$ と同型なリー環になる. この埋め込みによって $\mathfrak{g}$ は $sl(2, \mathbf{C})$-表現になることに注意する. $sl(2, \mathbf{C})$ の有限次元表現は有限個の既約表現の直和に分解して, 各既約表現は次の V_d, $d \geq 0$ と同型である. ここで V_d は $e_0, \ldots, e_d$ を基底とする $d + 1$ 次元 $\mathbf{C}$-ベクトル空間で $sl(2, \mathbf{C})$ の作用は次で与えられる:

(a) $h \cdot e_i = (d - 2i)e_i$,

(b) $y \cdot e_i = (i + 1)e_{i+1}$ $(0 \leq i < d)$, $y \cdot e_d = 0$,

(c) $x \cdot e_0 = 0$, $x \cdot e_i = (d - i + 1)e_{i-1}$ $(0 < i \leq d)$.

$\mathrm{Ker}(y) = \mathbf{C}e_d$, $\mathrm{Im}(x) = \mathbf{C}e_0 \oplus \cdots \oplus \mathbf{C}e_{d-1}$ なので $V_d = \mathrm{Ker}(y) \oplus \mathrm{Im}(x)$ が成り立つ.

このとき x の**スロードウィー切片**を

$$\mathcal{S} := x + \mathrm{Ker}(ad\, y)$$

によって定義する. $\mathcal{S}$ は部分空間 $\mathrm{Ker}(ad\, y)$ を x だけ平行移動してできるア

ファイン空間に他ならない.

次が容易にわかる:

補題 2.4.1 $\dim \mathcal{S} + \dim O = \dim \mathfrak{g}$ であり, $\mathcal{S}$ と O は x で横断的に交わる.

証明. $\mathcal{S}, O$ は $\mathfrak{g}$ の複素部分多様体なので, $T_x S \oplus T_x O = T_x \mathfrak{g}$ であることを示せば十分である. $\mathfrak{g}$ を $sl(2, \mathbf{C})$ の表現とみなして既約表現 V_d の直和にあらわすことで

$$\mathfrak{g} = \mathrm{Ker}(ad\,y) \oplus \mathrm{Im}(ad\,x)$$

であることがわかる. 左辺は $T_x \mathfrak{g}$, 右辺は $T_x \mathcal{S} \oplus T_x O$ と同一視できる. $\square$

次に $\mathcal{S}$ に x を唯一の固定点とするような $\mathbf{C}^*$-作用を定義する. $\mathcal{S}$ は原点を通っていないので $\mathfrak{g}$ 上の $\mathbf{C}^*$-作用 (スカラー作用) をそのまま制限するわけにはいかない. リー環の射 $sl(2, \mathbf{C}) \to \mathfrak{g}$ はリー群の準同型 $SL(2, \mathbf{C}) \to G$ を引き起こす. G は随伴作用によって $\mathfrak{g}$ に作用する. したがって $SL(2, \mathbf{C})$ は $\mathfrak{g}$ に作用する. このとき 1 次元代数トーラス $\mathbf{C}^*$ と, h から生成される 1-パラメーター部分群 $\exp(th) \subset SL(2, \mathbf{C})$ を, $t \to \exp(th)$ によって同一視する. このようにして $\mathbf{C}^*$ が $\mathfrak{g}$ に作用する. この作用のことを $\lambda: \mathbf{C}^* \to GL(\mathfrak{g})$ であらわす. 一方, $\mathfrak{g}$ 上のスカラー作用を $\sigma: \mathbf{C}^* \to GL(\mathfrak{g})$ であらわす. これら 2 つの作用は互いに可換である. このとき次の補題が成り立つ.

補題 2.4.2 $t \in \mathbf{C}^*$ に対して $\rho(t) := \sigma(t^2) \circ \lambda(t^{-1})$ は $\mathcal{S}$ を不変にする. このとき ρ によって $\mathcal{S}$ 上に $\mathbf{C}^*$-作用が定義され, $x \in \mathcal{S}$ はこの作用の固定点になる. さらに余接空間 $T_x^* \mathcal{S}$ のウエイトはすべて正である. 特に x はこの作用のただ 1 つの固定点である.

証明.

$$\mathfrak{g} = \oplus V(d)^{\oplus n_d}$$

を $sl(2, \mathbf{C})$ 表現としての既約分解とする. $V(d)_i := \{v \in V_d; h \cdot v = iv\}$ と置くと, $\mathrm{Ker}(ad\,y) = \oplus V(d)_{-d}^{\oplus n_d}$ であることに注意する. このとき $v \in V(d)_{-d}$ に対して $\sigma(t^2) \circ \lambda(t^{-1})v = t^{2+d}v$ が成り立つ. また定義から $\lambda(t)x = t^2 x$ なので $\sigma(t^2) \circ \lambda(t^{-1})(x) = x$ である. したがって $\sigma(t^2) \circ \lambda(t^{-1})$ は x を固定し,

さらに S を不変にする. T_x^*S のウエイトは $2+d$ $(d \geq 0)$ の形なのですべて正である. $\square$

系 2.4.3 $S \cap \bar{O} = \{x\}$.

証明. まず S と O が x で横断的に交わることから x は $S \cap O$ の孤立点であることに注意する. さて S が x 以外の点 z で $\bar{O}$ と交わったとする. S 上の $\mathbf{C}^*$-作用に対して z を通る $\mathbf{C}^*$-軌道 $\mathbf{C}^* \cdot z$ を考える. $\bar{O}$ は随伴作用で不変なので $\lambda(t^{-1})z \in \bar{O}$ である. さらに $\bar{O}$ はスカラー $\mathbf{C}^*$-作用で不変なので $\sigma(t^2) \circ \lambda(t^{-1})z \in \bar{O}$ である. 一方, S 上の $\mathbf{C}^*$-作用の唯一の固定点が x で T_x^*S のウエイトはすべて正なので, $x \in \overline{\mathbf{C}^* \cdot z}$ である. このことは $\overline{\mathbf{C}^* \cdot z} \subset S \cap \bar{O}$ であることを意味する. これは x が $S \cap O$ の孤立点であることに反する. $\square$

$\mathfrak{g}$ の随伴 G-作用による GIT 商を $\varphi: \mathfrak{g} \to \mathfrak{g}//G$ と書く. すなわち $\mathfrak{g}//G :=$ $\operatorname{Spec} \mathbf{C}[\mathfrak{g}]^G$ である. コスタント [Ko] により, φ は忠実平坦射であり, ファイバーはすべて正規多様体である (cf. [K-H]). ここでリー環 $\mathfrak{g}$ の階数を r と置くと, 定理 2.3.1 で見たように $\mathbf{C}[\mathfrak{g}]^G$ は r 個の $\mathbf{C}$ 上代数的独立な斉次多項式 $f_1, \ldots, f_r$ で生成された多項式環である. $\mathfrak{g}$ 上の $\mathbf{C}^*$-作用 σ は $\mathfrak{g}//G$ に $\mathbf{C}^*$-作用 $\bar{\sigma}$ を誘導する. この $\mathbf{C}^*$-作用に関する f_i のウエイトは $\deg(f_i)$ に他ならない.

補題 2.4.4 スロードウィー切片 S に $\rho(t)$ $(t \in \mathbf{C}^*)$ によって $\mathbf{C}^*$ を作用させ, $\mathfrak{g}//G$ には $\bar{\sigma}(t^2)$ $(t \in \mathbf{C}^*)$ によって $\mathbf{C}^*$ を作用させる. このとき $\varphi|_S: S \to \mathfrak{g}//G$ は $\mathbf{C}^*$-同変写像である.

証明. S の点 z に対して
$$\varphi|_S(\rho(t)z) = \varphi|_S(\sigma(t^2)\lambda(t^{-1})z) = \varphi|_S(\sigma(t^2)z) = \bar{\sigma}(t^2)(\varphi|_S(z))$$
が成り立つ. $\square$

系 2.4.3 から S は O より小さなべき零軌道 (正確に言うと $\bar{O} - O$ に含まれるようなべき零軌道) とは交わらず, O とは1点 x でのみ交わる. より一般に S は $\mathfrak{g}$ の随伴軌道とどのように交わるであろうか? 鍵になるのは次の事実である.

補題 2.4.5 射 $\mu: G \times S \to \mathfrak{g}$ を $\mu(g, z) = Ad_g(z)$ で定義する. このとき μ はスムース射である.

証明. $(1, x) \in G \times \mathcal{S}$ における接写像 $d\mu: T_1 G \oplus T_x \mathcal{S} \to T_x \mathfrak{g}$ は全射である. 実際 $d\mu(T_1 G \oplus 0) = T_x O, d\mu(0 \oplus T_x \mathcal{S}) = T_x \mathcal{S}$ なので, $T_x \mathfrak{g} = T_x O \oplus T_x \mathcal{S}$ であることに注意すれば全射性は明らかである. したがって μ は $(1, x)$ ではスムース射である. μ がすべての点でスムースであることをいうために, 群作用を用いる. まず $G \times \mathcal{S}$ には第1成分の左辺から G を作用させる. 一方 $\mathfrak{g}$ には G の随伴作用が存在する. このとき μ は G-同変写像である. 次に $G \times \mathcal{S}$ に対して $\mathbf{C}^*$ を $(g, z) \to (g\lambda(t), \rho(t)z)$ によって作用させる. このときスカラー作用と随伴作用が互いに可換であることを用いると

$$\mu(g\lambda(t), \rho(t)z) = Ad_{g\lambda(t)} Ad_{\lambda(t^{-1})} \sigma(t^2)z = Ad_g \sigma(t^2)z = \sigma(t^2)\mu(g, z)$$

である. したがって $\mathfrak{g}$ に $\sigma(t^2)$ によって $\mathbf{C}^*$-作用を定めると μ は $\mathbf{C}^*$-同変である. ここで定めた G-作用と $\mathbf{C}^*$-作用は互いに可換であることに注意する. 結局 $G \times \mathcal{S}$, $\mathfrak{g}$ には $G \times \mathbf{C}^*$ が作用して μ は $G \times \mathbf{C}^*$-同変である.

さて $x \in \mathcal{S}$ の十分小さな (ユークリッド位相による) 近傍 U を取ると μ は $\{1\} \times U$ のすべての点でスムースである. 今 $w \in \mathcal{S}$ を任意の点とすると, 補題 2.4.2 から w は必ず U のある点 z の $\mathbf{C}^*$-軌道に含まれる. すなわち $w = \rho(t_0)z, t_0 \in \mathbf{C}^*$ である. このとき, 任意の $g \in G$ に対して $(g, w) \in G \times \mathcal{S}$ は $(1, z)$ の $G \times \mathbf{C}^*$-軌道上にある. したがって μ は (g, w) でスムースである. □

系 2.4.6 (1) $\varphi|_{\mathcal{S}}: \mathcal{S} \to \mathfrak{g}/\!/G$ は忠実平坦な射であり, すべてのファイバーは正規な完全交差多様体である.

(2) $\mathfrak{g}$ の随伴軌道 O' と $\mathcal{S}$ は (交点が存在するならば) 横断的に交わる. すなわち, $\mathcal{S} \cap O'$ は次元が $\dim \mathcal{S} + \dim O' - \dim \mathfrak{g}$ の非特異部分多様体である.

証明. (1) 先に注意したように, φ の任意の点 $u \in \mathfrak{g}/\!/G$ 上のファイバー $\varphi^{-1}(u)$ は正規多様体である. 包含写像 $\varphi^{-1}(u) \to \mathfrak{g}$ によって写像 μ の底変換を行うと写像 $\mu_u: G \times (\varphi|_{\mathcal{S}})^{-1}(u) \to \varphi^{-1}(u)$ を得る. 補題 2.4.5 より μ はスムース射なので μ_u もスムース射である. ここで $\varphi^{-1}(u)$ は正規なので $G \times (\varphi|_{\mathcal{S}})^{-1}(u)$ は正規である. したがって $(\varphi|_{\mathcal{S}})^{-1}(u)$ も正規である (連結であることは後で示す). また μ の相対次元は $\dim \mathcal{S}$ なので

$$\dim(G \times (\varphi|_{\mathcal{S}})^{-1}(u)) = \dim \mathcal{S} + \dim \varphi^{-1}(u) = \dim \mathcal{S} + \dim \mathfrak{g} - r$$

である. このことから $\dim(\varphi|_{\mathcal{S}})^{-1}(u) = \dim \mathcal{S} - r$ が成り立つ. $\mathcal{S}, \mathfrak{g}/\!/G$ ともに非特異なので平坦射の次元判定法から $\varphi|_{\mathcal{S}}$ は平坦である. また $(\varphi|_{\mathcal{S}})^{-1}(u)$ は $\mathcal{S}$ の中でちょうど r 個の多項式の共通零点として定義されているので完全交差型概型である. 平坦射 $\varphi|_{\mathcal{S}}$ は開写像なので $\mathrm{Im}(\varphi|_{\mathcal{S}})$ は $\bar{0} \in \mathfrak{g}/\!/G$ を含む開集合である. 補題 2.4.4 で見たように $\varphi|_{\mathcal{S}}$ は $\mathbf{C}^*$-同変射である. 特に $\mathrm{Im}(\varphi|_{\mathcal{S}})$ は補題 2.4.4 で定義した $\mathfrak{g}/\!/G$ 上の $\mathbf{C}^*$-作用に関して不変である. この $\mathbf{C}^*$-作用は $\bar{0}$ で正のウエイトしか持たないので, $\bar{0}$ の開近傍で $\mathbf{C}^*$ 不変なものは $\mathfrak{g}/\!/G$ に一致する. したがって $\mathrm{Im}(\varphi|_{\mathcal{S}}) = \mathfrak{g}/\!/G$ である. $\varphi|_{\mathcal{S}}$ は全射平坦写像なので忠実平坦である.

最後に $(\varphi|_{\mathcal{S}})^{-1}(u)$ の連結性を示す. まず $(\varphi|_{\mathcal{S}})^{-1}(\bar{0})$ は連結であることに注意する. 実際, 補題 2.4.4 から S 上の $\mathbf{C}^*$-作用は $(\varphi|_{\mathcal{S}})^{-1}(\bar{0})$ を不変にする. もし $(\varphi|_{\mathcal{S}})^{-1}(\bar{0})$ が連結でなければ, x を含まない連結成分から点 z を取ると $\lim_{t\to 0} \rho(t)z = x$ となり z が x を含まない連結成分の点であることに矛盾する. ある $u_0 \in \mathfrak{g}/\!/G$ に対して $(\varphi|_{\mathcal{S}})^{-1}(u_0)$ が非連結であるとする. 補題 2.4.4 で行ったように $\mathfrak{g}/\!/G$ に $\mathbf{C}^*$-作用を入れて u_0 の $\mathbf{C}^*$-軌道の閉包を取りそれを $\bar{C}$ とする. $\bar{C}$ の正規化を C とすると, $\bar{C}$ の作り方から正規化写像 $C \to \bar{C}$ の各点の逆像はただ 1 点のみからなる. そこで $\bar{0}, u_0$ の逆像を同じ記号であらわすことにする. $\mathcal{S} \to \mathfrak{g}/\!/G$ を $C \to \bar{C} \subset \mathfrak{g}/\!/G$ によって底変換したものを $\varphi_C : S_C \to C$ と書く. S_C 上には $\mathcal{S}$ 上の $\mathbf{C}^*$-作用と C 上の $\mathbf{C}^*$-作用から誘導される $\mathbf{C}^*$-作用が存在する. φ_C はこれらの $\mathbf{C}^*$-作用に関して共変な忠実平坦写像である. 仮定から $\varphi_C^{-1}(u_0)$ は非連結である. このとき $\mathbf{C}^*$-作用により, 任意の $u\ (\neq \bar{0}) \in C$ に対して $\varphi_C^{-1}(u)$ は非連結である.

一方, セールの正規性判定法 ($R_1 + S_2 \Rightarrow$ 正規) から S_C は正規である. 実際, 任意の $u \in C$ に対して $(\varphi_C)^{-1}(u)$ は完全交差型概型なのでコーエン–マコーレー概型である. $\varphi_C^{-1}(u)$ 上の閉点 z を 1 つ取る. φ_C は平坦なので C の u における局所一意化変数 t の引き戻し $\varphi_C^* t$ は $\mathcal{O}_{S_C,z}$ の正則元である. $\mathcal{O}_{\varphi_C^{-1}(u),z} = \mathcal{O}_{S_C,z}/\varphi_C^* t$ がコーエン–マコーレー環なので $\mathcal{O}_{S_C,z}$ はコーエン–マコーレー環である. 一方 $\varphi_C^{-1}(u)$ は正規なので余次元 2 の閉部分集合を除いた部分で非特異である. φ_C は平坦なので $\varphi_C^{-1}(u)$ の非特異点は S_C の非特異点である. したがって $\mathrm{Sing}(S_C) \cap \varphi_C^{-1}(u)$ は $\varphi_C^{-1}(u)$ の中で余次元 2 以上である. ゆえに

$\mathrm{Codim}_{S_C} \mathrm{Sing}(S_C) \geq 2$ である. このことから S_C は $\varphi_C^{-1}(u)$ 上の各点で R_1 条件と S_2 条件を満たしている. したがって S_C は $\varphi_C^{-1}(u)$ 上の各点で正規である. $u \in C$ は任意の点だったから S_C は正規である. S_C 上の $\mathbf{C}^*$-作用を用いると $\varphi_C^{-1}(\bar{0})$ が連結なことから S_C も連結であることがわかる. したがって S_C は既約な正規代数多様体である.

ここで S_C を射影多様体 $\bar{S}_C$ にコンパクト化して, 有理写像 $\bar{S}_C \dashrightarrow C$ が正則写像になるように $\bar{S}_C$ の特異点解消 $\tilde{S}_C$ を取る. このとき固有射 $\tilde{\varphi}_C \colon \tilde{S}_C \to C$ のスタイン分解を $\tilde{S}_C \xrightarrow{f} D \xrightarrow{g} C$ とする. 定義より D は非特異代数曲線, g は有限全射写像, そして f のファイバーはすべて連結である. $\tilde{\varphi}_C^{-1}(\bar{0})$ は連結なので $g^{-1}(\bar{0})$ は 1 点のみからなる (その点のことを $p \in D$ と書く). もし $\deg(g) > 1$ ならば, $g^{-1}(\bar{0})$ は D 上の因子として $m \cdot p, m > 1$ とあらわされる. このとき $\tilde{\varphi}_C^{-1}(\bar{0}) = m f^{-1}(p)$ と書け, $\tilde{\varphi}_C^{-1}(\bar{0})$ の各既約成分は少なくとも m 重の重複度を持ってあらわれることになる. 一方 $\tilde{\varphi}_C^{-1}(\bar{0})$ は $\overline{\varphi_C^{-1}(\bar{0})} \subset \bar{S}_C$ の固有変換を重複度 1 で含んでいるので矛盾である. 結局 $\deg(g) = 1$ となり g は同型射である. したがって $\tilde{\varphi}_C$ のファイバーはすべて連結である. またベルティニの定理より, 一般の点 $u \in C$ に対して $\tilde{\varphi}_C^{-1}(u)$ は非特異である. つまり $\tilde{\varphi}_C^{-1}(u)$ は既約な非特異代数多様体である. 一方 $\varphi_C^{-1}(u)$ は非連結なので可約, したがって $\tilde{\varphi}_C^{-1}(u)$ も可約である. これは矛盾である.

(2) $(\varphi|_{\mathcal{S}})^{-1}(u)$ の代わりに O' を考え, (1) と同じことをする. 今度は O' が非特異なので $G \times (\mathcal{S} \cap O')$ が非特異であることがわかる. これより $\mathcal{S} \cap O'$ は非特異であることがわかる. $\dim(G \times (\mathcal{S} \cap O')) = \dim \mathcal{S} + \dim O'$ なので

$$\dim(\mathcal{S} \cap O') = \dim \mathcal{S} + \dim O' - \dim \mathfrak{g}$$

が成り立つ. $\square$

ω_{KK} を随伴軌道 O' のキリロフ–コスタント形式とする. このとき次が成り立つ.

命題 2.4.7 随伴軌道 O' に対して $\mathcal{S} \cap O' \neq \emptyset$ ならば, $\omega_{KK}|_{\mathcal{S} \cap O'}$ は $\mathcal{S} \cap O'$ 上のシンプレクティック形式を定める.

証明. スロードウィー切片を定義するときに使った $sl(2)$-トリプル x, y, h

は固定しておく. $z \in \mathcal{S} \cap O'$ をとると接空間 $T_z O'$ は $T_z \mathfrak{g} = \mathfrak{g}$ の中で $[z, \mathfrak{g}]$ と同一視される. さらに $T_z(\mathcal{S} \cap O')$ は $[z, \mathfrak{g}] \cap \mathrm{Ker}(ad\, y)$ と同一視される. キリロフ–コスタント形式 $T_z O' \times T_z O' \to \mathbf{C}$ は

$$[z, \mathfrak{g}] \times [z, \mathfrak{g}] \to \mathbf{C} \quad ([z, u], [z, v]) \mapsto \kappa(z, [u, v])$$

で与えられる. ここで $\kappa(\cdot, \cdot)$ は $\mathfrak{g}$ のキリング形式をあらわす. キリロフ–コスタント形式を $[z, \mathfrak{g}] \cap \mathrm{Ker}(ad\, y)$ に制限したとき非退化であることを示せばよい. そこでまず $T_z O'$ の中で $T_z(\mathcal{S} \cap O')$ のキリロフ–コスタント形式に関する零化空間が何になるかを調べる. そのためには, $w := [z, v]$ $(v \in \mathfrak{g})$ が次の性質 $(*)$ を持つと仮定する.

$(*)$ $[z, u] \in \mathrm{Ker}(ad\, y)$ となるようなすべての $u \in \mathfrak{g}$ に対して $\kappa(z, [u, v]) = 0$ が成り立つ.

このとき次が成り立つ:

主張 1. $w \in [z, [y, \mathfrak{g}]]$.

証明. 仮定から $\kappa(z, [u, v]) = \kappa([z, u], v) = 0$ であるが, $[z, u] \in \mathrm{Ker}(ad\, y)$ なので $v \in (\mathrm{Im}(ad\, z) \cap \mathrm{Ker}(ad\, y))^{\perp}$ である. ここで $\perp$ はキリング形式に関する $\mathfrak{g}$ の中での直交をあらわす.

$$\mathrm{Im}(ad\, z)^{\perp} + \mathrm{Ker}(ad\, y)^{\perp} = (\mathrm{Im}(ad\, z) \cap \mathrm{Ker}(ad\, y))^{\perp}$$

が成り立つが, ここで

$$\mathrm{Im}(ad\, z)^{\perp} = \mathrm{Ker}(ad\, z)$$

である. 実際, $\alpha \in \mathrm{Im}(ad\, z)^{\perp}$ とすると, 任意の $\beta \in \mathfrak{g}$ に対して

$$0 = \kappa([z, \beta], \alpha) = -\kappa(\beta, [z, \alpha])$$

が成り立つ. キリング形式は非退化なので, このことから $[z, \alpha] = 0$ がわかる. 同様の議論によって

$$\mathrm{Ker}(ad\, y)^{\perp} = \mathrm{Im}(ad\, y)$$

もわかる. 以上をまとめると

$$(\mathrm{Im}(ad\, z) \cap \mathrm{Ker}(ad\, y))^{\perp} = \mathrm{Ker}(ad\, z) + \mathrm{Im}(ad\, y)$$

が成り立つ. したがって

$w \in [z, (\mathrm{Im}(ad\,z) \cap \mathrm{Ker}(ad\,y))^{\perp}] = [z, \mathrm{Ker}(ad\,z) + \mathrm{Im}(ad\,y)] = [z, \mathrm{Im}(ad\,y)]$

である. □

主張 2. $[z, [y, \mathfrak{g}]] \cap \mathrm{Ker}(ad\,y) = 0$.

証明. $\mathfrak{g} = [y, \mathfrak{g}] \oplus \mathrm{Ker}(ad\,x)$ なので $ad\,x : [y, \mathfrak{g}] \to [x, [y, \mathfrak{g}]]$ は同型射である. 一般の元 $x' \in \mathfrak{g}$ に対しても写像 $ad\,x' : [y, \mathfrak{g}] \to [x', [y, \mathfrak{g}]]$ を考えることができるが, $ad\,x'$ が同型という性質は $x \in \mathfrak{g}$ の十分小さな近傍 U の元 x' に対しても成り立つ. $e := \dim[y, \mathfrak{g}]$ と置くと, U の元 x' に対して $\mathfrak{g}$ の e 次元部分空間 $[x', [y, \mathfrak{g}]]$ を対応させることで U からグラスマン多様体 $Gr(e, \mathfrak{g})$ への写像が決まる. 一方で $\mathfrak{g} = [x, \mathfrak{g}] \oplus \mathrm{Ker}(ad\,y)$ なので $[x, [y, \mathfrak{g}]] \cap \mathrm{Ker}(ad\,y) = 0$ である. したがって $U' \subset U$ を x のさらに小さな近傍に取り換えれば, 任意の元 $x' \in U'$ に対して $[x', [y, \mathfrak{g}]] \cap \mathrm{Ker}(ad\,y) = 0$ である. z に対して主張を証明するためには S 上の $\mathbf{C}^*$-作用 ρ を用いればよい. 実際 x は z を含む $\mathbf{C}^*$-軌道の極限として得られるので適当な $t_0 \in \mathbf{C}^*$ を取ると $\rho(t_0)z \in S \cap U'$ である. ここで $x' := \rho(t_0)z$ と置くと $z = \rho(t_0^{-1})x'$ と書ける. このとき

$$[\rho(t_0^{-1})x', [y, \mathfrak{g}]] = [\sigma(t_0^{-2})\lambda(t_0)x', [y, \mathfrak{g}]] = t_0^{-2}[\lambda(t_0)x', [y, \mathfrak{g}]]$$

$$= [\lambda(t_0)x', [y, \mathfrak{g}]] = \lambda(t_0)[x', \lambda(t_0^{-1})[y, \mathfrak{g}]] = \lambda(t_0)[x', [y, \mathfrak{g}]]$$

が成り立つ. 等式

$$[x', [y, \mathfrak{g}]] \cap \mathrm{Ker}(ad\,y) = 0$$

の両辺に $\lambda(t_0)$ を施すと

$$\lambda(t_0)[x', [y, \mathfrak{g}]] \cap \lambda(t_0)\mathrm{Ker}(ad\,y) = 0$$

を得る. ここで

$$\lambda(t_0)[x', [y, \mathfrak{g}]] = [\rho(t_0^{-1})x', [y, \mathfrak{g}]] = [z, [y, \mathfrak{g}]]$$

である. さらに $\lambda(t_0)\mathrm{Ker}(ad\,y) = \mathrm{Ker}(ad\,y)$ であることが次のようにしてわかる. $v \in \mathrm{Ker}(ad\,y)$ に対して

$$[y, \lambda(t_0)v] = \lambda(t_0)[\lambda(t_0^{-1})y, v]$$

$$= \lambda(t_0)[t_0^{-2}y, v] = t_0^{-2}\lambda(t_0)[y, v] = 0$$

である．したがって $\lambda(t_0)v \in \mathrm{Ker}(ady)$ が示せた．結局 $[z, [y, \mathfrak{g}]] \cap \mathrm{Ker}(ady) = 0$ が示せたことになる．命題 2.4.7 はこの主張 2 から直ちにしたがう．□

命題 2.4.8 $S_0 := (\varphi|_{\mathcal{S}})^{-1}(\bar{0})$ は錐的シンプレクティック多様体である．

証明. $\mathfrak{g}$ のべき零錐 $\mathcal{N} := \varphi^{-1}(\bar{0})$ は有限個のべき零軌道の合併集合である．特に

$$S_0 = \bigcup_{O': \text{べき零軌道}} (\mathcal{S} \cap O')$$

である．正則べき零軌道 O^r は $\mathcal{N}$ のザリスキー開集合なので $U := \mathcal{S} \cap O^r$ は S_0 の開集合である．系 2.4.6 より U は S_0 の非特異部分 $(S_0)_{\mathrm{reg}}$ に含まれている．逆にもし $z \in (S_0)_{\mathrm{reg}}$ ならば $\varphi|_{\mathcal{S}}$ は平坦射なので $z \in \mathcal{S}$ において $\varphi|_{\mathcal{S}}$ はスムースである．これは $d(\varphi|_{\mathcal{S}})_* : T_z \mathcal{S} \to T_{\bar{0}}(\mathfrak{g}//G)$ が全射であることを意味する．このことから $d\varphi_* : T_z \mathfrak{g} \to T_{\bar{0}}(\mathfrak{g}//G)$ も全射である．特に φ は z においてスムースであり，$\varphi^{-1}(\bar{0})$ は z で非特異である．したがって $z \in O^r$ である（[Ko], [K-H]）．結局 $U = (S_0)_{\mathrm{reg}}$ である．

命題 2.4.7 より，O^r のキリロフ–コスタント形式 ω_{KK} を U 上に制限した 2-形式 ω はシンプレクティック 2-形式である．

ここで，べき零錐のスプリンガー特異点解消 $s : T^*(G/B) \to \mathcal{N}$ を考え，$\tilde{S}_0 := s^{-1}(S_0)$ と置く．余接束 $T^*(G/B)$ には自然に G が作用するので射 $\tilde{\mu}_0 : G \times \tilde{S}_0 \to T^*(G/B)$ が $(g, z) \to gz$ によって定義される．このとき可換図式

$$
\begin{array}{ccc}
G \times \tilde{S}_0 & \xrightarrow{\tilde{\mu}_0} & T^*(G/B) \\
{\scriptstyle id \times s|_{\tilde{S}_0}} \downarrow & & \downarrow {\scriptstyle s} \\
G \times \mathcal{S} & \xrightarrow{\mu} & \mathfrak{g}
\end{array}
\tag{2.1}
$$

はファイバー積になる．μ はスムース射なので $\tilde{\mu}_0$ もスムース射である．$T^*(G/B)$ は非特異なので $G \times \tilde{S}_0$ も非特異である．このことから $\tilde{S}_0$ も非特異である．スプリンガー特異点解消 s は O^r 上では同型なので $s|_{\tilde{S}_0} : \tilde{S}_0 \to S_0$ は U 上では同型である．したがって $s|_{\tilde{S}_0}$ は S_0 の特異点解消になっている．さらに s はクレパント特異点解消なので $s|_{\tilde{S}_0}$ もまたクレパント特異点解消である．以上のことから (S_0, ω) はシンプレクティック特異点を持つことがわかる．

　最後に $\mathcal{S}$ 上の $\mathbf{C}^*$-作用 ρ は S_0 は不変にするので S_0 上の $\mathbf{C}^*$-作用を引き起こす. この $\mathbf{C}^*$-作用は $x \in S_0$ を唯一の固定点として持ち, x のウエイトはすべて正である. O^r のキリロフ–コスタント形式 ω_{KK} に対して

$$\rho(t)^* \omega_{KK} = \sigma(t^2)^* \lambda(t^{-1})^* \omega_{KK} = \sigma(t^2)^* \omega_{KK} = t^2 \omega_{KK}$$

なので ω の $\mathbf{C}^*$-作用に関するウエイトは 2 である. したがって (S_0, ω) は錐的シンプレクティック多様体である. $\square$

　$\mathfrak{g}$ の双対空間 $\mathfrak{g}^*$ はリー括弧積から決まるポアソン構造を持つ ([Part 1], 例 2.1.11). キリング形式によって $\mathfrak{g}^*$ を $\mathfrak{g}$ と同一視する. このとき $\mathfrak{g}$ 上のポアソン 2-ベクトル θ は φ に関して相対 2-ベクトルになる:

$$\theta \in \Gamma(\mathfrak{g}, \wedge^2 \Theta_{\mathfrak{g}/\mathbf{C}^r}).$$

ここで随伴商 $\mathfrak{g}/\!/G$ はアファイン空間なので $\mathbf{C}^r$ と書いた.

$$\mathfrak{g}^{\mathrm{reg}} := \{z \in \mathfrak{g};\ \varphi \text{ は } z \text{ でスムース}\}$$

と置く. $\mathbf{C}^r$ の各点 u に対して $\varphi^{-1}(u)$ は有限個の随伴軌道からなるが, $\mathfrak{g}^{\mathrm{reg}} \cap \varphi^{-1}(u)$ は $\varphi^{-1}(u)$ の中で開稠密な随伴軌道 (ここでは O_u^r という記号でこの随伴軌道をあらわすことにする) に一致する ([Ko], [K-H]). $\theta|_{\mathfrak{g}^{\mathrm{reg}} \cap \varphi^{-1}(u)}$ は O_u^r に非退化なポアソン構造を定義する. すなわち各点 $u \in \mathbf{C}^r$ において $\theta|_{\mathfrak{g}^{\mathrm{reg}} \cap \varphi^{-1}(u)}$ は非退化な 2-ベクトルである. したがって相対 2-ベクトル $\theta|_{\mathfrak{g}^{\mathrm{reg}}} \in \Gamma(\mathfrak{g}^{\mathrm{reg}}, \wedge^2 \Theta_{\mathfrak{g}/\mathbf{C}^r})$ は非退化である. $\theta|_{\mathfrak{g}^{\mathrm{reg}}}$ に対応する非退化相対 2-形式を $\omega_{KK} \in \Gamma(\mathfrak{g}^{\mathrm{reg}}, \Omega^2_{\mathfrak{g}/\mathbf{C}^r})$ とする.

　ここで

$$\mathcal{S} \cap \mathfrak{g}^{\mathrm{reg}} = \{z \in \mathcal{S};\ \varphi|_{\mathcal{S}} \text{ は } z \text{ でスムース}\}$$

であることに注意する. 実際 z を左辺の点, $u := \varphi(z)$ と置くと, 上で注意したように $z \in \mathcal{S} \cap O_u^r$ である. 系 2.4.6 より $\mathcal{S} \cap O_u^r$ は非特異であり, $\varphi|_{\mathcal{S}}$ は平坦射なので $\varphi|_{\mathcal{S}}$ は z においてスムースである. 逆に右辺の点 z に対して $d(\varphi|_{\mathcal{S}})_* : T_z\mathcal{S} \to T_{\varphi(z)}(\mathfrak{g}/G)$ は全射である. したがって $d\varphi_* : T_z\mathfrak{g} \to T_{\varphi(z)}(\mathfrak{g}/\!/G)$ もまた全射である. これは φ が z でスムースであることを意味する. すなわち z は左辺に含まれる.

さて $\omega_{\mathcal{S}} := \omega_{KK}|_{\mathcal{S} \cap \mathfrak{g}^{\mathrm{reg}}}$ と置くと, 命題 2.4.7 より $\omega_{\mathcal{S}} \in \Gamma(\mathcal{S} \cap \mathfrak{g}^{\mathrm{reg}}, \Omega^2_{\mathcal{S}/\mathbf{C}^r})$ は非退化な d-閉相対 2-形式である. したがって $\omega_{\mathcal{S}}$ に対応して非退化な相対 2-ベクトル $\theta_{\mathcal{S}} \in \Gamma(\mathcal{S} \cap \mathfrak{g}^{\mathrm{reg}}, \wedge^2 \Theta_{\mathcal{S}/\mathbf{C}^r})$ が決まる. このとき $\mathcal{S} \cap \mathfrak{g}^{\mathrm{reg}}$ 上にポアソン積

$$\{\ ,\ \}: \mathcal{O}_{\mathcal{S} \cap \mathfrak{g}^{\mathrm{reg}}} \times \mathcal{O}_{\mathcal{S} \cap \mathfrak{g}^{\mathrm{reg}}} \to \mathcal{O}_{\mathcal{S} \cap \mathfrak{g}^{\mathrm{reg}}}$$

が $\{f, g\} := \theta_{\mathcal{S}}(df \wedge dg)$ によって決まる. 今 $\mathrm{Codim}_{\mathcal{S}}(\mathcal{S} - (\mathcal{S} \cap \mathfrak{g}^{\mathrm{reg}})) \geq 2$ なので, このポアソン積は一意的に $\mathcal{S}$ 上のポアソン積にまで拡張される. 以上をまとめると次の命題を得る.

命題 2.4.9 $\mathcal{S}$ は $\mathfrak{g}/\!/G$ 上ポアソン概型の構造を持ち, 各ファイバーは自然にポアソン概型になる. 特に中心ファイバーに誘導されるポアソン構造は錐的シンプレクティック多様体 S_0 から決まるポアソン構造に一致する. □

GIT 商 $\mathfrak{g}/\!/G$ は, 定理 2.3.1 により, $\mathfrak{h}/W$ と同一視される. これにより, $\varphi: \mathfrak{g} \to \mathfrak{g}/\!/G$ を $\mathfrak{g}$ から $\mathfrak{h}/W$ への射とみなす. φ の各閉ファイバーは, 次元が $\dim \mathfrak{g} - \dim \mathfrak{h}$ であるような既約正規多様体であり, 有限個の随伴軌道の合併集合である ([Ko], [K-H]). 特に, $\varphi^{-1}(0) = \mathcal{N}$ である. $H \subset G$ を $\mathfrak{h}$ から決まる極大トーラスとして, B を H を含むような G のボレル部分群とする. このとき, 射 φ は次の形の**同時特異点解消**を持つ ([Part 1], 命題 6.3.6, 命題 6.3.7):

$$
\begin{array}{ccc}
\tilde{\mathfrak{g}} := G \times^B \mathfrak{b} & \xrightarrow{\ \pi\ } & \mathfrak{g} \\
\downarrow & & \varphi \downarrow \\
\mathfrak{h} & \longrightarrow & \mathfrak{h}/W
\end{array}
\tag{2.2}
$$

この可換図式から, $\mathfrak{h}$ 上の射

$$\Pi: \tilde{\mathfrak{g}} \to \mathfrak{h} \times_{\mathfrak{h}/W} \mathfrak{g}$$

が決まる. スロードウィー 切片 $\mathcal{S}$ に対して $\tilde{\mathcal{S}} := \pi^{-1}(\mathcal{S})$ と置くと, 可換図式

$$
\begin{array}{ccc}
\tilde{\mathcal{S}} & \longrightarrow & \mathcal{S} \\
\downarrow & & \varphi|_{\mathcal{S}} \downarrow \\
\mathfrak{h} & \longrightarrow & \mathfrak{h}/W
\end{array}
\tag{2.3}
$$

を得る．この可換図式から $\mathfrak{h}$ 上の射

$$\Pi_{\mathcal{S}} : \tilde{\mathcal{S}} \to \mathfrak{h} \times_{\mathfrak{h}/W} \mathcal{S}$$

が決まる．

命題 2.4.10 $\Pi_{\mathcal{S}}$ は射影的双有理射で $\mathfrak{h} \times_{\mathfrak{h}/W} \mathcal{S} \to \mathfrak{h}$ の閉ファイバーの同時特異点解消を与える．

　　証明.　記号を簡略化するために $\tilde{\mathfrak{g}} := G \times^B \mathfrak{b}$ と置く．カルテシアン図式

$$\begin{array}{ccc} \tilde{\mathcal{S}} & \longrightarrow & \tilde{\mathfrak{g}} \\ \downarrow & & \downarrow \\ \mathcal{S} & \longrightarrow & \mathfrak{g} \end{array} \tag{2.4}$$

に G を掛けた可換図式

$$\begin{array}{ccc} G \times \tilde{\mathcal{S}} & \longrightarrow & G \times \tilde{\mathfrak{g}} \\ \downarrow & & \downarrow \\ G \times \mathcal{S} & \longrightarrow & G \times \mathfrak{g} \end{array} \tag{2.5}$$

は再びカルテシアン図式になる．この図式にカルテシアン図式

$$\begin{array}{ccc} G \times \tilde{\mathfrak{g}} & \longrightarrow & \tilde{\mathfrak{g}} \\ \downarrow & & \downarrow \\ G \times \mathfrak{g} & \longrightarrow & \mathfrak{g} \end{array} \tag{2.6}$$

を合成することによりカルテシアン図式

$$\begin{array}{ccc} G \times \tilde{\mathcal{S}} & \overset{\tilde{\mu}}{\longrightarrow} & \tilde{\mathfrak{g}} \\ \downarrow & & \downarrow \\ G \times \mathcal{S} & \overset{\mu}{\longrightarrow} & \mathfrak{g} \end{array} \tag{2.7}$$

を得る．補題 2.4.5 より μ はスムース射なので，$\tilde{\mu}$ もスムース射である．$\tilde{\mathfrak{g}}$ は非特異なので $G \times \tilde{\mathcal{S}}$ も非特異である．したがって $\tilde{\mathcal{S}}$ は非特異である．さらに合成射 $G \times \tilde{\mathcal{S}} \overset{pr_2}{\to} \tilde{\mathcal{S}} \to \mathfrak{h}$ を考えると，次の図式は可換である．

$$G \times \tilde{\mathcal{S}} \xrightarrow{\ \tilde{\mu}\ } \tilde{\mathfrak{g}}$$
$$\downarrow \qquad\qquad \downarrow \qquad\qquad (2.8)$$
$$\mathfrak{h} \xrightarrow{\ id\ } \mathfrak{h}$$

これは $\mathfrak{h}$ を自明な作用で G-多様体と思ったとき $\tilde{\mathfrak{g}} \to \mathfrak{h}$ が G-同変射であることからわかる. $h \in \mathfrak{h}$ に対して, $\tilde{\mu}$ が h 上のファイバーに誘導する射

$$\tilde{\mu}_h : G \times \tilde{\mathcal{S}}_h \to \tilde{\mathfrak{g}}_h$$

を考える.

$$G \times \tilde{\mathcal{S}}_h = (G \times \tilde{\mathcal{S}}) \times_{\tilde{\mathfrak{g}}} \tilde{\mathfrak{g}}_h$$

なので $\tilde{\mu}_h$ はスムース射である. $\tilde{\mathfrak{g}}_h$ は非特異であったから $G \times \tilde{\mathcal{S}}_h$ は非特異, したがって $\tilde{\mathcal{S}}_h$ も非特異である. $h \in \mathfrak{h}$ が定める $\mathfrak{h}/W$ の点を $[h]$ とすると自然な射 $\Pi_{\mathcal{S},h} : \tilde{\mathcal{S}}_h \to \mathcal{S}_{[h]}$ は固有射 $\Pi_h : \tilde{\mathfrak{g}}_h \to \mathfrak{g}_{[h]}$ を埋め込み射 $\mathcal{S}_{[h]} \to \mathfrak{g}_{[h]}$ によって引き戻したものに他ならないので, $\Pi_{\mathcal{S},h}$ もまた固有射である. $\mathfrak{g}_{[h]}$ の中の正則随伴軌道を $O^r_{[h]}$ とすると Π_h は $O^r_{[h]}$ 上では同型なので $\Pi_{\mathcal{S},h}$ も $\mathcal{S}_h \cap O^r_{[h]}$ 上で同型である. 以上のことから $\Pi_{\mathcal{S},h}$ は特異点解消射である. $\square$

[Part 1], 命題 6.3.13 により, $\tilde{\mathfrak{g}}$ 上には相対的シンプレクティック 2-形式 $\omega_{\tilde{\mathfrak{g}}} \in \Gamma(\tilde{\mathfrak{g}}, \Omega^2_{\tilde{\mathfrak{g}}/\mathfrak{h}})$ が存在する. ここで

$$\omega_{\tilde{\mathfrak{g}}_h} := \omega_{\tilde{\mathfrak{g}}}|_{\tilde{\mathfrak{g}}_h}$$

と置く. $\omega_{\tilde{\mathfrak{g}}_h}$ は $\tilde{\mathfrak{g}}_h$ 上のシンプレクティック 2-形式である. ここでさらに

$$\omega_{\tilde{\mathcal{S}}} := \omega_{\tilde{\mathfrak{g}}}|_{\tilde{\mathcal{S}}}, \ \omega_{\tilde{\mathcal{S}}_h} := \omega_{\tilde{\mathfrak{g}}_h}|_{\tilde{\mathcal{S}}_h}$$

と置く. このとき次が成り立つ.

命題 2.4.11 $\omega_{\tilde{\mathcal{S}}}$ は $\tilde{\mathcal{S}} \to \mathfrak{h}$ に関する相対的シンプレクティック 2-形式である.

証明. $\mathfrak{g}_{[h]}$ は有理ゴーレンスタイン特異点のみを持つので標準因子 $K_{\mathfrak{g}_{[h]}}$ はカルチェ因子である. $\mathcal{S}_{[h]}$ は $\mathfrak{g}_{[h]}$ の中の完全交叉型部分多様体なので, $r := \mathrm{Codim}_{\mathfrak{g}_{[h]}} \mathcal{S}_{[h]}$ とすると, **法層** (normal sheaf) $N_{\mathcal{S}_{[h]}/\mathfrak{g}_{[h]}}$ は $\mathcal{S}_{[h]}$ 上の階数 r のベクトル束である. このとき標準束の随伴公式より

$$\mathcal{O}(K_{\mathcal{S}_{[h]}}) = \mathcal{O}(K_{\mathfrak{g}_{[h]}})|_{\mathcal{S}_{[h]}} \otimes \wedge^r N_{\mathcal{S}_{[h]}/\mathfrak{g}_{[h]}}$$

が成り立つ．一方 $\tilde{\mathcal{S}}_h \subset \tilde{\mathfrak{g}}_h$ に対しても同じことを行うと

$$\mathcal{O}(K_{\tilde{\mathcal{S}}_h}) = \mathcal{O}(K_{\tilde{\mathfrak{g}}_h})|_{\tilde{\mathcal{S}}_h} \otimes \wedge^r N_{\tilde{\mathcal{S}}_h/\tilde{\mathfrak{g}}_h}$$

である．[Part 1], 命題 6.3.13 より，$\Pi_h \colon \tilde{\mathfrak{g}}_h \to \mathfrak{g}_{[h]}$ はクレパント特異点解消である．つまり

$$\mathcal{O}(K_{\tilde{\mathfrak{g}}_h}) = \Pi_h^* \mathcal{O}(K_{\mathfrak{g}_{[h]}})$$

である．さらに

$$\wedge^r N_{\tilde{\mathcal{S}}_h/\tilde{\mathfrak{g}}_h} = \Pi_h^*(\wedge^r N_{\mathcal{S}_{[h]}/\mathfrak{g}_{[h]}})$$

なので

$$\mathcal{O}(K_{\tilde{\mathcal{S}}_h}) = \Pi_{\mathcal{S},h}^* \mathcal{O}(K_{\mathcal{S}_{[h]}})$$

である．ここで $\dim \mathcal{S}_{[h]} = 2d$ と置いて ω_{KK} を $\mathcal{S}_h$ の非特異部分で定義されたキリロフ–コスタント形式とする．このとき $2d$-形式 $\wedge^d \omega_{KK}$ は $\mathcal{O}(K_{\mathcal{S}_{[h]}})$ の切断にまで拡張され，直線束 $\mathcal{O}(K_{\mathcal{S}_{[h]}})$ は $\wedge^d \omega_{KK}$ で生成される．一方で $\omega_{\tilde{\mathcal{S}}_h}$ は ω_{KK} を $\Phi_{\mathcal{S},h}$ で引き戻して拡張したものである．$\mathcal{O}(K_{\tilde{\mathcal{S}}_h}) = \Pi_{\mathcal{S},h}^* \mathcal{O}(K_{\mathcal{S}_{[h]}})$ なので，$\wedge^d \omega_{\tilde{\mathcal{S}}_h}$ は $\mathcal{O}(K_{\tilde{\mathcal{S}}_h})$ を生成している．つまり $\omega_{\tilde{\mathcal{S}}_h}$ は至る所非退化である．□

　この節の残りでは，x が副正則元のときに $\varphi|_{\mathcal{S}} \colon \mathcal{S} \to \mathfrak{g}/\!/G$ の中心ファイバー $\varphi|_{\mathcal{S}}^{-1}(0)$ が $\mathfrak{g}$ と同じタイプの 2 次元クライン特異点になっていることを証明する．まず x が副正則ということから $\mathfrak{g}$ の階数を r とすると $\dim O = \dim \mathfrak{g} - r - 2$ である．したがって補題 2.4.1 から $\dim \mathcal{S} = r + 2$ である．系 2.4.6, (1) から $\varphi|_{\mathcal{S}}$ の閉ファイバーはすべて 2 次元正規代数曲面である．また $\mathfrak{g}$ のべき零軌道のなかで最大のものが正則べき零元の随伴軌道 O^r，2 番目に大きなべき零軌道が副正則元のべき零軌道 $O := O^{sr}$ である．それ以外のべき零軌道はすべて $\bar{O}$ に含まれる．したがって系 2.4.3 から $\mathcal{S}$ と交わるべき零軌道は O と O^r のみであり $\mathcal{S}$ と O はただ 1 点 x でのみ交わる．さらに $\mathcal{S} \cap O^r$ は 2 次元の非特異代数曲面である．このことから $\varphi|_{\mathcal{S}}^{-1}(0) = \mathcal{S} \cap \mathcal{N}$ に特異点が存在したとすると x のみである．もし $\mathcal{S} \cap \mathcal{N}$ が非特異ならば $\mathcal{N}$ は x で非特異となるので矛盾で

ある．したがって次が証明された．

補題 2.4.12 x を副正則べき零元とすると $\varphi|_{\mathcal{S}}^{-1}(0)$ は x でのみ孤立特異点を持つ正規代数曲面である．□

補題 2.4.2 で見たように $\mathcal{S}$ は $\mathbf{C}^*$ の作用を持ったアファイン空間である．より具体的には x に対して $sl(2)$-トリプルを考え $\mathfrak{g}$ を $sl(2)$-表現とみなして $\mathfrak{g} = \oplus V_d^{\oplus n_d}$ と既約分解する．このとき $\mathcal{S} \cong (V_d)_{-d}^{\oplus n_d}$ であり $\mathbf{C}^*$ は $(V_d)_{-d}$ にはウエイト $d+2$ で作用する．したがって $\mathfrak{g}$ の既約分解の様子がわかれば $\mathcal{S}$ の $\mathbf{C}^*$-多様体としての構造がわかる．$\mathfrak{g}$ のルート系を Φ として，その基底 Δ を 1 つ固定する．副正則べき零軌道 O に対して，前章で説明したように $sl(2)$-トリプル $\{x, y, h\}$ で $x \in O, h \in C(\Delta)$ となるようなものを取る．$\Delta = \{\alpha_1, \ldots, \alpha_r\}$ に対してディンキン図形を考え，α_i に対する頂点に対して数 $\alpha_i(h) \in \{0, 1, 2\}$ をふったものを重みつきディンキン図形と呼んだ (2.2 節参照)．任意のルート $\alpha \in \Phi$ は $\alpha_1, \ldots, \alpha_r$ の線形結合なので $\alpha_i(h)$ がわかれば $\alpha(h)$ を計算することができる．

$$\mathfrak{g} = \mathfrak{h} \oplus \bigoplus_{\alpha \in \Phi} \mathfrak{g}_\alpha$$

であり，$x_\alpha \in \mathfrak{g}_\alpha$ に対して $[h, x_\alpha] = \alpha(h) x_\alpha$ なので，これから ad_h-作用に関する固有ベクトルが何になるのかが完全にわかる．

例 2.4.13 D_4-型の複素単純リー環 $\mathfrak{g}$ に対してディンキン図形

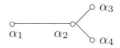

を考える．Φ の正ルートは

$$\Phi^+ = \{\alpha_1, \, \alpha_2, \, \alpha_3, \, \alpha_4,$$
$$\alpha_1 + \alpha_2, \, \alpha_2 + \alpha_3, \, \alpha_2 + \alpha_4,$$
$$\alpha_1 + \alpha_2 + \alpha_3, \, \alpha_1 + \alpha_2 + \alpha_4, \, \alpha_2 + \alpha_3 + \alpha_4,$$
$$\alpha_1 + 2\alpha_2 + \alpha_3 + \alpha_4, \, \alpha_1 + \alpha_2 + \alpha_3 + \alpha_4\}$$

である．このとき各正ルートに対して $\alpha(h)$ の値を表示すると

$$\{2, \, 0, \, 2, \, 2$$

$$2,\ 2,\ 2$$
$$4,\ 4,\ 4$$
$$6,\ 6\}$$

となる．このことから

$$\mathfrak{g} = V_2^{\oplus 3} \oplus V_4 \oplus V_6^{\oplus 2}$$

である．したがってスロードウィー切片 $\mathcal{S}$ はウエイトが $(4,4,4,6,8,8)$ のアファイン空間 $\mathbf{C}^6$ と $\mathbf{C}^*$-多様体として同型である．□

定理 2.3.1 で見たように不変式環 $\mathbf{C}[\mathfrak{g}]^G$ は r 個の $\mathbf{C}$ 上代数的独立な斉次多項式 $f_1, \ldots, f_r \in \mathbf{C}[\mathfrak{g}]$ で生成される．さらにべき指数 m_i を用いて $\deg(f_i) = m_i + 1$ と書くことができる．このとき r 次元アファイン空間 $\mathfrak{g} /\!\!/ G$ に $wt(f_i) = 2(m_i + 1)$ となるような $\mathbf{C}^*$-作用を導入すると，補題 2.4.4 から $\varphi|_{\mathcal{S}} \colon \mathcal{S} \to \mathfrak{g} /\!\!/ G$ は $\mathbf{C}^*$-同変射になる．$\mathcal{S}$ のウエイトを重複をこめて並べたものを $(w_1, \ldots, w_{r+2})$，$\mathfrak{g} /\!\!/ G$ のウエイトを重複をこめて並べたものを $(d_1, \ldots, d_r)$ とする．

命題 2.4.14 $(w_1, \ldots, w_{r+2})$ および $(d_1, \ldots, d_r)$ を適当に並び変えることにより最初の $r-1$ 個のウエイトは共通に取ることができる：$d_j = w_j$ $(1 \le j \le r-1)$．さらに $\{d_j\}, \{w_i\}$ は具体的に次のように取れる．

$$\mathfrak{g}: \quad d_1,\ d_2,\ \ldots,\ d_{r-2},\ d_{r-1},\ d_r,\ \mid\ w_r,\ w_{r+1},\ w_{r+2}$$
$$A_r: \quad 4,\ \ 6,\ \ldots,\ 2r-2,\ 2r,\ 2r+2,\ \mid\ 2,\ r+1,\ r+1$$
$$D_r: 4,\ \ \ 8,\ \ldots,\ 4r-8,\ 2r,\ 4r-4,\ \mid\ 4,\ 2r-4,\ 2r-2$$
$$E_6: \quad 4,\ 10,\ 12,\ 16,\ 18,\ 24,\ \mid\ 6,\ 8,\ 12$$
$$E_7: \quad 4,\ 12,\ 16,\ 20,\ 24,\ 28,\ 36,\mid\ 8,\ 12,\ 18$$
$$E_8: \quad 4,\ 16,\ 24,\ 28,\ 36,\ 40,\ 48,\ 60,\mid\ 12,\ 20,\ 30 \qquad \square$$

命題において $d_i = w_i$ $(1 \le i \le r-1)$ であることは，$\varphi|_{\mathcal{S}}^{-1}(0) \subset \mathcal{S}$ の定義多項式の多くが線形項を含んでいることを示唆している．このようなケースでは，変数の数と定義多項式の数を減らすことによって $\varphi|_{\mathcal{S}}^{-1}(0)$ をより簡単な形であらわすことが可能になる．そのために少し準備を行う．

$\mathbf{C}^*$ が $(x_1, \ldots, x_n) \in \mathbf{C}^n$ に $wt(x_i) = w_i > 0$ で，$(y_1, \ldots, y_m) \in \mathbf{C}^m$ に

$wt(y_j) = d_j > 0$ で作用しているものとする．いま $\mathbf{C}^*$-同変写像 ϕ が

$$\phi: \mathbf{C}^n \to \mathbf{C}^m, \ (x_1, \ldots, x_n) \mapsto (\phi_1(x_1, \ldots, x_n), \ldots, \phi_m(x_1, \ldots, x_n))$$

によって定義されているとする．ϕ_j は重み $(w_1, \ldots, w_n)$ に関して重さ d_j の擬斉次多項式である．$\phi^{-1}(0)$ を計算するにあたって，次の操作を行って変数の数を減らすことができる．想定しているのは $\mathcal{S}$ が $\mathbf{C}^n$，$\mathfrak{g}/\!/G$ が $\mathbf{C}^m$ で，ϕ が $\varphi|_{\mathcal{S}}$ の場合である．

j_0 を 1 つ固定したときに，$\{w_1, \ldots, w_n\}$ の中に d_{j_0} と一致しているものがあったとする．ここでは話を単純にするために $w_1 = \cdots = w_l = d_{j_0}$ でそれ以外の w_i はすべて d_{j_0} とは異なっているものとする．ϕ_{j_0} は重さ d_{j_0} の擬斉次多項式なので

$$\phi_{j_0} = \sum_{1 \leq i \leq l} a_i x_i + q(x_{l+1}, \ldots, x_n)$$

と書ける．ここで右辺の最初の項は $x_1, \ldots, x_l$ の線形結合であり，q は 2 次以上の項からなる $x_{l+1}, \ldots, x_n$ の多項式である．もし線形項が 0 でなければ，ある $1 \leq k \leq l$ に対して $a_k \neq 0$ である．このとき $(x_1, \ldots, x_k, \ldots, x_n)$ の代わりに $(x_1, \ldots, \phi_{j_0}, \ldots, x_n)$ を $\mathbf{C}^n$ の座標と考えることができる．新しい座標を

$$x_1' := x_1, \ldots, x_k' := \phi_{j_0}, \ldots, x_n' := x_n$$

と置いて $\phi_1(x), \ldots, \phi_m(x)$ を $x' := (x_1', \ldots, x_n')$ を用いて書き直してできる多項式を $\phi_1'(x'), \ldots, \phi_m'(x')$ とする．このとき ϕ を

$$\mathbf{C}^n \to \mathbf{C}^m, \ (x_1', \ldots, x_n') \mapsto (\phi_1', \ldots, \phi_m')$$

と書くことができる．$\phi_{j_0}' = x_k'$ なので，各 j に対して

$$\bar{\phi}_j'(x_1', \ldots, x_{k-1}', x_{k+1}', \ldots, x_n') := \phi_j'(x_1', \ldots, x_{k-1}', 0, x_{k+1}', \ldots, x_n')$$

と置いて，改めて

$$\bar{\phi}': \mathbf{C}^{n-1} \to \mathbf{C}^{m-1},$$

$$(x_1', \ldots, x_{k-1}', x_{k+1}', \ldots, x_n') \mapsto (\bar{\phi}_1', \ldots, \bar{\phi}_{k-1}', \bar{\phi}_{k+1}', \ldots, \bar{\phi}_m')$$

と定義する．このとき

$$\phi^{-1}(0) = \bar{\phi}'^{-1}(0)$$

が成り立つ. そこで $\bar{\phi}'$ を ϕ と置き直して同じ操作を繰り返す. この操作を 1 回行うごとに原点における接写像 $(d\phi)_0$ の階数は 1 下がることに注意する. さらに $\mathrm{rank}(d\phi)_0 \neq 0$ ならば ϕ_j の中に線形項を含むものが少なくとも 1 つ存在するので, この操作は $\mathrm{rank}(d\phi)_0 = 0$ となった時点で終わる. すでに注意したようにこの操作のもとで $\phi^{-1}(0)$ の概型としての構造は変わらない. 結局 $\mathrm{rank}(d\phi)_0 = s$ であれば, この操作は s 回目で終わり, 最終的に得られた ϕ は $\mathbf{C}^{n-s}$ から $\mathbf{C}^{m-s}$ への $\mathbf{C}^*$-同変射である. $\mathbf{C}^{n-s}$ のウエイトは $(w_1, \ldots, w_n)$ の中から s 個のウエイトを取り除いたものになるが, 取り去られる s 個のウエイトは $(d_1, \ldots, d_m)$ にも現れていなければならない. $\mathbf{C}^{m-s}$ のウエイトは $(d_1, \ldots, d_m)$ の中から同じ s 個のウエイトを取り除いたものである. この議論の簡単な系を証明しておこう.

系 2.4.15　上の設定で $n = m$, $(w_1, \ldots, w_n) = (d_1, \ldots, d_n)$ とする. もし $\phi^{-1}(0) = 0$ ならば ϕ は同型射である.

　証明.　$(d_1, \ldots, d_n)$ を小さい順に並べて上の操作を ϕ_1 から順に行う. $\mathrm{rank}(d\phi)_0 = s$ とすると最終的に $\phi: \mathbf{C}^{n-s} \to \mathbf{C}^{n-s}$, $\mathrm{rank}(d\phi)_0 = 0$ の場合に還元される. このとき両辺のアフィン空間のウエイトは $(d_{s+1}, \ldots, d_n)$ になっている. $s < n$ なら ϕ_1 を考えると, $wt(\phi_1) = d_{s+1}$ であり, $\mathbf{C}^{n-s}$ の座標のウエイトはすべて d_{s+1} 以上であることから ϕ_1 は線形関数である. しかし $\mathrm{rank}(d\phi)_0 = 0$ なので, これは ϕ_1 が恒等的に 0 であることを意味する. このとき $\dim \phi^{-1}(0) > 0$ となり, 元々の仮定に反する. したがって $s = n$ である. この場合最初に与えられた $(\phi_1, \ldots, \phi_n)$ は $\mathbf{C}^n$ の座標関数になっているので ϕ は同型射である. $\square$

例 2.4.16　(i) A_r-型の場合は $\phi: \mathbf{C}^{r+2} \to \mathbf{C}^r$ であり,

$$(w_1, w_2, \ldots, w_{r-1}, w_r, w_{r+1}, w_{r+2}) = (4, 6, \ldots, 2r, 2, r+1, r+1),$$

$$(d_1, d_2, \ldots, d_{r-1}, d_r) = (4, 6, \ldots, 2r, 2r+2)$$

である. 単に ϕ が $\mathbf{C}^*$-同変射というだけでは $s := \mathrm{rank}(d\phi)_0$ は特定できないが, $\phi^{-1}(0)$ が原点で 2 次元の孤立特異点しか持たないことを使うと $s = r-1$ であることが次のようにしてわかる. まず $r = 1$ の場合はもし $s = 1$ であれば

$\phi^{-1}(0)$ は非特異になって矛盾である．したがってこの場合は $s=0$ である．以後，$r>1$ とする．このとき $wt(\phi_1)=4$ なので ϕ_1 は $x_1,\,x_r,\,x_{r+1},\,x_{r+2}$ の多項式である．$wt(\phi_1)=wt(x_1)$ なので

$$\phi_1 = ax_1 + q(x_r, x_{r+1}, x_{r+2})$$

とあらわすことができる．$r\neq 3$ の場合 $wt(x_r),\,wt(x_{r+1}),\,wt(x_{r+2})$ はいずれも 4 ではないので q は線形項を含まない．しかも $2(r+1)>2r\geq 4$ なので q は x_r で割り切れ $q=x_r f$ の形である．もし $a=0$ とすると $\phi_1^{-1}(0)$ は $x_r=f=0$ で特異点を持つ．このとき $\phi^{-1}(0)$ は $x_r=f=\phi_2=\cdots=\phi_r=0$ で特異点を持つが，この代数的集合の次元は 1 以上なので $\phi^{-1}(0)$ が孤立特異点を持つことに反する．したがって $a\neq 0$ である．$r=3$ の場合は $wt(x_1)=wt(x_{r+1})=wt(x_{r+2})=4$ であるから

$$\phi_1 = ax_1 + bx_{r+1} + cx_{r+2} + q(x_r)$$

の形で書ける．もし $a=b=c=0$ ならば $\phi_1^{-1}(0)$ はすべての点が特異点になり，やはり $\phi^{-1}(0)$ が孤立特異点を持つことに矛盾する．したがってこの場合も ϕ_1 は零でない線形項を持つ．いずれの場合も上の操作によって新たに $\phi:\mathbf{C}^{r+1}\to\mathbf{C}^{r-1}$ が得られ，$(w_1,w_2,\ldots,w_{r-2},w_{r-1},w_r,w_{r+1})=(6,8,\ldots,2r,2,r+1,r+1),\,(d_1,d_2,\ldots,d_{r-2},d_{r-1})=(6,8,\ldots,2r,2r+2)$ である．このときも全く同じ議論から ϕ_1 は零でない線形項を持つ．この操作を繰り返すと最終的に $\phi:\mathbf{C}^3\to\mathbf{C}^1$ で $(w_1,w_2,w_3)=(2,r+1,r+1),\,d_1=2r+2$ となるものを得る．もし $\mathrm{rank}(d\phi)_0=1$ ならば $\phi^{-1}(0)$ は非特異になり矛盾するので $\mathrm{rank}(d\phi)_0=0$ である．以上のことから $s=r-1$ であることが言える．

(ii) D_r-型 $(r\geq 4,r\neq 5)$:

$\phi:\mathbf{C}^{r+2}\to\mathbf{C}^r$, $(w_1,\ldots,w_{r-2},w_{r-1},w_r,w_{r+1},w_{r+2})=(4,\ldots,4r-8,2r,4,2r-4,2r-2),\,(d_1,\ldots,d_{r-2},d_{r-1},d_r)=(4,\ldots,4r-8,2r,4r-4)$ である．変数を順次消去していって最終的に $\phi:\mathbf{C}^3\to\mathbf{C}^1$, $(w_1,w_2,w_3)=(4,2r-4,2r-2),\,d_1=4r-4$ に還元できることを示そう．$j-1$ 回変数を消去して $\phi:\mathbf{C}^{r-j+3}\to\mathbf{C}^{r-j+1}$, $(w_1,\ldots,w_{r-j-1},w_{r-j},w_{r-j+1},w_{r-j+2},w_{r-j+3})=(4j,\ldots,4r-8,2r,4,2r-4,2r-2),(d_1,\ldots,d_{r-j},d_{r-j+1},d_r)=(4j,\ldots,4r-8,2r,4r-4)$

にまで還元できたとする.

(ii-a) 最初は r が偶数のときを考える.

$j < r - 1$ と仮定する. このとき $wt(\phi_1) = 4j \leq 4r - 8$ なので ϕ_1 の中に現れる項は x_1, x_{r-j} ($j = \frac{r}{2}$ のときのみ), x_{r-j+1}^j, x_{r-j+2}^2 ($j = r - 2$ のときのみ) のいずれかである. もし ϕ_1 が線形項を持たなければ ϕ_1 は高々 2 変数 x_{r-j+1}, x_{r-j+2} の多項式である ($j = 1$ のときは $\phi_1 = 0$, $j > 1$ かつ $j \neq r - 2$ のときは ϕ_1 は 1 変数 x_{r-j+1} のみの多項式). このとき $\phi_1^{-1}(0)$ の特異点集合 $\mathrm{Sing}(\phi_1^{-1}(0))$ は $\mathbf{C}^{r-j+3}$ の中で高々余次元 2, すなわち $\dim \mathrm{Sing}(\phi_1^{-1}(0)) \geq r - j + 1$ である. このとき $\mathrm{Sing}(\phi_1^{-1}(0)) \cap \{\phi_2 = \cdots = \phi_{r-j+1} = 0\}$ は $\phi^{-1}(0)$ の特異点集合に含まれる. これは $\dim \mathrm{Sing}(\phi^{-1}(0)) \geq 1$ を意味するが, $\phi^{-1}(0)$ は孤立特異点しか持たなかったので矛盾である. 結局 ϕ_1 は線形項を含んでいるから, 変数を 1 つ消去することができる.

次に $j = r - 1$ とする. このとき ϕ は $\mathbf{C}^4$ から $\mathbf{C}^2$ への射でウエイトは $(w_1, w_2, w_3, w_4) = (2r, 4, 2r - 4, 2r - 2)$, $(d_1, d_2) = (2r, 4r - 4)$ である. このとき $\phi_1 = ax_1 + bx_2x_3$ とあらわされる. $\phi_1 \neq 0$ なので, もし $a = 0$ であれば $\phi_1 = bx_2x_3$, $b \neq 0$ となる. このとき $\{x_2 = x_3 = \phi_2 = 0\}$ は $\phi^{-1}(0)$ の特異点になっていて, 次元は 1 以上ある. これは $\phi^{-1}(0)$ が孤立特異点を持つことに矛盾する. したがって $a \neq 0$ となり, さらに変数を減らして $\phi: \mathbf{C}^3 \to \mathbf{C}^1$ にまで還元できる.

(ii-b) 次に r が奇数で $r \geq 7$ のときを考える.

$j < r - 1$ と仮定する. このとき $wt(\phi_1) = 4j \leq 4r - 8$ なので ϕ_1 の中に現れる項は x_1, x_{r-j} ($j = \frac{r}{2}$ のときのみ), x_{r-j+1}^j, $x_{r-j+1}^{j-\frac{r+1}{2}} x_{r-j+3}$, x_{r-j+2}^2 ($j = r - 2$ のときのみ) のいずれかである. ϕ_1 が線形項を持たないと仮定する. $j < r - 2$ の場合 ϕ_1 は 2 変数 x_{r-j+1}, x_{r-j+3} の多項式である. このとき $x_{r-j+1} = x_{r-j+3} = 0$ を満たす $\mathbf{C}^{r-j+3}$ の点はすべて $\phi_1^{-1}(0)$ の特異点である. したがって $x_{r-j+1} = x_{r-j+3} = \phi_2 = \cdots = \phi_{r-j+1} = 0$ を満たす $\mathbf{C}^{r-j+3}$ の点は $\phi^{-1}(0)$ の特異点になる. これらの点全体は 1 次元以上の代数的集合なので $\phi^{-1}(0)$ が孤立特異点のみを持つことに矛盾する. 次に $j = r - 2$ のときは

$$\phi_1 = ax_3^{r-2} + bx_3^{\frac{r-3}{2}} x_5 + cx_4^2$$

の形である. $r \geq 7$ なので $\frac{r-3}{2} \geq 2$ である. このことから $x_3 = x_4 = 0$ を満たす点は $\phi_1^{-1}(0)$ の特異点になる. このとき

$$\{(x_1, x_2, x_3, x_4, x_5) \in \mathbf{C}^5 \mid x_3 = x_4 = \phi_2 = \phi_3 = 0\}$$

は $\mathrm{Sing}\, \phi^{-1}(0)$ に含まれるが, これは次元が 1 以上の代数的集合なので $\phi^{-1}(0)$ が孤立特異点しか持たないことに矛盾する. 以上から ϕ_1 は必ず線形項を持つことになり, 変数をさらに 1 つ減らすことができる.

今度は $j = r - 1$ とする. この場合は r が偶数で $j = r - 1$ のときと全く同じ議論から ϕ_1 は線形項を持つことがわかり, さらに変数を減らして $\phi: \mathbf{C}^3 \to \mathbf{C}^1$ にまで還元できる.

(iii) D_5-型: このとき $\phi: \mathbf{C}^7 \to \mathbf{C}^5$, $(w_1, w_2, w_3, w_4, w_5, w_6, w_7) = (4, 8, 12, 10, 4, 6, 8)$, $(d_1, d_2, d_3, d_4, d_5) = (4, 8, 12, 10, 16)$ である. まず $wt(\phi_1) = 4$ なので ϕ_1 は x_1 と x_5 の線形和である. これより変数を 1 つ消去して $\phi: \mathbf{C}^6 \to \mathbf{C}^4$, $(w_1, w_2, w_3, w_4, w_5, w_6) = (8, 12, 10, 4, 6, 8)$, $(d_1, d_2, d_3, d_4) = (8, 12, 10, 16)$ となる. このとき $wt(\phi_1) = 8$ であり, ϕ_1 は $ax_1 + bx_6 + cx_4^2$ の形で書ける. もし $a = b = 0$ であれば $\phi_1 = cx_4^2$ となり

$$\{(x_1, \ldots, x_6) \in \mathbf{C}^6 \mid x_4 = \phi_2 = \phi_3 = \phi_4 = 0\}$$

は $\mathrm{Sing}\, \phi^{-1}(0)$ に含まれる. この代数的集合の次元は 2 以上なので, $\phi^{-1}(0)$ が孤立特異点しか持たないことに矛盾する. したがって ϕ_1 は零でない線形項を持つ. そこで変数を 1 つ消去して $\phi: \mathbf{C}^5 \to \mathbf{C}^3$, $(w_1, w_2, w_3, w_4, w_5) = (12, 10, 4, 6, 8)$, $(d_1, d_2, d_3) = (12, 10, 16)$ に還元する. 今度は ϕ_2 に着目する. $wt(\phi_2) = 10$ なので $\phi_2 = ax_2 + bx_3x_4$ の形をしている. $a = 0$ とすると $\phi_2 = bx_3x_4$ となり, やはり $\phi^{-1}(0)$ が孤立特異点を持つことに矛盾する. したがって, さらに変数を 1 つ消去して $\phi: \mathbf{C}^4 \to \mathbf{C}^2$, $(w_1, w_2, w_3, w_4) = (12, 4, 6, 8)$, $(d_1, d_2) = (12, 16)$ にできる. 今度は ϕ_1 と ϕ_2 を同時に考える. $wt(\phi_1) = 12$, $wt(\phi_2) = 16$ なので

$$\phi_1 = ax_1 + bx_2^3 + cx_3^2 + dx_2x_4$$
$$\phi_2 = ex_1x_2 + fx_2^4 + gx_2^2x_4 + hx_2x_3^2 + ix_4^2$$

と書く. ここで $a = 0$ と仮定する. このとき ϕ_1, ϕ_2 に関するヤコビ行列 J

$(2 \times 4$-行列$)$ を計算すると x-軸上で $\operatorname{rank} J \leq 1$ になる. これは $\phi^{-1}(0)$ が孤立特異点を持つことに矛盾する. したがって $a \neq 0$ であり, 最終的に $\phi \colon \mathbf{C}^3 \to \mathbf{C}^1$, $(w_1, w_2, w_3) = (4, 6, 8)$, $d_1 = 16$ にまで還元される. □

E_6, E_7, E_8 の場合も同様にして, 変数と定義多項式を消去して $\phi \colon \mathbf{C}^3 \to \mathbf{C}^1$ にまでもっていける. 以上をまとめると次の命題が示されたことになる.

命題 2.4.17　$\varphi|_S^{-1}(0)$ は次のウエイトを持つ $\mathbf{C}^*$-同変な射 $\phi \colon \mathbf{C}^3 \to \mathbf{C}^1$ の中心ファイバー $\phi^{-1}(0)$ と $\mathbf{C}^*$-代数多様体として同型である.

$$
\begin{array}{rccccl}
\mathfrak{g}\colon & w_1, & w_2, & w_3 & | & d_1 \\
A_r\colon & 2, & r+1, & r+1, & | & 2r+2 \\
D_r\colon & 4, & 2r-4, & 2r-2, & | & 4r-4 \\
E_6\colon & 6, & 8, & 12, & | & 24 \\
E_7\colon & 8, & 12, & 18, & | & 36 \\
E_8\colon & 12, & 20, & 30, & | & 60
\end{array}
$$

命題 2.4.8 で見たように $\mathcal{S}_0 := \varphi|_S^{-1}(0)$ と $\omega_0 := \omega_{KK}|_{\mathcal{S}_0}$ の組は錐的シンプレクティック多様体である.

定理 2.4.18　$\mathcal{S}$ を複素単純リー環 $\mathfrak{g}$ の副正則べき零軌道に対するスロードウィー切片とする. このとき $(\mathcal{S}_0, \omega_0)$ は次のタイプのクライン特異点

$$
S := \{(x, y, z) \in \mathbf{C}^3 \mid f(x, y, z) = 0\}
$$

と

$$
\omega_S := \operatorname{Res}\left(\frac{dx \wedge dy \wedge dz}{f} \right)
$$

の組 (S, ω_S) と $\mathbf{C}^*$-同型である:

$$
\begin{array}{rccccc}
\mathfrak{g}\colon & f(x, y, z) & wt(x), & wt(y), & wt(z), & wt(f) \\
A_r\colon & x^{r+1} + y^2 + z^2 & 2, & r+1, & r+1, & 2r+2 \\
D_r\colon & x^{r-1} + xy^2 + z^2 & 4, & 2r-4, & 2r-2, & 4r-4 \\
E_6\colon & x^4 + y^3 + z^2 & 6, & 8, & 12, & 24
\end{array}
$$

$$E_7: \quad x^3y + y^3 + z^2 \qquad 8, \quad 12, \quad 18, \quad 36$$

$$E_8: \quad x^5 + y^3 + z^2 \qquad 12, \quad 20, \quad 30, \quad 60$$

証明. $\mathbf{C}^*$-代数多様体としての同型射 $\tau: S \cong \mathcal{S}_0$ が存在することを言えばよい. 実際, もしそうならば, $K_S \cong \mathcal{O}_S$ なので $\tau^*\omega_0 = g\omega_S$ となるような S 上至る所消えない正則関数 g が存在する. $wt(\omega_S) = wt(\omega_0) = 2$ なので $wt(g) = 0$ である. したがって g は定数である. このとき $t_0^2 = g^{-1}$ となるような $t_0 \in \mathbf{C}^*$ を取って S の自己同型射 $t_0: S \to S$ を考えると $t_0^*(g\omega_S) = \omega_S$ となる. したがって $t_0 \circ \tau$ は 2 つの錐的シンプレクティック多様体 (S, ω_S) と $(\mathcal{S}_0, \omega_0)$ の間の同型射になる.

先の命題 2.4.17 より $\mathcal{S}_0$ は $\mathbf{C}^3$ の中の超曲面である. すでに $\mathbf{C}^3$ の $\mathbf{C}^*$-作用と定義多項式 f のウエイトは決定済みである.

$A_r \ (r = 2n)$ の場合: $f = ax^{2n+1} + by^2 + cyz + dz^2$ の形である. $f = 0$ が孤立特異点のみを持つことから 2 次形式 $by^2 + cyz + dz^2$ は非退化であり, $a \neq 0$ である. したがって適当な変数変換を行えば f は $x^{2n+1} + y^2 + z^2$ の形になる.

$A_r \ (r = 2n - 1, \, n \neq 1)$: この場合

$$f = ax^{2n} + bx^n y + cx^n z + dy^2 + exy + fz^2$$

の形をしている. $n > 1$ なので f の 2 次の項は $dy^2 + exy + fz^2$ である. この 2 次形式が非退化でなければ, ヤコビ行列を計算することで $f = 0$ の特異点集合は 1 次元以上であることがわかるので矛盾である. (y, z) の適当な 1 次変換を行うと最初から $f = ax^{2n} + bx^n y + cx^n z + y^2 + z^2$ の形だとしてよい. α, β を適当に選んで y を $y + \alpha x^n$, z を $z + \beta y^n$ に変換することにより $x^n y$ と $x^n z$ の項を消すことができる. あとは x を適当な γ によって γx に置き換えることにより $f = x^{2n} + y^2 + z^2$ の形にできる.

A_1: この場合 f は 3 変数の 2 次形式である. $f = 0$ が孤立特異点を持つためには f は非退化でなければならない. 非退化な 3 変数 2 次形式は $x^2 + y^2 + z^2$ の形に標準化できる.

$D_r \ (r = 2n, \, n > 4)$: この場合 $f = ax^{2n-1} + bx^n y + cxy^2 + dz^2$ の形である. もし $c = 0$ とするとヤコビ行列の計算から $f = 0$ は y 軸上で特異点を持

つことになり矛盾である．したがって $c \neq 0$ である．このとき $b + 2c\alpha = 0$ を満たす α に対して y を $y + \alpha x^{n-1}$ で置き換えることにより $x^n y$ の項を消すことができる．したがって最初から $f = ax^{2n-1} + cxy^2 + dz^2$ の形としてよい．a, c, d のうち 1 つでも 0 のものがあると $f = 0$ は非孤立特異点を持つので，これらはすべて 0 でない．このとき x, y, z を各々の適当な定数倍で置き換えることにより $f = x^{2n-1} + xy^2 + z^2$ の形にできる．

$D_4 : f = ax^3 + bx^2 y + cxy^2 + dz^3 + ez^2$ の形である．$e = 0$ なら f は 2 変数の多項式になり $f = 0$ は z-軸に沿って特異点を持つことになり矛盾．さらに 3 次斉次多項式 $ax^3 + bx^2 y + cxy^2 + dz^3$ を 1 次式の積に因数分解したとき重複因子があればやはり $f = 0$ の特異点は非孤立になる．したがって f を $x(x^2 + y^2) + z^2$ の形にすることができる．

$D_r\ (r = 2n + 1) : f = ax^{2n} + bx^n z + cxy^2 + dz^2$ の形である．$f = 0$ が孤立特異点を持つためには $d \neq 0$ でなければならない．このとき $2\alpha d + b = 0$ を満たすように α を取り z を $z + \alpha x^n$ で置き換えると $x^n z$ の項を消せる．後は $D_r\ (r = 2n,\ n > 4)$ の場合と全く同様にして $f = x^{2n} + xy^2 + z^2$ の形にまでもっていける．

$E_6 : f = ax^4 + bx^2 z + cy^3 + dz^2$ の形であり，もし $d = 0$ なら $f = 0$ は z-軸に沿って特異点を持つことになり矛盾．したがって $d \neq 0$ である．このとき $b + 2\alpha d = 0$ を満たす α を取って z を $z + \alpha x^2$ で置き換えると，$x^2 z$ の項が消える．したがって最終的に $f = x^4 + y^3 + z^2$ の形までもっていける．

$E_7 : f = ax^3 y + by^3 + cz^2$ の形であるが，$f = 0$ が孤立特異点を持つことから a, b, c どれも 0 ではない．このとき x, y, z を各々 $\alpha x, \beta y, \gamma z$ の形の変数で置き換えることによって $f = x^3 y + by^3 + z^2$ の形になる．

$E_8 : f$ には x^5, y^3, z^2 の項しか現れないので，やはり $f = x^5 + y^3 + z^2$ の形にすることができる．□

副正則元に対するスロードウィー切片 $\mathcal{S}$ に対して，命題 2.4.9 の直後にでてきた 2 つの同時特異点解消の可換図式を考える：

$$\begin{array}{ccc} \tilde{\mathfrak{g}} & \xrightarrow{\pi} & \mathfrak{g} \\ \downarrow & & \varphi\downarrow \\ \mathfrak{h} & \longrightarrow & \mathfrak{h}/W \end{array} \qquad (2.9)$$

$$\begin{array}{ccc} \tilde{\mathcal{S}} & \longrightarrow & \mathcal{S} \\ \downarrow & & \varphi|_S\downarrow \\ \mathfrak{h} & \longrightarrow & \mathfrak{h}/W \end{array} \qquad (2.10)$$

$\tilde{\mathfrak{g}}$ 上には，相対シンプレクティック形式 $\omega_{\tilde{\mathfrak{g}}} \in \Gamma(\tilde{\mathfrak{g}}, \Omega^2_{\tilde{\mathfrak{g}}/\mathfrak{h}})$ がのっていて，それを $\tilde{\mathcal{S}}$ に制限した $\omega_{\tilde{\mathcal{S}}} \in \Gamma(\tilde{\mathcal{S}}, \Omega^2_{\tilde{\mathcal{S}}/\mathfrak{h}})$ は，やはり相対シンプレクティック形式になっている．$\omega_{\tilde{\mathfrak{g}}}$ と $\omega_{\tilde{\mathcal{S}}}$ を用いて，周期写像

$$p\colon \mathfrak{h} \to H^2(T^*(G/B), \mathbf{C}), \quad p_{\mathcal{S}}\colon \mathfrak{h} \to H^0(\tilde{\mathcal{S}}_0, \mathbf{C})$$

を考える（[Part 1], 3.3）．周期写像 p は次のように記述できる（[Part 1], 6.4）．$H \subset G$ を極大トーラスとする．H の指標 $\chi\colon H \to \mathbf{C}^*$ は B の指標 $\chi_B\colon B \to \mathbf{C}^*$ に一意的に延長される．この χ_B から決まる B の 1 次表現を $\mathbf{C}(\chi_B)$ であらわす．χ に対して G/B 上の直線束 $L_\chi := G \times^B \mathbf{C}(\chi_B)$ を対応させることで同型射

$$\phi\colon \mathrm{Hom}_{alg.gp}(H, \mathbf{C}^*) \to \mathrm{Pic}(G/B) \cong H^2(G/B, \mathbf{Z})$$

を得る．$\chi\colon H \to \mathbf{C}^*$ はリー環の準同型 $\mathfrak{h} \to \mathbf{C}$ を引き起こすが，この対応によって自由加群 $\mathrm{Hom}_{alg.gp}(H, \mathbf{C}^*)$ は $\mathfrak{h}^*$ に埋め込まれる．特に $\mathrm{Hom}_{alg.gp}(H, \mathbf{C}^*) \otimes_{\mathbf{Z}} \mathbf{C} = \mathfrak{h}^*$ が成り立つ．したがって $\phi \otimes \mathbf{C}$ は同型射 $\mathfrak{h}^* \to H^2(G/B, \mathbf{C})$ を引き起こす．一方，射影 $pr\colon T^*(G/B) \to G/B$ による同型射 $pr^*\colon H^2(G/B, \mathbf{C}) \cong H^2(T^*(G/B), \mathbf{C})$ が存在するので $\phi \otimes \mathbf{C}$ は $\mathfrak{h}^*$ から $H^2(T^*(G/B), \mathbf{C})$ への同型射とみなすことができる．最後に $\mathfrak{g}$ のキリング形式 κ によって $\mathfrak{h}$ と $\mathfrak{h}^*$ を同一視することによって同型射

$$\Psi\colon \mathfrak{h} \xrightarrow{\kappa} \mathfrak{h}^* \xrightarrow{\phi\otimes\mathbf{C}} H^2(T^*(G/B), \mathbf{C})$$

を得る．[Part 1], 命題 6.4.1 では次の結果を示した．

命題 2.4.19　周期写像 p は零でない（複素）定数倍を除いて，Ψ に一致する．特に p は W-同変な $\mathbf{C}$-線形同型射である．

周期写像 p と $p_\mathcal{S}$ は次の可換図式を満たす.

$$
\begin{array}{ccc}
\mathfrak{h} & \xrightarrow{\ p\ } & H^2(T^*(G/B), \mathbf{C}) \\
{\scriptstyle id}\downarrow & & {\scriptstyle res}\downarrow \\
\mathfrak{h} & \xrightarrow{\ p_\mathcal{S}\ } & H^2(\tilde{\mathcal{S}}_0, \mathbf{C})
\end{array}
\qquad (2.11)
$$

$\mathfrak{g}$ が A, D, E-型のときには制限射 $H^2(T^*(G/B), \mathbf{C}) \overset{res}{\to} H^2(\tilde{\mathcal{S}}_0, \mathbf{C})$ は同型である ([LNS]). したがって次が成り立つ.

命題 2.4.20　$\mathfrak{g}$ を A-型, D-型または E-型の複素単純リー環, $\mathcal{S}$ を $\mathfrak{g}$ の副正則元に対するスロードウィー切片とする. このとき $\tilde{\mathcal{S}} \to \mathfrak{h}$ に対する周期写像 $p_\mathcal{S}$ は W-同変な $\mathbf{C}$-線形同型写像である.

　一方, 系 1.4.2 より, $H^2(\tilde{\mathcal{S}}_0, \mathbf{C})$ は $\tilde{\mathcal{S}}_0$ の 1 次無限小ポアソン変形の空間とみなせる. このとき, ポアソン変形 $\tilde{\mathcal{S}} \to \mathfrak{h}$ の原点におけるポアソン–小平–スペンサー写像

$$
p\kappa \colon T_{\mathfrak{h},0} \to H^2(\tilde{\mathcal{S}}_0, \mathbf{C})
$$

は, 周期写像 $p_\mathcal{S}$ の原点における微分に一致する ([Part 1], 命題 3.3.2). したがって, 次が成り立つ.

命題 2.4.21　$\mathfrak{g}$ を A-型, D-型または E-型の複素単純リー環, $\mathcal{S}$ を $\mathfrak{g}$ の副正則元に対するスロードウィー切片とする. このとき $\tilde{\mathcal{S}} \to \mathfrak{h}$ の原点におけるポアソン–小平–スペンサー写像は同型である.

第 3 章

変 形 関 手

　前半部では [Sch] による変形関手の射影極限的包について説明する．後半部では，変形関手が T^1-持ち上げの性質を持てば，関手は障害を持たないことを示す．その応用として，孤立特異点を持ったアファイン代数多様体 X_0 の変形関手は障害を持たないこと，さらに $H^i(X_0, \mathcal{O}_{X_0}) = 0,\ i = 1, 2$ を満たすような非特異シンプレクティック代数多様体 X_0 のポアソン変形は障害を持たないことを証明する．

3.1　アルチン環の関手と射影極限的包

　$(\text{Art})_{\mathbf{C}}$ を局所アルチン $\mathbf{C}$-代数 (A, m_A) で剰余体 A/m_A が $\mathbf{C}$ に等しいもの全体のなす圏とし，(Set) を集合の圏とする．複素代数多様体 X_0 と $T := \operatorname{Spec} A,\ A \in (\text{Art})_{\mathbf{C}}$ に対して，$\mathrm{D}(X_0/\operatorname{Spec}\mathbf{C}; T)$ を X_0 の T 上への拡張の同値類全体の集合とする．拡張とその同値類に関しては 1.3 節で定義したが，もう 1 度ふりかえってみると，X_0 の T 上への拡張とは，X_0 の T 上の変形 $X \to T$ と同型射 $\phi\colon X_0 \cong X \times_T \operatorname{Spec}\mathbf{C}$ の組のことである．2 つの拡張 $(X, \phi), (X', \phi')$ が同値とは，T-同型射 $X \cong X'$ が存在して，その同型射が $\operatorname{Spec}\mathbf{C}$ 上に誘導する同型射 $X \times_T \operatorname{Spec}\mathbf{C} \cong X' \times_T \operatorname{Spec}\mathbf{C}$ が次の可換図式を満たすことをいう：

$$
\begin{array}{ccc}
X_0 & \xrightarrow{\ id\ } & X_0 \\
\phi \downarrow & & \phi' \downarrow \\
X \times_T \operatorname{Spec}\mathbf{C} & \longrightarrow & X' \times_T \operatorname{Spec}\mathbf{C}
\end{array}
\tag{3.1}
$$

このとき**変形関手**

$$
D_{X_0}\colon (\text{Art})_{\mathbf{C}} \to (\text{Set})
$$

を，$A \to \mathrm{D}(X_0/\operatorname{Spec}\mathbf{C};T)$ で定義する．また，$\mathbf{C}$ 上のポアソン代数多様体 $(X_0,\{,\})$ に対して，1.4 節で定義したように，$\mathrm{PD}(X_0/\operatorname{Spec}\mathbf{C};T)$ をポアソン概型 X_0 の T 上への拡張の同値類全体の集合とする．X_0 の**ポアソン変形関手**

$$\mathrm{PD}_{X_0}\colon (\mathrm{Art})_{\mathbf{C}} \to (\mathrm{Set})$$

を $A \to \mathrm{PD}(X_0/\operatorname{Spec}\mathbf{C};T)$ で定義する．

この節では，これらの関手を想定して，より一般的な枠組みで，圏 $(\mathrm{Art})_{\mathbf{C}}$ から集合の圏 (Set) への共変関手 D の性質を考える．典型的な問いは，$(\mathrm{Art})_{\mathbf{C}}$ の全射 $A' \to A$ が与えられたときに $D(A') \to D(A)$ はいつ全射になるかというものである．

まず局所アルチン $\mathbf{C}$-代数の簡単な性質を示すことから始めよう．

$p\colon B \to A$ を $(\mathrm{Art})_{\mathbf{C}}$ における全射準同型射とする．$\mathrm{Ker}(p)$ が B の単項イデアルであり，さらに $m_B\,\mathrm{Ker}(p)=0$ が成り立つとき，p を**小さな拡大** (small extension) と呼ぶ．また $(\mathrm{Art})_{\mathbf{C}}$ における任意の射 $C \overset{q}{\to} B$ に対して「$p \circ q$ が全射ならば q が全射」が成り立つとき，p を**本質的な拡大**と呼ぶ．

今，$p\colon B \to A$ を小さな拡大として，p によって引き起こされるザリスキー余接空間の間の全射 $\mathbf{C}$-線形写像のことを $\bar{p}\colon m_A/m_A^2 \to m_B/m_B^2$ であらわす．

補題 3.1.1 (i) p が本質的な拡大であることと $\bar{p}$ が同型であることは同値である．

(ii) p が本質的な拡大で無いことと p が $(\mathrm{Art})_{\mathbf{C}}$ の中で切断 $s\colon A \to B$ を持つことは同値である．

証明． p が全射なので $\bar{p}$ も全射であることに注意する．

(i) もし p が本質的で，$\bar{p}$ が単射でないとすると $d := \dim_{\mathbf{C}} m_A/m_A^2 < \dim_{\mathbf{C}} m_B/m_B^2$ である．このとき $x_1,\ldots,x_d \in m_B$ で $\{\bar{p}(\bar{x}_i)\}$ が m_A/m_A^2 を $\mathbf{C}$-ベクトル空間として張っているようなものを取る．$x_1,\ldots,x_d$ で生成される B の部分 $\mathbf{C}$-代数を C とすると，包含写像 $q\colon C \to B$ は全射ではないが，合成写像 $p \circ q\colon C \to A$ は全射である．これは p が本質的であることに矛盾する．

一方，もし $p \circ q$ が全射であったとすると $\bar{p} \circ \bar{q}\colon m_C/m_C^2 \to m_A/m_A^2$ は全射である．ここで $\bar{p}$ が同型であると仮定すると $\bar{q}$ は全射である．このとき，B

は局所アルチン環なので q もまた全射になる．つまり p は本質的である．

(ii) p が本質的でないとすると (i) より $\bar{p}$ は全射ではあるが単射ではない．このとき (i) の前半で行ったようにして B の部分環 C を作ると $C \neq B$ である．特に $\mathrm{length}(C) < \mathrm{length}(B)$ である．さらに包含写像を $q: C \to B$ とすると，$p \circ q$ は全射である．以上のことから $\mathrm{length}(A) \leq \mathrm{length}(C)$ が成り立つ．もしこれが真の不等号であったとすると $\mathrm{length}(A) \leq \mathrm{length}(B) - 2$ となり，p が小さな拡大であることに矛盾する．したがって $\mathrm{length}(A) = \mathrm{length}(C)$ となり，$p \circ q$ は同型である．このとき，$(p \circ q)^{-1}: A \to C \subset B$ は p の切断を与える．

逆に p が切断 $s: A \to B$ を持てば，合成射 $A \overset{s}{\to} B \overset{p}{\to} A$ は恒等射なので全射である．一方 s 自身は $\mathrm{length}(A) < \mathrm{length}(B)$ なので全射ではない．これは p が本質的でないことを意味する．□

以後，$D: (\mathrm{Art})_{\mathbf{C}} \to (\mathrm{Set})$ は共変関手で，$D(\mathbf{C})$ が 1 点からなる集合であるようなものとする．このとき剰余体が $\mathbf{C}$ であるような完備局所 $\mathbf{C}$-代数 (R, m_R) に対しても $\hat{D}(R) = \mathrm{proj.lim}\, D(R_n)$ と置く．ただし $R_n := R/m_R^{n+1}$ である．$\xi := \{\xi_n\} \in \hat{D}(R)$ が与えられると，$(\mathrm{Art})_{\mathbf{C}}$ 上の関手の射

$$h_R(\cdot) := \mathrm{Hom}_{loc.\mathbf{C}-alg}(R, \cdot) \overset{\phi_\xi}{\to} D(\cdot)$$

が次のようにして決まる．まず $f \in h_R(A)$ が与えられると A がアルチン環であることから，適当な n が存在して f は $R \to R_n \overset{f_n}{\to} A$ と分解する．このとき f に対して $D(f_n)(\xi_n)$ を対応させるのが ϕ_ξ である．ただし $D(f_n): D(R_n) \to D(A)$ は射 f_n に D を施したものである．n の取り方は一意的ではないが $D(f_n)(\xi_n) \in D(A)$ は n によらない．

定義 3.1.2 D に対して，剰余体が $\mathbf{C}$ であるような完備局所 $\mathbf{C}$-代数 R と $\xi \in \hat{D}(R)$ の組で，次の性質 (i), (ii) を満たすものが存在するとき (R, ξ) のことを D の**射影極限的包**と呼ぶ．また $\xi = \{\xi_n\}$ のことを D の**形式的半普遍族**と呼ぶ．

(i) ϕ_ξ はスムース射，すなわち $(\mathrm{Art})_{\mathbf{C}}$ の任意の全射 $B \to A$ に対して $h_R(B) \to h_R(A) \times_{D(A)} D(B)$ は全射である．ここで右辺は集合のファイバー積をあらわしている．

(ii) $\phi_\xi(\mathbf{C}[\epsilon]): h_R(\mathbf{C}[\epsilon]) \to D(\mathbf{C}[\epsilon])$ は全単射である．

より強く，$\phi_\xi\colon h_R \to D$ が同型であるとき，D は**射影極限的表現可能**である
という．特にこの場合 $\xi = \{\xi_n\}$ は D の**形式的普遍族**と呼ばれる．

定理 3.1.3 関手 D が次の条件 (H_1), (H_2), (H_3) を満たせば，D は射影極限
的包 (R, ξ) を持つ．

(H_1)：$(\text{Art})_{\mathbf{C}}$ の射 $A' \to A$, $A'' \to A$ を考える．さらに $A'' \to A$ は小
さな拡大であると仮定する．このとき自然な射 $\varphi_{A',A,A''}\colon D(A' \times_A A'') \to$
$D(A') \times_{D(A)} D(A'')$ は全射である．

(H_2)：(H_1) において $A = \mathbf{C}$, $A'' = \mathbf{C}[\epsilon]$ のとき，$\varphi_{A',\mathbf{C},\mathbf{C}[\epsilon]}$ は同型である．

(H_3)：$\mathbf{C}$-ベクトル空間 $D(\mathbf{C}[\epsilon])$ は有限次元である．

D が上の条件に加えて次の条件 (H_4) を満たせば，射影極限的に表現可能で
ある．

(H_4)：小さな拡大 $A' \to A$ に対して $\varphi_{A',A,A'}\colon D(A' \times_A A') \to D(A') \times_{D(A)}$
$D(A')$ は全単射である．

注意 3.1.4 (i) 条件 (H_1) が成り立てば，任意の拡大 $A'' \twoheadrightarrow A$ に対して $\varphi_{A',A,A''}$
は全射である．実際，任意の拡大 $A'' \twoheadrightarrow A$ は小さな拡大の合成

$$A'' = A^{(n)} \twoheadrightarrow A^{(n-1)} \twoheadrightarrow \cdots \twoheadrightarrow A^{(1)} \twoheadrightarrow A$$

であらわされる．(H_1) から $D(A' \times_A A^{(1)}) \to D(A') \times_{D(A)} D(A^{(1)})$ は全射であ
る．次に $A' \times_A A^{(2)} = (A' \times_A A^{(1)}) \times_{A^{(1)}} A^{(2)}$ なので，全射の合成

$$D(A' \times_A A^{(2)}) \twoheadrightarrow D(A' \times_A A^{(1)}) \times_{D(A^{(1)})} D(A^{(2)})$$

$$\twoheadrightarrow (D(A') \times_{D(A)} D(A^{(1)})) \times_{D(A^{(1)})} D(A^{(2)}) = D(A') \times_{D(A)} D(A^{(2)})$$

を得る．この操作を続ければ最終的に $\varphi_{A',A,A''}$ の全射性もいえる．

同様にして (H_4) が成り立てば，任意の拡大 $A' \twoheadrightarrow A$ に対して $\varphi_{A',A,A'}$ は全単射
である．

最後に (H_2) が成り立てば，拡大 $A'' \twoheadrightarrow \mathbf{C}$ で $m_{A''}^2 = 0$ を満たすものに対して
$\varphi_{A',\mathbf{C},A''}$ は全射である．これは $A'' = \mathbf{C}[\epsilon_1] \times_{\mathbf{C}} \mathbf{C}[\epsilon_2] \times \cdots \times_{\mathbf{C}} \mathbf{C}[\epsilon_r]$ の形である
ことからわかる．

(ii) (H_3) において $D(\mathbf{C}[\epsilon])$ は $\mathbf{C}$-ベクトル空間ということになっている．これは
D が性質 (H_2) を持つことからわかる．まず環準同型 $\phi\colon \mathbf{C}[\epsilon] \times_{\mathbf{C}} \mathbf{C}[\epsilon] \to \mathbf{C}[\epsilon]$ を
$(a + b\epsilon, a + c\epsilon) \mapsto a + (b + c)\epsilon$ によって定義する．

条件 (H_2) より写像

$$D(\mathbf{C}[\epsilon]) \times_{D(\mathbf{C})} D(\mathbf{C}[\epsilon]) \cong D(\mathbf{C}[\epsilon] \times_{\mathbf{C}} \mathbf{C}[\epsilon]) \overset{D(\phi)}{\to} D(\mathbf{C}[\epsilon])$$

が決まる. $D(\mathbf{C})$ は 1 点からなる集合なので左辺は $D(\mathbf{C}[\epsilon]) \times D(\mathbf{C}[\epsilon])$ に一致する. この写像によって $D(\mathbf{C}[\epsilon])$ に加法をいれる.

さらに $\lambda \in \mathbf{C}$ に対して同型射 $\lambda \colon \mathbf{C}[\epsilon] \to \mathbf{C}[\epsilon]$ が $a + b\epsilon \mapsto a + \lambda b\epsilon$ によって定まるが, $D(\mathbf{C}[\epsilon]) \overset{D(\lambda)}{\to} D(\mathbf{C}[\epsilon])$ によって $D(\mathbf{C}[\epsilon])$ にスカラー倍を定義する.

(iii) A を $(\mathrm{Art})_{\mathbf{C}}$ の対象, I を A のイデアルで $m_A I = 0$ を満たすものとする. $p \colon A \to A/I$ を自然な全射準同型とする. $\mathbf{C}[I]$ を $\mathbf{C}$-ベクトル空間 $\mathbf{C} \oplus I$ に $(x \oplus y)(x' \oplus y') := xx' \oplus (xy' + x'y)$, $(x \oplus y) + (x' \oplus y') := (x + x') \oplus (y + y')$ によって可換環の構造を入れたものとする. このとき局所 $\mathbf{C}$-代数の同型射

$$A \times_{A/I} A \cong A \times_{\mathbf{C}} \mathbf{C}[I]$$

が $(x, y) \to (x, x_0 + y - x)$ によって定義できる. ここで x_0 は x の $A \to A/m_A = \mathbf{C}$ による像である.

D が性質 (H_1), (H_2) を満たすと仮定すると全射

$$D(A) \times D(\mathbf{C}[I]) \cong D(A \times_{\mathbf{C}} \mathbf{C}[I]) \cong D(A \times_{A/I} A) \to D(A) \times_{D(A/I)} D(A)$$

を得る. ここで $D(A/I)$ の元 η を 1 つ取り $D(p) \colon D(A) \to D(A/I)$ による η の逆像 $D(p)^{-1}(\eta)$ を考える. このとき上の全射を $D(p)^{-1}(\eta) \times D(\mathbf{C}[I])$ に制限することで全射

$$D(p)^{-1}(\eta) \times D(\mathbf{C}[I]) \to D(p)^{-1}(\eta) \times D(p)^{-1}(\eta)$$

を得る. $D(\mathbf{C}[I])$ には (ii) で使った議論をそのまま使って $\mathbf{C}$-ベクトル空間の構造が入る. I の $\mathbf{C}$-ベクトル空間としての基底を $\epsilon_1, \ldots, \epsilon_r$ とすると $\mathbf{C}[I] = \mathbf{C}[\epsilon_1] \times_{\mathbf{C}} \mathbf{C}[\epsilon_2] \times \cdots \times_{\mathbf{C}} \mathbf{C}[\epsilon_r]$ なので (H_2) を用いると $\mathbf{C}$-ベクトル空間としての同型射

$$D(\mathbf{C}[I]) \cong I \otimes_{\mathbf{C}} D(\mathbf{C}[\epsilon])$$

が存在する. このとき次がいえる.

「$D(p)^{-1}(\eta) \neq \emptyset$ のときアーベル群 $I \otimes_{\mathbf{C}} D(\mathbf{C}[\epsilon])$ が集合 $D(p)^{-1}(\eta)$ 上に推移的に作用する.」

さらに D が (H_4) を満たすときには, $D(A \times_{A/I} A) \cong D(A) \times_{D(A/I)} D(A)$ なのでこの作用は効果的でもある. この場合 $D(p)^{-1}(\eta)$ の元 η' を 1 つ固定すると $D(p)^{-1}(\eta)$ と $I \otimes_{\mathbf{C}} D(\mathbf{C}[\epsilon])$ が同一視され, η' は $I \otimes_{\mathbf{C}} D(\mathbf{C}[\epsilon])$ の 0 に対応する. □

定理 3.1.3 の証明. $d := \dim_{\mathbf{C}} D(\mathbf{C}[\epsilon])$ と置き，べき級数環 $S := \mathbf{C}[[t_1, \ldots, t_d]]$ を考える．S の極大イデアル $(t_1, \ldots, t_d)$ のことを m_S であらわすことにする．S の降下イデアル列 $\{J_n\}_{n \geq 1}$ を順次構成していき，最終的に射影極限的表現包 R は $\{S/J_n\}$ の射影極限として構成される．

$J_1 := m_S^2$ と置く．このとき $S/J_1 = \mathbf{C}[t_1]/(t_1^2) \times_{\mathbf{C}} \mathbf{C}[t_2]/(t_2^2) \times_{\mathbf{C}} \cdots \times_{\mathbf{C}} \mathbf{C}[t_d]/(t_d^2)$ であることに注意すると (H_2) より $D(S/J_1) = D(\mathbf{C}[t_1]/(t_1^2)) \times \cdots \times D(\mathbf{C}[t_d]/(t_d^2))$ が成り立つ．ここで $D(\mathbf{C}[\epsilon])$ の基底 $\eta_1, \ldots, \eta_d$ を取って $(\eta_1, \ldots, \eta_d)$ に対応する $D(S/J_1)$ の元を ξ_1 と置く．さてイデアル J_n と $\xi_n \in D(S/J_n)$ が構成されたと仮定する．このとき $m_S J_n \subset J \subset J_n$ となるイデアルで次の性質 $(*)$ を持つものすべてを考える．

  $(*)$ $D(S/J)$ の元 η で射 $D(S/J) \to D(S/J_n)$ に関して ξ_n の持ち上げになっているものが存在する．

このような J で最小なものが存在することを示す．そのためには $(*)$ を満たす J のすべての共通部分 $\cap J$ が $(*)$ を満たすことを示せば十分である．まず $J_n/m_S J_n$ は有限次元 $\mathbf{C}$-ベクトル空間なので $\cap J$ は実は有限個のイデアルの共通部分として書ける．したがって J, K が $(*)$ を満たせば $J \cap K$ も $(*)$ を満たすことを示せばよい．さらに必要ならば $J \cap K$ は変えずに J をより大きなイデアルに取り換えて $J + K = J_n$ と仮定してよい（J が $(*)$ を満たせば，J_n に含まれるそれより大きいイデアルは常に $(*)$ を満たす）．このとき

$$S/J \times_{S/J_n} S/K = S/J \times_{S/J+K} S/K \cong S/J \cap K$$

が成り立つ．2番目の同型について少し説明を加えると，$S/J \times_{S/J+K} S/K$ の元は S の元 s, s' を用いて $(s \bmod J, s' \bmod K)$ と書くことができる．さらに J の適当な元 x_J と K の適当な元 x_K を用いて $s - s' = x_J - x_K$ と書き表すことができる．このとき $s - x_J = s' - x_K$ なので，s と s' を各々 $s - x_J$ と $s' - x_K$ で置き換えることにより，最初から $S/J \times_{S/J+K} S/K$ の元は $(s \bmod J, s \bmod K)$ と書くことができる．$S/J \times_{S/J+K} S/K$ の別の元 $(t \bmod J, t \bmod K)$, $t \in S$ に対して $(s \bmod J, s \bmod K) = (t \bmod J, t \bmod K)$ となるのは $s = t \bmod J \cap K$ が成り立つときに限る．これが2番目の同型の意味である．自然な射

$$D(S/J \cap K) = D(S/J \times_{S/J_n} S/K) \twoheadrightarrow D(S/J) \times_{D(S/J_n)} D(S/K)$$

は性質 (H_2) より全射なので $J \cap K$ は $(*)$ を満たすことがわかる．以上より $(*)$ を満たすイデアルで最小なものが存在するので，それを J_{n+1} と定義する．さらに ξ_n の $D(S/J_{n+1})$ への持ち上げを 1 つ取りそれを ξ_{n+1} と置く．ここで $I := \cap J_n$ と置いて $R := S/I$ と定義する．$m_S^{n+1} \subset J_n$ なので $\{J_n\}$ が R に定義する位相は，完備局所環 R の位相に等しい．このことから $R = \mathrm{proj}\lim R/J_n$ となり，$\xi := \{\xi_n\}$ は $\hat{D}(R)$ の元を定める．

(R, ξ) が D の射影極限的包であることを証明しよう．$h_R(\mathbf{C}[\epsilon])$ の元 f は $\mathbf{C}[[t_1, \ldots, t_d]]/(t_1, \ldots, t_d)^2 \to \mathbf{C}[\epsilon]$ $(t_i \mapsto a_i \epsilon)$ の形で与えられる．このとき $\phi_\xi(\mathbf{C}[\epsilon])(f) \in D(\mathbf{C}[\epsilon])$ は $a_1\eta_1 + \cdots + a_d\eta_d$ に他ならない．$\{\eta_i\}$ は $D(\mathbf{C}[\epsilon])$ の基底であったから $\phi_\xi(\mathbf{C}[\epsilon])$ は同型射である．

次に $p \colon B \to A$ を小さな拡大としたとき $h_R(B) \to h_R(A) \times_{D(A)} D(B)$ が全射であることを示そう．まず

$$(f, \zeta) \in h_R(A) \times_{D(A)} D(B) \ (f \in h_R(A),\ \zeta \in D(B))$$

に対して f が $\tilde{f} \in h_R(B)$ まで持ち上がれば全射性がしたがうことに注意する．実際，そのような $\tilde{f}$ が存在したとする．このとき $\bar{\zeta} := D(p)(\zeta)$ と置く．ここで $D(p)$ は p が引き起こす射 $D(p) \colon D(B) \to D(A)$ のことである．射 $\phi_\xi(B) \colon F(B) \to D(B)$ に対して $\zeta' := \phi_\xi(B)(\tilde{f})$ とおくと $\zeta' \in D(p)^{-1}(\bar{\zeta})$ である．ここで $D(\mathbf{C}[\epsilon])$ が $D(p)^{-1}(\bar{\eta})$ に推移的に作用していたことを思い出そう (注意 3.1.4, (iii))．したがって $\alpha \cdot \zeta' = \zeta$ となるような $\alpha \in D(\mathbf{C}[\epsilon])$ が存在する．一方，関手 h_R に対しても同じ理由から $h_R(\mathbf{C}[\epsilon])$ は $h_R(p)^{-1}(f)$ に推移的に作用している．すでに見たように $h_R(\mathbf{C}[\epsilon]) = D(\mathbf{C}[\epsilon])$ であったから α を $h_R(\mathbf{C}[\epsilon])$ の元とみなして $\tilde{f}$ に作用させることができる．このとき $\tilde{f}' := \alpha \cdot \tilde{f}$ と置けば $\tilde{f}'$ は f の持ち上げであると同時に $\phi_\xi(B)(\tilde{f}') = \zeta$ となっている．したがって $h_R(B) \to h_R(A) \times_{D(A)} D(B)$ の全射性が証明されたことになる．

そこで，上の設定のもとで $f \in h_R(A)$ が $h_R(B)$ の元に持ち上がることを証明する．A はアルチン環なので，ある n が存在して f は

$$R := S/I \to S/J_n \to A$$

と分解する．S はべき級数環なので射 $S \to S/J_n \to A$ は射 $S \to B$ にまで持ち上がる．B は A の小さな拡大であったから，この射は $S \to S/m_S J_n \to B$

と分解する. したがって可換図式

$$
\begin{array}{ccccc}
S/m_S J_n & \longrightarrow & S/J_n \times_A B & \longrightarrow & B \\
\downarrow & & {\scriptstyle pr_1}\downarrow & & {\scriptstyle p}\downarrow \\
S/J_n & \xrightarrow{\ id\ } & S/J_n & \longrightarrow & A
\end{array}
\tag{3.2}
$$

が存在する. ここで p は小さな拡大なので pr_1 も小さな拡大である. もし pr_1 が切断 s を持てば, 合成射 $S/J_n \xrightarrow{s} S/J_n \times_A B \to B$ は $S/J_n \to A$ の持ち上げになる. したがってこの場合は f の持ち上げが存在する. 一方 pr_1 が切断を持たないときは pr_1 は本質的な拡大である (補題 3.1.1). このとき $S/m_S J_n \to S/J_n$ は全射なので $S/m_S J_n \to S/J_n \times_A B$ は全射である. 仮定から (ξ_n, ζ) は $D(S/J_n) \times_{D(A)} D(B)$ の元であった. したがって (H_1) より $D(S/J_n \times_A B)$ には ξ_n の持ち上げが存在する. このとき J_{n+1} の定義から $S/m_S J_n \twoheadrightarrow S/J_{n+1} \twoheadrightarrow S/J_n \times_A B$ と分解する. したがって可換図式

$$
\begin{array}{ccc}
S/J_{n+1} & \longrightarrow & B \\
\downarrow & & \downarrow \\
S/J_n & \longrightarrow & A
\end{array}
\tag{3.3}
$$

は $f \in h_R(A)$ の持ち上げ $\tilde{f} \in h_R(B)$ を与える.

　最後に (H_1) から (H_4) までがすべて満たされていると仮定する. $\phi_\xi(A):$ $h_R(A) \cong D(A)$ であることを $\mathrm{length}(A)$ の帰納法によって証明しよう. まず $\mathrm{length}(A) = 1$ の場合は両辺ともに 1 点からなる集合なので明らかである. そこで $\phi_\xi(A)$ が同型のとき, 小さな拡大 $p: A' \to A$ に対して $\phi_\xi(A')$ も同型であることを示せばよい. $f \in h_R(A)$ と $\eta := \phi_\xi(A)(f) \in D(A)$ に対して, まず $D(p)^{-1}(\eta) \neq \emptyset$ とすると ϕ_ξ のスムース性から $h_R(p)^{-1}(f) \neq \emptyset$ である. もちろん $h_R(p)^{-1}(f) \neq \emptyset$ であれば $D(p)^{-1}(\eta) \neq \emptyset$ は明らかである. したがって $h_R(p)^{-1}(f) \to D(p)^{-1}(\eta)$ が全単射であればよい. 注意 3.1.4, (iii) より両辺にはそれぞれ $h_R(\mathbf{C}[\epsilon]) = D(\mathbf{C}[\epsilon])$ が推移的かつ効果的に作用していて, 2 つの作用は射 $h_R(p)^{-1}(f) \to D(p)^{-1}(\eta)$ に関して同変的である. このことは $h_R(p)^{-1}(f) \to D(p)^{-1}(\eta)$ が全単射であることを示している. $\square$

定理 3.1.5 X_0 は高々孤立特異点のみを持つアファイン複素代数多様体とする. このとき, 変形関手 D_{X_0} は射影極限的包 (R, ξ) を持つ.

証明を始める前に，補題 1.3.3 の系を 2 つ示しておく.

系 3.1.6 $A \in (\mathrm{Art})_{\mathbf{C}}$ に対して，N が平坦 A-加群とする．このとき N は自由 A-加群である.

証明. $\mathrm{length}(A)$ の帰納法で証明する．$\mathrm{length}(A) = 1$ のときは A は体なので明らかである．一般のアルチン環 A に対して A のべき零イデアル I を取り $\bar{A} := A/I$ と置くと $\mathrm{length}(\bar{A}) < \mathrm{length}(A)$ である．$\bar{N} := N \otimes_A \bar{A}$ は平坦 $\bar{A}$-加群なので，帰納法の仮定から自由 $\bar{A}$-加群である．ここで $\{\bar{x}_i\}_{i \in I} \in \bar{N}$ を $\bar{A}$-加群の基底として $x_i \in N$ を $\bar{x}_i$ の持ち上げとする．一方，$\{y_i\}_{i \in I}$ を基底とする自由 A-加群を M とする：$M := \oplus_{i \in I} A y_i$. このとき $f \colon M \to N$ を $f(y_i) = x_i$ によって定義すると $\bar{f} \colon M/IM \to N/IN = \bar{N}$ は自由 $\bar{A}$-加群の同型射になる．したがって補題 1.3.3 が適用できて f は同型になる．つまり N は自由 A-加群である．$\square$

系 3.1.7 $A' \to A$, $A'' \to A$ を $(\mathrm{Art})_{\mathbf{C}}$ における射で，特に $A'' \to A$ は小さな拡大であるとする．いま平坦な A'-加群 M' と平坦な A''-加群 M'' が与えられていて $M := M' \otimes_{A'} A \cong M'' \otimes_{A''} A$ であるとする．このとき $M' \times_M M''$ は $A' \times_A A''$-加群として平坦であり，$A' \times_A A''$-加群 L で次の性質を持つものは $M' \times_M M''$ と同型である.

(i) 可換図式

$$
\begin{array}{ccc}
A' \times_A A'' & \longrightarrow & A'' \\
\downarrow & & \downarrow \\
A' & \longrightarrow & A
\end{array}
\tag{3.4}
$$

と同変な可換図式

$$
\begin{array}{ccc}
L & \xrightarrow{\;q''\;} & M'' \\
q' \downarrow & & \downarrow \\
M' & \longrightarrow & M
\end{array}
\tag{3.5}
$$

が存在する.

(ii) q' は同型射 $L \otimes_{A' \times_A A''} A' \to M'$ を引き起こす.

証明. $M' \times_M M''$ の平坦性をいうには $A' \times_A A''$-自由加群であることを

示せば十分である．M' は平坦 A'-加群なので先の系から A'-自由加群である．
その基底を $\{x_i'\}_{i \in I}$ とすると $\{x_i' \otimes 1\}_{i \in I}$ は $M \cong M' \otimes_{A'} A$ の A-自由加群
としての基底を与える．今 A は A'' のべき零イデアル I を用いて $A = A''/I$
と書き表せる．このとき全射 $M'' \to M$ によって $x_i' \otimes 1$ を $x_i'' \in M''$ にまで
持ち上げる．このとき 1 つ前の系 3.1.6 より M'' は $\{x_i''\}_{i \in I}$ を基底とする自由
A''-加群である．このとき $\{(x_i', x_i'')\}_{i \in I}$ は $M' \times_M M''$ の $A' \times_A A''$-加群と
しての基底を与えている．

　次に L が $M' \times_M M''$ と同型であることを証明しよう．可換図式から $A' \times_A$
A''-加群の射 $L \to M' \times_M M''$ が誘導され，これに $\otimes_{A' \times_A A''} A'$ を施すと q'
から誘導される射 $L \otimes_{A' \times_A A''} A' \to M'$ になるが，仮定からこれは同型であ
る．ここで全射 $A' \times_A A'' \to A'$ の核はべき零イデアルであり，$M' \times_M M''$
は平坦 $A' \times_A A''$-加群であることに注意する．このとき補題 1.3.3 を適用する
ことによって $L \cong M' \times_M M''$ であることがわかる．$\square$

　さて，定理 3.1.5 の証明を始めよう．

　最初に D_{X_0} が条件 (H_3) を満たすことを証明する．X_0 は高々孤立特異点し
か持たないアファイン代数多様体なので，

$$\dim_{\mathbf{C}} \mathrm{Ext}^1(\Omega^1_{X_0}, \mathcal{O}_{X_0}) < \infty$$

である．したがって，命題 1.3.2 から条件 (H_3) が成り立つ．

　次に D_{X_0} が (H_1) および (H_2) を満たすことを示そう．$A' \to A$, $A'' \to A$
は $(\mathrm{Art})_{\mathbf{C}}$ の射で $A'' \to A$ は小さな拡大とする．$D_{X_0}(A') \times_{D_{X_0}(A)} D_{X_0}(A'')$
の元 (η', η'') は図式

$$X' \xleftarrow{q'} X \xrightarrow{q''} X''$$

で代表される．ここで X' は X_0 の $\mathrm{Spec}\, A'$ 上への変形，X'' は X_0 の $\mathrm{Spec}\, A''$
上への変形，そして X は X_0 の $\mathrm{Spec}\, A$ 上への変形である．このとき環付き空
間 $(X_0, \mathcal{O}_{X'} \times_{\mathcal{O}_X} \mathcal{O}_{X''})$ を考えると $\mathrm{Spec}(A' \times_A A'')$ 上平坦である（系 3.1.7）．
したがって $(X_0, \mathcal{O}_{X'} \times_{\mathcal{O}_X} \mathcal{O}_{X''})$ から $D_{X_0}(A' \times_A A'')$ の元 $\bar{\eta}$ が決まり $\bar{\eta}$ は
(η', η'') の持ち上げになっている．これは D_{X_0} が性質 (H_1) を持つことを意味
する．

　それではいつ (η', η'') の持ち上げが一意的になるかを調べてみよう．(η', η'')

の持ち上げを 1 つ取り，それを図式

$$
\begin{array}{ccc}
Z & \xleftarrow{\ \beta''\ } & Y'' \\
{\scriptstyle \beta'}\big\uparrow & & \big\uparrow{\scriptstyle r''} \\
Y' & \xleftarrow{\ r'\ } & X
\end{array}
\tag{3.6}
$$

によって代表させる．これを先ほどの図式

$$
\begin{array}{ccc}
(X_0, \mathcal{O}_{X'} \times_{\mathcal{O}_X} \mathcal{O}_{X''}) & \xleftarrow{\ \alpha''\ } & X'' \\
{\scriptstyle \alpha'}\big\uparrow & & \big\uparrow{\scriptstyle q''} \\
X' & \xleftarrow{\ q'\ } & X
\end{array}
\tag{3.7}
$$

と比較する．X' と Y' は X_0 の同値な変形なので $\operatorname{Spec} A'$ 上の同型射 $\phi'\colon X' \to Y'$ が存在する．同様に X'' と Y'' は X_0 の同値な変形なので $\operatorname{Spec} A''$ 上の同型射 $\varphi''\colon X'' \to Y''$ が存在する．これらを $\operatorname{Spec} A$ 上に引き戻すことにより $\operatorname{Spec} A$ 上の同型射 $\phi\colon X \to X$, $\varphi\colon X \to X$ を得る：

$$
\begin{array}{ccc}
X' & \xrightarrow{\ \phi'\ } & Y' \\
{\scriptstyle q'}\big\uparrow & & \big\uparrow{\scriptstyle r'} \\
X & \xrightarrow{\ \phi\ } & X
\end{array}
\tag{3.8}
$$

$$
\begin{array}{ccc}
X'' & \xrightarrow{\ \varphi''\ } & Y' \\
{\scriptstyle q''}\big\uparrow & & \big\uparrow{\scriptstyle r''} \\
X & \xrightarrow{\ \varphi\ } & X
\end{array}
\tag{3.9}
$$

特に $\phi' \circ q' = r' \circ \phi$, $\varphi'' \circ q'' = r'' \circ \varphi$ が成り立つので次の図式は可換である：

$$
\begin{array}{ccc}
Z & \xleftarrow{\ \beta''\circ\varphi''\ } & X'' \\
{\scriptstyle \beta'\circ\phi'}\big\uparrow & {\scriptstyle q''\circ\varphi^{-1}\circ\phi}\big\uparrow & \\
X' & \xleftarrow{\ q'\ } & X
\end{array}
\tag{3.10}
$$

ここで次を仮定してみよう．

(∗)：X の自己同型 $\theta := \varphi^{-1} \circ \phi$ は X'' の自己同型 $\tilde{\theta}$ に持ち上がる．

このとき次の図式は可換になる．

$$X'' \xleftarrow{\ \bar{\theta}\ } X''$$

$$q'' \circ \varphi^{-1} \circ \phi \uparrow \qquad\qquad q'' \uparrow \qquad\qquad (3.11)$$

$$X \xleftarrow{\ id\ } X$$

この2つの可換図式をつなげることにより

$$Z \xleftarrow{\ \beta'' \circ \varphi'' \circ \bar{\theta}\ } X''$$

$$\beta' \circ \phi' \uparrow \qquad\qquad q'' \uparrow \qquad\qquad (3.12)$$

$$X' \xleftarrow{\ q'\ } X$$

を得る. このとき, 系 3.1.7 より $Z \cong (X_0, \mathcal{O}_{X'} \times_{\mathcal{O}_X} \mathcal{O}_{X''})$ がわかり, 両者は同値な持ち上げである.

ここで $A = \mathbf{C}$, $A'' = \mathbf{C}[\epsilon]$ の場合を考えてみよう. このとき $\mathcal{X} = X$ であり $\theta = id_X$ であることに注意する. 恒等写像 id_X は明らかに X'' の恒等写像 $id_{X''}$ に持ち上がるので $(*)$ は満たされる. したがって (H_2) は満たされる. □

上記の定理の証明は次の結果も意味している:

定理 3.1.8 X_0 を $\mathbf{C}$ 上の代数的概型とする. このとき, D_{X_0} は性質 (H_1), (H_2) を満たす. したがって, $\dim_{\mathbf{C}} \mathrm{D}_{X_0}(\mathbf{C}[\epsilon]) < \infty$ であれば, D_{X_0} は射影極限的包を持つ. さらに, X_0 の変形が次の性質を持つとする.

$(*)$ $A'' \to A$ を小さな拡大, X'' を X_0 の $\mathrm{Spec}\, A''$ 上への変形, X を X'' を $\mathrm{Spec}\, A$ 上に制限して得られる変形とする. このとき $\mathrm{Aut}(X; id|_{X_0})$ の任意の元は $\mathrm{Aut}(X''; id|_{X_0})$ の元にまで持ち上がる.

このとき D_{X_0} は射影極限的に表現可能である. □

定理 3.1.5 の証明中, (H_1), (H_2) を示すのに使った議論は, ポアソン変形に対しても有効である. たとえば, 次が成立する.

定理 3.1.9 X_0 を $\mathbf{C}$ 上の代数的ポアソン概型とする. このとき, PD_{X_0} は性質 (H_1), (H_2) を満たす. したがって, $\dim_{\mathbf{C}} \mathrm{PD}_{X_0}(\mathbf{C}[\epsilon]) < \infty$ であれば, PD_{X_0} は射影極限的包を持つ. さらに, X_0 のポアソン変形が次の性質を持つとする.

$(*)$ $A'' \to A$ を小さな拡大, X'' を X_0 の $\mathrm{Spec}\, A''$ 上へのポアソン変形,

X を X'' を $\operatorname{Spec} A$ 上に制限して得られるポアソン変形とする．このとき $\operatorname{PAut}(X; id|_{X_0})$ の任意の元は $\operatorname{PAut}(X''; id|_{X_0})$ の元にまで持ち上がる．

このとき PD_{X_0} は射影極限的に表現可能である．□

特に，系 1.4.2 を用いると，次もわかる．

定理 3.1.10 (X_0, ω_0) を非特異シンプレクティック代数多様体で，$H^1(X_0, \mathcal{O}_{X_0}) = H^2(X_0, \mathcal{O}_{X_0}) = 0$ を満たすものとする．このとき，PD_{X_0} は射影極限的包を持つ．

3.2 T^1-持ち上げと非障害変形

関手 D の射影極限的包 R がいつ正則局所環になるかを考える．鍵になるのは，**T^1-持ち上げ**と呼ばれる性質である．ここでは，主に D が，$\mathbf{C}$ 上の代数的概型 X_0 の変形関手 D_{X_0} の場合を扱うが，ポアソン変形関手に対しても同様の主張が成り立つ．$A \in (\mathrm{Art})_{\mathbf{C}}$ に対して，X_0 の $T = \operatorname{Spec} A$ 上の変形 X が与えられたとき，

$$T^1(X/A) := \operatorname{D}(X/T; T[\epsilon])$$

と置く．今，$A_n := \mathbf{C}[t]/(t^{n+1})$ と置き，X_0 の $T_n := \operatorname{Spec} A_n$ 上の変形を X とする．自然な埋め込み $\operatorname{Spec} A_{n-1} \to \operatorname{Spec} A_n$ を使ってファイバー積 $\bar{X} := X \times_{\operatorname{Spec} A_n} \operatorname{Spec} A_{n-1}$ を取る．このとき制限射

$$T^1(X/A_n) \to T^1(\bar{X}/A_{n-1})$$

が存在する．この制限射が，任意の $n \geq 1$，任意の X に対して全射であるとき X_0 は **T^1-持ち上げの性質を持つ**という．たとえば，X_0 が被約なときは，制限射

$$\operatorname{Ext}^1(\Omega^1_{X/T_n}, \mathcal{O}_X) \to \operatorname{Ext}^1(\Omega^1_{\bar{X}/T_{n-1}}, \mathcal{O}_{\bar{X}})$$

が全射ということと同値である．以下では，D_{X_0} は射影極限的包を持つと仮定する．

定理 3.2.1 代数概型 X_0 が T^1-持ち上げの性質を持てば，D_{X_0} は障害を持たない，すなわち D_{X_0} の射影極限的包 R は正則局所環である．

証明. まず $(\text{Art})_{\mathbf{C}}$ の全射 $A' \to A$ に対して $D_{X_0}(A') \to D_{X_0}(A)$ が全射であることと $h_R(A') \to h_R(A)$ が全射であることは同値である. 実際 $D_{X_0}(A') \to D_{X_0}(A)$ が全射であると仮定する. このとき $f \in h_R(A)$ に対して射 $h_R(A) \to D_{X_0}(A)$ による f の像を η とする. 仮定から η のリフト $\eta' \in D_{X_0}(A')$ が存在する. 射影極限的包の定義から射 $h_R(A') \to h_R(A) \times_{D_{X_0}(A)} D_{X_0}(A')$ は全射である. したがって $(f \to \eta \leftarrow \eta') \in h_R(A) \times_{D_{X_0}(A)} D_{X_0}(A')$ に対して $f' \in h_R(A')$ が存在して $f' \to (f \to \eta \leftarrow \eta')$ である. 特に f' は f のリフトになっている. 次に $h_R(A') \to h_R(A)$ が全射だとする. 射 $h_R(A) \to D_{X_0}(A)$ は包の性質から常に全射である. したがって任意の $\eta \in D_{X_0}(A)$ に対して, この射に関して $f \in h_R(A)$ の逆像の1つを $f \in h_R(A)$ とする. 仮定から f のリフト $f' \in h_R(A')$ が存在する. このとき射 $h_R(A') \to D_{X_0}(A')$ による f' の像を $\eta' \in D_{X_0}(A')$ と置けば, η' は η のリフトになっている.

次に $A_{n-1}[\epsilon] \times_{A_{n-1}} A_n = \mathbf{C}[t,\epsilon]/(t^{n+1}, t^n\epsilon, \epsilon^2)$ であることが容易に示せる. したがって自然な射 $A_n[\epsilon] \to A_{n-1}[\epsilon] \times_{A_{n-1}} A_n$ は全射であり, この射の核は $t^n\epsilon$ で生成されるイデアルである. 特に $t^n\epsilon \cdot m_{A_n[\epsilon]} = 0$ なので, $A_n[\epsilon]$ は $A_{n-1}[\epsilon] \times_{A_{n-1}} A_n$ の小さな拡大である. X_0 が T^1-持ち上げの性質を持つことから $D_{X_0}(A_n[\epsilon]) \to D_{X_0}(A_{n-1}[\epsilon] \times_{A_{n-1}} A_n)$ は全射になる. 実際, $D_{X_0}(A_{n-1}[\epsilon] \times_{A_{n-1}} A_n)$ の元 η は変形の図式

$$\bar{X}' \leftarrow \bar{X} \to X$$

によって代表される. ここで $\bar{X}$ は X_0 の $\operatorname{Spec} A_{n-1}$ 上の変形であり, $\bar{X}'$, X は各々 $\bar{X}$ の $\operatorname{Spec} A_{n-1}[\epsilon]$ 上, $\operatorname{Spec} A_n$ 上への拡張である. ここで $\bar{X}'$ は $T^1(\bar{X}/A_{n-1})$ の元だとみなせるので $T^1(X/A_n) \to T^1(\bar{X}/A_{n-1})$ の全射性から $\bar{X}'$ の $\operatorname{Spec} A_n[\epsilon]$ 上への拡張 X' が存在する. X' から決まる $D_{X_0}(A_n[\epsilon])$ の元を η' とすると, η' は η のリフトになっている.

ここで後の議論のための準備を少ししておく. R をべき級数環 $S := \mathbf{C}[[t_1,\ldots,t_d]]$ の商 S/I としてあらわす:$R = S/I$. ただし $I \subset m_S^2$ と仮定する. さらに $T^2 := (I/m_S I)^*$ と置く. 一方 $A \in (\text{Art})_{\mathbf{C}}$ とそのイデアル J で $m_A J = 0$ となるものを取り, $A_0 := A/J$ と置く.

補題 3.2.2 写像 $ob: h_R(A_0) \to T^2 \otimes_{\mathbf{C}} J$ が存在して

$$h_R(A) \to h_R(A_0) \stackrel{ob}{\to} T^2 \otimes_{\mathbf{C}} J$$

は完全系列になる. すなわち, $f_0 \in h_R(A_0)$ のリフト $f \in h_R(A)$ が存在することと $ob(f_0) = 0$ であることは同値である.

証明. $f_0 \in h_R(A_0)$ に対して合成射 $\tilde{f}_0: S \to R \stackrel{f_0}{\to} A_0$ を S から A の環準同型 $\tilde{f}$ にまで持ち上げる. 実際 $x_i := \tilde{f}_0(t_i) \in A_0$ に対して x_i の A へのリフト $\tilde{x}_i$ を 1 つ取り $\tilde{f}(t_i) = \tilde{x}_i$ と置く. A はアルチン環なのでこれによって準同型 $\tilde{f}$ が定義される. このとき $\tilde{f}(I) \subset J$ である. また $\tilde{f}(m_S I) \subset m_A J$ であるが $m_A J = 0$ なので $\tilde{f}|_I$ は射 $I/m_S I \to J$ を定義する. これを $T^2 \otimes_{\mathbf{C}} J$ の元とみなして $ob(\tilde{f})$ と書くことにする. 明らかに $ob(\tilde{f}) = 0$ であることと $\tilde{f}$ が f_0 のリフト $f \in h_R(A)$ を定義することは同値である. しかし $\tilde{f}_0$ のリフトは一意的ではないので別のリフト $\tilde{f}'$ を取ったときに $ob(\tilde{f}') = ob(\tilde{f})$ を示す必要がある. そのためには $(\tilde{f}' - \tilde{f})(I) = 0$ を示せばよい. まず $\tilde{f}, \tilde{f}'$ が $\tilde{f}_0$ のリフトであることから $\tilde{f}' - \tilde{f}$ は S から J への写像になっている. さらに $\tilde{f}, \tilde{f}'$ がともに環準同型であり, $J^2 = 0$ であることから $\tilde{f}' - \tilde{f}$ は S から J への $\mathbf{C}$-導分であることがわかる. 一方 $I \subset m_S^2$ なので I の元は $\Sigma x_i y_i$, $x_i, y_i \in m_s$ の形をしている. 一般に $x, y \in m_S$ に対して $S \to R$ による x, y の像を $\bar{x}, \bar{y} \in R$ であらわすことにすると

$$(\tilde{f}' - \tilde{f})(xy) = \tilde{f}_0(\bar{x})(\tilde{f}' - \tilde{f})(y) + \tilde{f}_0(\bar{y})(\tilde{f}' - \tilde{f})(x) \in m_{A_0} J$$

となり $m_{A_0} J = 0$ なので $(\tilde{f}' - \tilde{f})(xy) = 0$ が成り立つ. したがって $(\tilde{f}' - \tilde{f})(I) = 0$ である. 以上から $ob(\tilde{f})$ は f_0 にのみに依存するので $ob(f_0) := ob(\tilde{f})$ と定義すればよい. $\square$

定理の証明に戻る. $t \to t + \epsilon$ によって次の完全系列の可換図式を得る.

$$\begin{array}{ccccccccc}
0 & \longrightarrow & (t^{n+1}) & \longrightarrow & A_{n+1} & \longrightarrow & A_n & \longrightarrow & 0 \\
& & \cong \downarrow & & \downarrow & & \downarrow & & \\
0 & \longrightarrow & (t^n \epsilon) & \longrightarrow & A_n[\epsilon] & \longrightarrow & A_{n-1}[\epsilon] \times_{A_{n-1}} A_n & \longrightarrow & 0
\end{array}$$
$$(3.13)$$

これに h_R を施すことにより可換図式

$$
\begin{array}{ccc}
h_R(A_{n+1}) \longrightarrow & h_R(A_n) & \xrightarrow{\ ob\ } T^2 \otimes_{\mathbf{C}} (t^{n+1}) \\
\Big\downarrow & \Big\downarrow & \cong\Big\downarrow \\
h_R(A_n[\epsilon]) \longrightarrow h_R(A_{n-1}[\epsilon] \times_{A_{n-1}} A_n) & \xrightarrow{\ ob\ } & T^2 \otimes_{\mathbf{C}} (t^n \epsilon)
\end{array}
\qquad (3.14)
$$

を得る. $f \in h_R(A_n)$ に対して射 $h_R(A_n) \to h_R(A_{n-1}[\epsilon] \times_{A_{n-1}} A_n)$ による f の像を f' と置く. すでに説明したように $h_R(A_n[\epsilon]) \to h_R(A_{n-1}[\epsilon] \times_{A_{n-1}} A_n)$ は全射なので $ob(f') = 0$ である. このとき上の可換図式から $ob(f) = 0$ がしたがう. このことから $n \geq 1$ に対して $h_R(A_{n+1}) \to h_R(A_n)$ は常に全射である ($n = 0$ のときは $h_R(A_0)$ は 1 つの元からなるので全射性は明らかである). $\square$

$(X_0, \{\,,\,\})$ を $\mathbf{C}$ 上のポアソン代数概型とする. $(X, \{\,,\,\}_X)$ を $(X_0, \{\,,\,\})$ の $T = \mathrm{Spec}\, A$ 上のポアソン変形とする. この場合は, $T^1(X/A) = \mathrm{PD}(X/T, T[\epsilon])$ である. X_0 のポアソン変形関手 PD_{X_0} は射影極限的包を持つと仮定する. このとき, 上の定理と同様に, 次が成立する.

定理 3.2.3　ポアソン代数概型 X_0 が T^1-持ち上げの性質を持てば, PD_{X_0} は障害を持たない, すなわち PD_{X_0} の射影極限的包 R は正則局所環である.

系 3.2.4　$X_0 \subset \mathbf{C}^d$ を完全交差型アファイン代数多様体で高々孤立特異点しか持たないものとする. このとき D_{X_0} は障害を持たない.

証明.　r を X_0 の余次元, すなわち $r := d - \dim X_0$ とする. $X \to \mathrm{Spec}\, A_n$ を X_0 の変形としたとき, 埋め込み射 $X_0 \to \mathbf{C}^d$ は $\mathrm{Spec}\, A_n$-概型としての埋め込み射 $X \to \mathrm{Spec}\, A_n[x_1, \ldots, x_d]$ に拡張され, その定義イデアルは r 個の元で生成されていることを示そう. n の帰納法で証明する. 以後, 記号を簡略化するために, $A_n[x_1, \ldots, x_d]$ の代わりに $A_n[\mathbf{x}]$ と書こう. X の座標環を B とする. B は平坦な A_n-代数であり $B_0 := B \otimes_{A_n} A_0$ は X_0 の座標環に一致している. $\bar{B} := B \otimes_{A_n} A_{n-1}$ と置くと $\bar{B}$ は $\bar{X} := X \times_{\mathrm{Spec}\, A_n} \mathrm{Spec}\, A_{n-1}$ の座標環である. 帰納法の仮定から A_{n-1}-代数の全射 $\bar{\varphi} : A_{n-1}[\mathbf{x}] \to \bar{B}$ が存在して $\mathrm{Ker}(\bar{\varphi})$ はイデアルとして r 個の元 $\bar{f}_1, \ldots, \bar{f}_r$ で生成されている. 合成射 $A_n[\mathbf{x}] \to A_{n-1}[\mathbf{x}] \to \bar{B}$ を A_n-代数の準同型 $\varphi : A_n[\mathbf{x}] \to B$ にまでリフトすることができる. このとき次の可換図式を得る:

$$0 \longrightarrow \mathbf{C}[\mathbf{x}] \xrightarrow{t^n} A_n[\mathbf{x}] \longrightarrow A_{n-1}[\mathbf{x}] \longrightarrow 0$$

$$\varphi_0 \downarrow \qquad\qquad \varphi \downarrow \qquad\qquad \bar{\varphi} \downarrow \qquad\qquad\qquad (3.15)$$

$$0 \longrightarrow B_0 \xrightarrow{t^n} B \longrightarrow \bar{B} \longrightarrow 0$$

ここで φ_0 はもともとの埋め込み射 $X_0 \to \mathbf{C}^d$ に対応した環準同型である. $\bar{\varphi}$, φ_0 は全射なので φ も全射である. ここで $I := \mathrm{Ker}(\varphi)$, $\bar{I} := \mathrm{Ker}(\bar{\varphi})$, $I_0 := \mathrm{Ker}(\varphi_0)$ と置く. このとき I は A_n 上平坦であり $\bar{I} \otimes_{A_n} A_{n-1} = \bar{I}$ が成り立つ. $\bar{I}$ は $\bar{f}_1, \ldots, \bar{f}_r$ で生成されていた. 各 $\bar{f}_i$ のリフト $f_i \in I$ を取ったとき $f_1, \ldots, f_r$ が I を生成することを示そう. $I/t^n I = \bar{I}$ であり (t^n) は $A_n[x_1, \ldots, x_d]$ のヤコブソン根基に含まれている. $I = t^n I + (f_1, \ldots, f_r)$ なので中山の補題から $I = (f_1, \ldots, f_r)$ である.

補題 3.2.5 ケーラー微分加群の完全系列

$$I/I^2 \xrightarrow{d} \Omega^1_{A_n[\mathbf{x}]/A_n} \otimes_{A_n[\mathbf{x}]} B \to \Omega^1_{B/A_n} \to 0$$

において I/I^2 は自由 B-加群であり, d は単射である.

とりあえず補題を認めて系の証明を行おう. 補題を B と $\bar{B}$ に適用して完全系列の可換図式

$$0 \longrightarrow I/I^2 \longrightarrow \Omega^1_{A_n[\mathbf{x}]/A_n} \otimes_{A_n[\mathbf{x}]} B \longrightarrow \Omega^1_{B/A_n} \longrightarrow 0$$

$$\downarrow \qquad\qquad\qquad \downarrow \qquad\qquad\qquad \downarrow$$

$$0 \longrightarrow \bar{I}/\bar{I}^2 \longrightarrow \Omega^1_{A_{n-1}[\mathbf{x}]/A_{n-1}} \otimes_{A_{n-1}[\mathbf{x}]} \bar{B} \longrightarrow \Omega^1_{\bar{B}/A_{n-1}} \longrightarrow 0$$

$$(3.16)$$

を得る. この図式に $\mathrm{Hom}(\cdot, B)$-関手, $\mathrm{Hom}(\cdot, \bar{B})$ を施すことにより完全系列の可換図式

$$\mathrm{Hom}(I/I^2, B) \longrightarrow \mathrm{Ext}^1(\Omega^1_{B/A_n}, B) \longrightarrow 0$$

$$\beta \downarrow \qquad\qquad\qquad \gamma \downarrow \qquad\qquad\qquad\qquad (3.17)$$

$$\mathrm{Hom}(\bar{I}/\bar{I}^2, \bar{B}) \longrightarrow \mathrm{Ext}^1(\Omega^1_{\bar{B}/A_{n-1}}, \bar{B}) \longrightarrow 0$$

を得る. I/I^2 は自由 B-加群なので β は制限射

$$\mathrm{Hom}(I/I^2, B) \to \mathrm{Hom}(I/I^2, B) \otimes_B \bar{B}$$

とみなせるので全射である．したがって可換図式から γ も全射である．

補題の証明. f_i の $A_n[\mathbf{x}] \to \mathbf{C}[\mathbf{x}]$ による像を $(f_i)_0$ と書くと $(f_1)_0 = \cdots = (f_r)_0 = 0$ は $\mathbf{C}^d$ における X_0 の定義方程式である．$B = A_n[\mathbf{x}]/(f_1,\ldots,f_r)$ は A_n 上平坦で $\{(f_1)_0,\ldots,(f_r)_0\}$ は $\mathbf{C}[\mathbf{x}]$ の正則列なので $\{f_1,\ldots,f_r\}$ は $A_n[\mathbf{x}]$ の正則列である．$I = (f_1,\ldots,f_r)$ なので I/I^2 は自由 B-加群である．

$P \in \operatorname{Spec} B_0$ を非特異点とする．埋め込み $\operatorname{Spec} B_0 \to \operatorname{Spec} B$ によって P を B の素イデアルとみなす．このとき完全系列

$$(I/I^2)_P \xrightarrow{d_P} \Omega^1_{A_n[\mathbf{x}]/A_n} \otimes_{A_n[\mathbf{x}]} B_P \to (\Omega^1_{B/A_n})_P \to 0$$

を得るが，$\Omega^1_{A_n[\mathbf{x}]/A_n} \otimes_{A_n[\mathbf{x}]} B_P$ は階数 d の自由 B_P-加群，$(\Omega^1_{B/A_n})_P$ は階数 $d-r$ の自由 B_P-加群である．したがって $\operatorname{Im}(d_P)$ は階数 r の自由 B_P-加群である．このとき $(I/I^2)_P \to \operatorname{Im}(d_P)$ は階数 r の自由 B_P-加群の間の全射準同型なので，これは同型である．したがって d_P は単射である．

ここで単射性が問題になっていた $I/I^2 \xrightarrow{d} \Omega^1_{A_n[\mathbf{x}]/A_n} \otimes_{A_n[\mathbf{x}]} B$ において $\operatorname{Ker}(d)$ を考える．上の議論から $\operatorname{Ker}(d)$ の台は X_0 の特異点集合 Z に含まれる．B_0 は整域なので，$\Gamma_Z(B_0) = 0$ である．このとき，命題 1.3.2 の証明と同様の論法で $\Gamma_Z(B) = 0$ がわかる．したがって $\operatorname{Ker}(d) = 0$ である．□

系 3.2.6 (X_0, ω_0) を非特異シンプレクテイック代数多様体で，$H^1(X_0, \mathcal{O}_{X_0}) = H^2(X_0, \mathcal{O}_{X_0}) = 0$ を満たすものとする．このとき X_0 のポアソン変形関手 PD_{X_0} は障害を持たない．すなわち，PD_{X_0} の射影極限的包 R は正則局所環である．

証明. T^1-持ち上げの性質を示せばよいが，系 1.4.2 から，それは $H^2(X_0^{an}, A_n) \to H^2(X_0^{an}, A_{n-1})$ が全射であることと同じである．左辺は，$H^2(X_0^{an}, \mathbf{C}) \otimes_{\mathbf{C}} A_n$，右辺は，$H^2(X_0^{an}, \mathbf{C}) \otimes_{\mathbf{C}} A_{n-1}$ なので，全射性は明らかである．□

例 3.2.7

$$S = \{(x,y,z) \in \mathbf{C}^3 \mid f(x,y,z) = 0\}$$

を定理 2.4.18 のクライン特異点とする．

$$\mathbf{C}[x,y,z]\Big/\Big(f,\frac{\partial f}{\partial x},\frac{\partial f}{\partial y},\frac{\partial f}{\partial z}\Big) = \bigoplus_{1 \le i \le r} \mathbf{C}\bar{g}_i,$$

ただし $g_i \in \mathbf{C}[x,y,z]$ は斉次多項式

と書いて，$\mathcal{X} \subset \mathbf{C}^{r+3}$ を

$$f(x,y,z) + \sum_{1 \le i \le r} g_i(x,y,z)t_i = 0$$

によって定義する．このとき

$$\pi\colon \mathcal{X} \to \mathbf{C}^r, \quad (x,y,z,t_1,\dots,t_r) \mapsto (t_1,\dots,t_r)$$

は $\mathbf{A}^r$ をパラメーター空間とする $\pi^{-1}(0) = S$ の変形を与える．

$$\mathrm{Ext}^1(\Omega^1_S,\mathcal{O}_S) = \mathbf{C}[x,y,z]\Big/\Big(f,\frac{\partial f}{\partial x},\frac{\partial f}{\partial y},\frac{\partial f}{\partial z}\Big)$$

であることに注意すると，π の小平–スペンサー写像は

$$T_0\mathbf{C}^r \to \mathrm{Ext}^1(\Omega^1_S,\mathcal{O}_S), \quad \frac{\partial}{\partial t_i} \mapsto \bar{g}_i$$

で与えられる同型射である．変形関手 D_S の射影極限的包を R とすると，π により，射 $\phi\colon \hat{\mathbf{C}}^r \to \mathrm{Spec}\,R$ が決まり，両辺の接空間の間に $\mathbf{C}$-線形写像が誘導される．この射が小平–スペンサー写像に他ならない．$\mathbf{C}^r$ は非特異なので，小平–スペンサー写像が同型であることは，ϕ が同型であることを意味する．したがって π から決まる形式的変形族 $\{X_n\} \to \{T_n\}$, $T_n := \mathrm{Spec}\,\mathbf{C}[t_1,\dots,t_r]/(t_1,\dots,t_r)^{n+1}$ は射影極限的包の上にのっている変形族と同じものとみなせる．すなわち，π は S の**半普遍変形**である．

最後に重要な注意を1つしておく．x,y,z のウエイトは命題 2.4.17 と同じに取り，$wt(t_i)$ を $wt(f) = wt(g_i) + wt(t_i)$ となるように決める．このとき π は $\mathbf{C}^*$-同変写像になる．さらに，$t_1,\dots,t_r$ を適当に並び変えることによって $(wt(t_1),\dots,wt(t_r))$ は命題 2.4.17 の $(d_1,\dots,d_r)$ に一致するようにできる．この事実を使って $\pi\colon \mathcal{X} \to \mathbf{C}^r$ が $\mathfrak{g}$ の副正則べき零軌道に対するスロードウィー切片 $\varphi|_{\mathcal{S}}\colon \mathcal{S} \to \mathfrak{g}/\!/G$ と一致することを証明する (定理 4.4.2). □

第4章
特異点つきシンプレクティック代数多様体

　　特異点を持ったシンプレクティック代数多様体 X_0 は，有限個のシンプレクティックリーフに分割される．X_0 の非特異部分が最大のリーフであり，余次元 2 のリーフに沿って，クライン特異点が並んでいる．前半部では，X_0 のポアソン変形が，非特異部分と余次元 2 のリーフを合わせた部分のポアソン変形で完全に決定されることを示す．その後の節では，ポアソン変形関手の射影極限的表現性について考察する．応用として，2 章で構成したスロードウィー切片がクライン特異点の普遍ポアソン変形を与えることを証明する．

4.1 特異点つきシンプレクティック代数多様体

　　(X_0, ω_0) をシンプレクティック代数多様体とする．定理 1.2.2 より，X_0 は互いに交わらない有限個のシンプレクティックリーフ $\{Z_j\}$ の和集合になっている．Z_j は非特異な局所閉集合であり，X_0 のポアソン括弧積によって，Z_j はポアソン概型になる．こうして誘導された Z_j のポアソン構造は非退化なので，Z_j は非特異シンプレクティック代数多様体である．$(X_0)_{\text{reg}}$ と余次元 2 のシンプレクティックリーフをすべて合わせた集合を U_0 であらわす．さらに

$$\Sigma := X_0 - U_0, \quad \Sigma_{U_0} := \text{Sing}(U_0)$$

と置く．このとき Σ_{U_0} の各連結成分 $(\Sigma_{U_0})_i$ は余次元 2 のシンプレクティックリーフである．系 1.2.3 から，$x \in (\Sigma_{U_0})_i$ に対して，あるクライン特異点 $(S_i^{an}, 0)$ が存在して

$$(X_0^{an}, x) \cong (S_i^{an}, 0) \times (\mathbf{C}^{2d-2}, 0)$$

が成り立つ．もちろん $\text{Codim}_{X_0} \text{Sing}(X_0) \geq 4$ の場合は，$U_0 = (X_0)_{\text{reg}}$ である．

　　シンプレクティック形式 ω_0 は $(X_0)_{\text{reg}}$ 上にポアソン構造を定義するが，X_0

は正規多様体なので X_0 上のポアソン構造 $\{\,,\,\}_0$ に一意的に拡張される. U_0 は X_0 のポアソン構造を制限することでポアソン概型になる. $A \in (\mathrm{Art})_{\mathbf{C}}$ に対して $T = \operatorname{Spec} A$ の形の概型を**局所アルチン概型**と呼ぶ. $(X, \{\,,\,\}) \to T$ を $(X_0, \{\,,\,\}_0)$ の局所アルチン概型 T 上への拡張とする. $U := X|_{U_0}$ と置く. U は T 上のポアソン構造を持つ.

命題 4.1.1 (1) $\mathrm{PD}(X/T, T[\epsilon]) \cong \mathrm{PD}(U/T, T[\epsilon])$.

(2) $(X'/T[\epsilon], \{\,,\,\}')$ を $(X/T, \{\,,\,\})$ の $T[\epsilon]$ への拡張, $U' := X'|_U$, $\{\,,\,\}'_U := \{\,,\,\}'|_{U'}$ とすると

$$\mathrm{PAut}(X'/T'[\epsilon]; id|_X) \cong \mathrm{PAut}(U'/T[\epsilon]; id|_U).$$

証明. (1) X の (ポアソン構造を忘れて) 通常の変形としての $T[\epsilon]$ 上への拡張は $\mathrm{Ext}^1_{\mathcal{O}_X}(\Omega^1_{X/T}, \mathcal{O}_X)$ の元に対応している. 同様に U の通常の変形としての $T[\epsilon]$ 上への拡張は $\mathrm{Ext}^1_{\mathcal{O}_U}(\Omega^1_{U/T}, \mathcal{O}_U)$ の元に対応している. このとき制限射

$$\mathrm{Ext}^1_{\mathcal{O}_X}(\Omega^1_{X/T}, \mathcal{O}_X) \to \mathrm{Ext}^1_{\mathcal{O}_U}(\Omega^1_{U/T}, \mathcal{O}_U)$$

は同型になる. 実際, 完全系列

$$0 \to \mathcal{O}_U \to E \to \Omega^1_{U/T} \to 0$$

が与えられたとする. このとき $j\colon U \to X$ を埋め込み写像とすると, 完全系列

$$0 \to j_*\mathcal{O}_U \to j_*E \to j_*\Omega^1_{U/T} \to R^1 j_*\mathcal{O}_U$$

が存在するが, ここで $j_*\mathcal{O}_U = \mathcal{O}_X, R^1 j_*\mathcal{O}_U = 0$ である. このことを示すためには完全系列

$$0 \to \mathcal{H}^0_\Sigma(\mathcal{O}_X) \to \mathcal{O}_X \to j_*\mathcal{O}_U \to \mathcal{H}^1_\Sigma(\mathcal{O}_X) \to 0$$

と同型射 $R^1 j_*\mathcal{O}_U \cong \mathcal{H}^2_\Sigma(\mathcal{O}_X)$ が存在することに注意する. このとき X_0 がコーエン–マコーレーで $\mathrm{Codim}_{X_0}\Sigma \geq 3$ なので $\mathcal{H}^i_\Sigma(\mathcal{O}_X) = 0 \ (i = 0, 1, 2)$ が成り立つ. したがって $j_*\mathcal{O}_U = \mathcal{O}_X, R^1 j_*\mathcal{O}_U = 0$ である. このことから完全系列

$$0 \to \mathcal{O}_X \to j_*E \to j_*\Omega^1_{U/T} \to 0$$

が得られたことになる. 最後に自然な射 $\Omega^1_{X/T} \to j_*\Omega^1_{U/T}$ によって完全系列

$0 \to \mathcal{O}_X \to \bar{E} \to \Omega^1_{X/T} \to 0$ を得る. この対応が制限射の逆写像を与える
ので, 制限射は同型である. さて U の $T[\epsilon]$ への拡張 $\mathcal{U}$ に対してポアソン構造
$\{\,,\,\}_U$ の拡張 $\{\,,\,\}_{\mathcal{U}}$ が与えられたとする. 上の議論から $\mathcal{U}$ は X の $S[\epsilon]$ へのあ
る拡張 $\mathcal{X}$ を U に制限したものになっている. $j_*\mathcal{O}_{\mathcal{U}} = \mathcal{O}_{\mathcal{X}}$ なので, ポアソン
構造 $\{\,,\,\}_{\mathcal{U}}$ は $\mathcal{X}$ 上のポアソン構造 $\{\,,\,\}_{\mathcal{X}}$ に一意的に拡張される. したがって
(1) が示せた.

(2) $\Theta_{X/T} := \underline{\mathrm{Hom}}(\Omega^1_{X/T}, \mathcal{O}_X)$ と置いたとき $\Theta_{X/T} \cong j_*\Theta_{U/T}$ が成り立
つ. これを示すには $\mathcal{H}^0_\Sigma(\Theta_{X/T}) = \mathcal{H}^1_\Sigma(\Theta_{X/T}) = 0$ を示せばよい. 局所的に
$\Omega^1_{X/T}$ は自由 $\mathcal{O}_X$-加群 E, F を用いて $E \xrightarrow{\alpha} F \to \Omega^1_{X/T} \to 0$ とあらわされる.
これの双対を考えると完全系列 $0 \to \Theta_{X/T} \to E^* \xrightarrow{\alpha^*} F^*$ を得る. このとき
$\mathcal{H}^0_\Sigma(\Theta_{X/T}) \subset \mathcal{H}^0_\Sigma(E^*)$ である. $\mathcal{H}^0_\Sigma(E^*) = 0$ であることから $\mathcal{H}^0_\Sigma(\Theta_{X/T}) = 0$
がわかる. 次に $G := \mathrm{Im}(\alpha^*)$ と置くと $G \subset F^*$ なので $\mathcal{H}^0_\Sigma(G) = 0$ が成り立
つ. 最後に完全系列

$$0 \to \Theta_{X/T} \to E^* \to G \to 0$$

から完全系列

$$\mathcal{H}^0_\Sigma(G) \to \mathcal{H}^1_\Sigma(\Theta_{X/T}) \to \mathcal{H}^1_\Sigma(E^*)$$

を得る. 第1項と第3項はともに 0 なので $\mathcal{H}^1_\Sigma(\Theta_{X/T}) = 0$ である.

さて $\Theta_{X/T} \cong j_*\Theta_{U/T}$ なので $H^0(X, \Theta_{X/T}) \cong H^0(U, \Theta_{U/T})$ である.
したがって $\mathrm{PAut}(U'/T[\epsilon]; id|_U)$ の元 ϕ は $\mathrm{Aut}(U'/T[\epsilon]; id|_U)$ の元として
$\mathrm{Aut}(X'/T[\epsilon]; id|_X)$ の元 $\bar{\phi}$ まで拡張できる. この拡張は一意的である. $\mathcal{O}_{X'} =$
$j_*\mathcal{O}_{U'}$ なので ϕ がポアソン構造 $\{\,,\,\}'_{U'}$ を保てば $\bar{\phi}$ もポアソン構造 $\{\,,\,\}'$ を保
つ. したがって $\mathrm{PAut}(X'/T[\epsilon]; id|_X) \cong \mathrm{PAut}(U'/T[\epsilon]; id|_U)$ である. $\square$

次に U_0 のポアソン変形がどのようなものなのか考えよう. $x \in U_0^{an}$ を特異点
とする. このとき適当なクライン特異点 $(S^{an}, 0)$ に対して複素解析空間の芽の
同型射 $\phi: (U_0^{an}, x) \cong (S^{an}, 0) \times (\mathbf{C}^{2d-2}, 0)$ が存在した. $S = \{f(x, y, z) =$
$0\} \subset \mathbf{C}^3$ なので, $\omega_S := \mathrm{Res}_S(\frac{dx \wedge dy \wedge dz}{f})$ は S_{reg} のシンプレクティック形式
である. また

$$\omega_{\mathbf{C}^{2d-2}} := ds_1 \wedge dt_1 + \cdots + ds_{d-1} \wedge dt_{d-1}$$

を $\mathbf{C}^{2d-2}$ の上の標準的シンプレクティック形式とする. 最後に $(X_0)_{\mathrm{reg}}$ のシンプレクティック形式 ω を $(U_0)_{\mathrm{reg}}$ に制限したものを同じ ω であらわすことにする. このとき次のダルブー型補題が成り立つ.

補題 4.1.2 同型射 ϕ を $\omega = \phi^*(p_1^*\omega_{S^{an}} + p_2^*\omega_{\mathbf{C}^{2d-2}})$ が成り立つように取れる. ここで p_i は $(S^{an},0) \times (\mathbf{C}^{2d-2},0)$ の第 i-成分への射影をあらわすものとする.

証明. $\omega_0 := p_1^*\omega_{S^{an}} + p_2^*\omega_{\mathbf{C}^{2d-2}}$ と置き, $(S^{an},0) \times (\mathbf{C}^{2d-2},0)$ 上の任意のシンプレクティック形式 ω_1 を取る. $(S^{an},0) \times (\mathbf{C}^{2d-2},0)$ の自己同型射 φ で $\varphi^*\omega_1 = \omega_0$ となるものを構成すればよい. まず $(S^{an},0)$ は $SL(2,\mathbf{Z})$ の適当な有限部分群 G を用いて $(S^{an},0) = (\mathbf{C}^2,0)/G$ と書けることに注意する. $\pi\colon (\mathbf{C}^2,0) \to (S^{an},0)$ を自然な射影とすると, G による商写像

$$\pi \times id\colon (\mathbf{C}^2,0) \times (\mathbf{C}^{2d-2},0) \to (S^{an},0) \times (\mathbf{C}^{2d-2},0)$$

が存在する. このとき

$$\tilde{\omega}_i := (\pi \times id)^*\omega_i, \ i = 0,1$$

と置く. 定義から $\tilde{\omega}_i$ は $(\mathbf{C}^2,0) \times (\mathbf{C}^{2d-2},0)$ 上の G-不変なシンプレクティック形式である. $(\mathbf{C}^2,0) \times (\mathbf{C}^{2d-2},0)$ の G-同変自己同型 $\tilde{\varphi}$ で $\tilde{\varphi}^*\tilde{\omega}_1 = \tilde{\omega}_0$ であるようなものを構成すればよい. $(\mathbf{C}^2,0)$ の座標を (x,y), $(\mathbf{C}^{2d-2},0)$ の座標を $(s_1,\ldots,s_{d-1},t_1,\ldots,t_{d-1})$ とする. $\tilde{\omega}_i$ を $\mathbf{C}^{2d}$ の原点に制限したものを $\tilde{\omega}_i(\mathbf{0}) \in T_{\mathbf{C}^{2d},\mathbf{0}}$ とする. 定義から, ある $a \in \mathbf{C} - 0$ を用いて

$$\tilde{\omega}_0(\mathbf{0}) = a\,dx \wedge dy + \sum ds_i \wedge dt_i$$

と書ける. $\tilde{\omega}_1(\mathbf{0})$ のほうも同様の表示を行う. その前に座標 (x,y) を適当に線形変換して G は

$$\begin{pmatrix} \zeta & 0 \\ 0 & \zeta^{-1} \end{pmatrix}$$

の形の元を含んでいるとしてよい. ただし ζ はある $l > 1$ に対する 1 の原始 l-乗根である. $\tilde{\omega}_1$ は G-不変なので $\tilde{\omega}_1(\mathbf{0})$ は $dx \wedge ds_i$, $dx \wedge dt_j$, $dy \wedge ds_i$, $dy \wedge dt_j$ の

項を含まない．そこで適当なスカラー倍同型写像 $c\colon (\mathbf{C}^2, 0) \to (\mathbf{C}^2, 0)$ と同型射 $\sigma\colon (\mathbf{C}^{2d-2}, 0) \to (\mathbf{C}^{2d-2}, 0)$ を用いて同型射 $c \times \sigma\colon (\mathbf{C}^2, 0) \times (\mathbf{C}^{2d-2}, 0) \to (\mathbf{C}^2, 0) \times (\mathbf{C}^{2d-2}, 0)$ を考えると

$$(c \times \sigma)^*(\tilde{\omega}_1)(\mathbf{0}) = a\,dx \wedge dy + \sum ds_i \wedge dt_i$$

とすることができる．以後 $\tilde{\omega}_2 := (c \times \sigma)^*(\tilde{\omega}_1)$ と置く．$c \times \sigma$ は G-同変射なので $\tilde{\omega}_2$ は G-不変なシンプレクティック形式である．$\tilde{\omega}_2$ の作り方から $\tilde{\omega}_0(\mathbf{0}) = \tilde{\omega}_2(\mathbf{0})$ である．モーザーの方法によって $(\mathbf{C}^{2d}, 0)$ $(= (\mathbf{C}^{2d-2}, 0) \times (\mathbf{C}^2, 0))$ の G-同変自己同型族 $\{\varphi_t\}_{0 \le t \le 1}$ で $\varphi_0 = id$, $\varphi_1^*(\tilde{\omega}_2) = \tilde{\omega}_0$ を満たすものを構成する．もしこのような自己同型族が構成できたならば，$\tilde{\varphi} := \varphi_1 \circ (c \times \sigma)$ と置くと $\tilde{\varphi}$ は

$$\tilde{\omega}_0 = \tilde{\varphi}^*(\tilde{\omega}_1)$$

を満たす．$\tilde{\varphi}$ は G-同変射なので $(S^{an}, 0) \times (\mathbf{C}^{2d-2}, 0)$ の自己同型 φ を引き起こす．このとき

$$\omega_0 = \varphi^*\omega_1$$

が成り立ち，$\phi := \varphi^{-1}$ と置けば補題が証明されたことになる．

$\{\varphi_t\}_{0 \le t \le 1}$ の構成：$t \in [0, 1]$ に対して

$$\omega(t) := (1 - t)\tilde{\omega}_0 + t\tilde{\omega}_2$$

と置く．このとき

$$u := \frac{d\omega(t)}{dt}$$

は t によらない $(\mathbf{C}^2, 0) \times (\mathbf{C}^{2d-2}, 0)$ 上の 2-形式である．$(S^{an}, 0) \times (\mathbf{C}^{2d-2}, 0)$ は高々商特異点しか持たないので $((\pi \times id)_*^G \Omega_{(\mathbf{C}^2,0) \times (\mathbf{C}^{2d-2},0)}^{\cdot}, d)$ は $(S^{an}, 0) \times (\mathbf{C}^{2d-2}, 0)$ 上の定数層 $\mathbf{C}$ と擬同型である．u は $(\pi \times id)_*^G \Omega_{(\mathbf{C}^2,0) \times (\mathbf{C}^{2d-2},0)}^2$ の切断である．さらに u は d-閉なので，ある G-不変な 1-形式 v を用いて $u = dv$ と書ける．さらにこのとき $v(\mathbf{0}) = 0$ であると仮定できる．$(\mathbf{C}^{2d}, 0)$ 上のベクトル場 X_t を

$$i_{X_t}\omega(t) = -v$$

によって定義する．

$$L_{X_t}\omega(t) = d(i_{X_t}\omega(t)) + i_{X_t}d\omega(t) = d(i_{X_t}\omega(t)) = -u$$

である．このときベクトル場 $\{X_t\}$ は，条件

$$\frac{d\varphi_t}{dt} = X_t(\varphi_t), \ \varphi_0 = id$$

を満たすように $0 \in \mathbf{C}^{2d}$ の十分小さな近傍 V から $\mathbf{C}^{2d}$ への開埋め込み族 $\varphi_t \colon V \to \mathbf{C}^{2d}$ を定義する．このとき

$$\frac{d}{dt}\varphi_t^*\omega(t) = \varphi_t^*\left(L_{X_t}\omega(t) + \frac{d\omega(t)}{dt}\right) = \varphi_t^*(-u+u) = 0$$

となるので $\varphi_t^*\omega(t) = \tilde{\omega}_0$ が成り立つ．特に $t = 1$ と置けば $\varphi_1^*\tilde{\omega}_2 = \tilde{\omega}_0$ である． $\square$

(U_0^{an}, x) の複素解析空間としての無限小変形は $\mathrm{Ext}^1(\Omega^1_{U_0^{an}, x}, \mathcal{O}_{U_0^{an}, x})$ によって記述される．この空間は一般に $\mathbf{C}$-ベクトル空間としては無限次元である．しかしこれとは対照的にポアソン変形は非常に限られたものになる．

命題 4.1.3 $S := \{(x, y, z) \in \mathbf{C}^3, f(x, y, z) = 0\}$ をクライン特異点として $\{\ ,\ \}_S$ を S_{reg} のシンプレクティック構造 ω_S から決まるポアソン積とする．$(\mathbf{C}^{2d-2}, 0)$ の標準的シンプレクティック構造 $\omega_{\mathbf{C}^{2d-2}}$ から決まるポアソン積を $\{\ ,\ \}_{\mathbf{C}^{2d-2}}$ とする．このとき V を $(0, 0) \in S^{an} \times \mathbf{C}^{2d-2}$ の可縮なスタイン開近傍として，複素解析空間の芽 $(V, 0) = (S^{an}, 0) \times (\mathbf{C}^{2d-2}, 0)$ を $\{\ ,\ \}_S$, $\{\ ,\ \}_{\mathbf{C}^{2d-2}}$ の積によってポアソン複素解析空間とみなす．$\mathcal{V} \to \mathrm{Spec}\,\mathbf{C}[\epsilon]$ を $(V, 0)$ のポアソン無限小変形とする．このときポアソン変形の同型射

$$(\mathcal{V}, 0) \cong (\mathcal{S}_1, 0) \times (\mathbf{C}^{2d-2}, 0)$$

が存在する．ただし $(\mathcal{S}_1, 0)$ は $(S^{an}, 0)$ の 1 次無限小ポアソン変形である．

証明． 3 つのプロセスに分けて証明する．

(i) 複素解析空間の変形としての同型 $(\mathcal{V}, 0) \cong (\mathcal{S}_1, 0) \times (\mathbf{C}^{2d-2}, 0)$ が存在する．

(ii) $\mathrm{PD}_{(V,0)}(\mathbf{C}[\epsilon]) \to \mathrm{D}_{(V,0)}(\mathbf{C}[\epsilon])$ は単射である．

(iii) $\mathrm{PD}_{(S^{an},0)}(\mathbf{C}[\epsilon]) \to \mathrm{D}_{(S^{an},0)}(\mathbf{C}[\epsilon])$ は全射である（実は全単射である）．

(i), (ii), (iii) がすべて証明されたとしよう．(i) からポアソン無限小変形 $(\mathcal{V}_1, 0)$

は通常の変形としては $(\mathcal{V}, 0) \cong (\mathcal{S}_1, 0) \times (\mathbf{C}^{2d-2}, 0)$ の形である．一方 (iii) から $(\mathcal{S}_1, 0)$ に $(S^{an}, 0)$ 上のポアソン変形を拡張することができる．したがって $(\mathcal{S}_1, 0) \times (\mathbf{C}^{2d-2}, 0)$ に直積ポアソン構造を入れることにより $(\mathcal{V}, 0)$ は $(V, 0)$ の無限小ポアソン変形だと思うことができる．ここで (ii) を用いると，こうして作った $(\mathcal{V}, 0)$ 上のポアソン構造は最初に $(\mathcal{V}, 0)$ に与えられたポアソン構造と同値であることがわかる．

まず (i) から示す．$\mathbf{s} = (s_1, \dots, s_{2d-2})$ を $\mathbf{C}^{2d-2}$ の座標で

$$\omega_{\mathbf{C}^{2d-2}} = ds_1 \wedge ds_2 + \cdots + ds_{2d-3} \wedge ds_{2d-2}$$

となるものとする．$f_1, \dots, f_\tau \in \mathbf{C}\{x, y, z\}$ が $\mathbf{C}$-ベクトル空間 $\mathbf{C}\{x, y, z\} / (f, \frac{\partial f}{\partial x}, \frac{\partial f}{\partial y}, \frac{\partial f}{\partial z})$ の基底を与えているものとする．無限小変形 $\mathcal{V}_1$ はある $g_1, \dots, g_\tau \in \mathbf{C}\{\mathbf{s}\}$ を用いて

$$f(x, y, z) + \epsilon(f_1(x, y, z) \cdot g_1(\mathbf{s}) + \cdots + f_\tau(x, y, z) \cdot g_\tau(\mathbf{s})) = 0$$

と書ける．g_i がすべて定数であることを証明すればよい．$\{\,,\,\}$ を V のポアソン積とする．定義から

$$\{x, s_i\} = \{y, s_i\} = \{z, s_i\} = 0 \ \in \mathcal{O}_{V,0}$$

である．$\{\,,\,\}'$ を $\mathcal{V}$ 上のポアソン積とする．これは $\{\,,\,\}$ を $\mathcal{V}$ 上に拡張したものである．したがって，適当な元 $\alpha_i, \beta_i, \gamma_i \in \mathcal{O}_{V,0}$ を用いて

$$\{x, s_i\}' = \epsilon\alpha_i, \ \{y, s_i\}' = \epsilon\beta_i, \ \{z, s_i\}' = \epsilon\gamma_i$$

と書ける．ところで $f + \epsilon(f_1 g_1 + \cdots + f_\tau g_\tau) = 0 \in \mathcal{O}_{V,0}$ なので

$$\{f + \epsilon(f_1 g_1 + \cdots + f_\tau g_\tau), s_i\}' = 0$$

が成り立つ．左辺を計算すると

$$\frac{\partial f}{\partial x} \cdot \{x, s_i\}' + \frac{\partial f}{\partial y} \cdot \{y, s_i\}' + \frac{\partial f}{\partial z} \cdot \{z, s_i\}'$$

$$+ \epsilon\left(\sum_{1 \le j \le \tau} f_j \{g_j, s_i\} + \sum_{1 \le j \le \tau} g_j \{f_j, s_i\} \right) = 0$$

を得る．ここで $\{f_j, s_i\} = 0$ であることに注意する．i を奇数とすると

$$\{g_j, s_i\} = \frac{\partial g_j}{\partial s_{i+1}} \cdot \{s_{i+1}, s_i\} = -\frac{\partial g_j}{\partial s_{i+1}}$$

であり，i が偶数のときは

$$\{g_j, s_i\} = \frac{\partial g_j}{\partial s_{i-1}} \cdot \{s_{i-1}, s_i\} = \frac{\partial g_j}{\partial s_{i-1}}$$

が成り立つ．したがって i が奇数のときには

$$\epsilon \left(\frac{\partial f}{\partial x} \cdot \alpha_i + \frac{\partial f}{\partial y} \cdot \beta_i + \frac{\partial f}{\partial z} \cdot \gamma_i - \sum_{1 \le j \le \tau} f_j \frac{\partial g_j}{\partial s_{i+1}} \right) = 0$$

が成り立つ．これは $\mathcal{O}_{V,0} = \mathbf{C}\{x, y, z, \mathbf{s}\}/(f)$ において

$$\frac{\partial f}{\partial x} \cdot \alpha_i + \frac{\partial f}{\partial y} \cdot \beta_i + \frac{\partial f}{\partial z} \cdot \gamma_i - \sum_{1 \le j \le \tau} f_j \frac{\partial g_j}{\partial s_{i+1}} = 0$$

が成り立つことを意味する．この等式を $\mathbf{C}\{x, y, z, \mathbf{s}\}/(f, \frac{\partial f}{\partial x}, \frac{\partial f}{\partial y}, \frac{\partial f}{\partial z})$ の中で考えると

$$-\sum_{1 \le j \le \tau} f_j \frac{\partial g_j}{\partial s_{i+1}} = 0$$

が成り立つ．したがって任意の j に対して

$$\frac{\partial g_j}{\partial s_{i+1}} = 0 \in \mathbf{C}\{\mathbf{s}\}$$

であることがわかる．i が偶数のときも同様にして，任意の j に対して

$$\frac{\partial g_j}{\partial s_{i-1}} = 0 \in \mathbf{C}\{\mathbf{s}\}$$

であることがわかる．結局 g_j はすべて定数である．

(ii) の証明を始めよう．

$$\mathrm{PD}_{lt,(V,0)}(\mathbf{C}[\epsilon]) := \mathrm{Ker}[\mathrm{PD}_{(V,0)}(\mathbf{C}[\epsilon]) \to \mathrm{D}_{(V,0)}(\mathbf{C}[\epsilon])]$$

と定義する．$\mathrm{PD}_{lt,(V,0)}[\mathbf{C}[\epsilon]] = 0$ を示せばよい．非特異なポアソン複素解析空間に対してもリヒャネロウィッツ–ポアソン複体が定義できる．ここでは V_{reg} 上のリヒャネロウィッツ–ポアソン複体 $(\Theta_{V_{\mathrm{reg}}}^{\ge 1}, \delta)$ について考える．$j: V_{\mathrm{reg}} \to V$ を自然な埋め込み写像とする．このとき，複体 $\Gamma(V, j_*(\Theta_{V_{\mathrm{reg}}}^{\ge 1}))$ の i 次コホモロジーを $H^i(\Gamma(V, j_*(\Theta_{V_{\mathrm{reg}}}^{\ge 1})))$ であらわす．次が成り立つ：

補題 4.1.4

$$\mathrm{PD}_{lt,(V,0)}(\mathbf{C}[\epsilon]) = H^2(\Gamma(V, j_*(\Theta^{\geq 1}_{V_{\mathrm{reg}}}))).$$

証明. $H^2(\Gamma(V_{\mathrm{reg}}, \Theta^{\geq 1}_{V_{\mathrm{reg}}}))$ は, V_{reg} のポアソン構造の $V_{\mathrm{reg}} \times \mathrm{Spec}\,\mathbf{C}[\epsilon] \to$ $\mathrm{Spec}\,\mathbf{C}[\epsilon]$ への拡張 (の同値類) 全体の集合と一致する. ここで $\mathrm{Spec}\,\mathbf{C}[\epsilon]$ は 1 点の上に構造層 $\mathbf{C}[\epsilon]$ がのった複素解析空間を意味する. 実際 $\psi \in \Gamma(V_{\mathrm{reg}}, \wedge^2 \Theta_{V_{\mathrm{reg}}})$ に対して, $\mathcal{O}_{V_{\mathrm{reg}}} \oplus \epsilon \mathcal{O}_{V_{\mathrm{reg}}}$ 上のブラケット積 $\{\,,\,\}_\epsilon$ が

$$\{f + \epsilon f', g + \epsilon g'\}_\epsilon := \{f, g\} + \epsilon(\psi(df \wedge dg) + \{f, g'\} + \{f', g\})$$

によって決まる. $\delta(\psi) = 0$ であることと, このブラケット積がポアソン積であることは同値である. 一方で $\Gamma(V_{\mathrm{reg}}, \Theta_{V_{\mathrm{reg}}})$ の元 θ は $V_{\mathrm{reg}} \times \mathrm{Spec}\,\mathbf{C}[\epsilon]$ の $\mathrm{Spec}\,\mathbf{C}[\epsilon]$ 上の自己同型 φ_θ で原点上のファイバー V_{reg} 上に制限すると恒等射になるようなものに対応する. 今, ψ とは別に $\psi' \in \Gamma(V_{\mathrm{reg}}, \wedge^2 \Theta_{V_{\mathrm{reg}}})$ で $\delta(\psi') = 0$ となるようなものを取り, ψ' の定めるポアソン積を $\{\,,\,\}'_\epsilon$ とする. このとき 2 つのポアソン積 $\{\,,\,\}_\epsilon$ と $\{\,,\,\}'_\epsilon$ が自己同型 φ_θ で移りあうための必要十分条件が $\psi - \psi' = \delta(\theta)$ であることに他ならない.

さて $\mathrm{PD}_{lt,(V,0)}(\mathbf{C}[\epsilon])$ の元が与えられたとする. この元に対応して V のポアソン構造が $V \times \mathrm{Spec}\,\mathbf{C}[\epsilon]$ 上に拡張される. このポアソン構造を $V_{\mathrm{reg}} \times \mathrm{Spec}\,\mathbf{C}[\epsilon]$ に制限する. こうして得られたポアソン構造は最初に示した対応によって $H^2(\Gamma(V, j_*(\Theta^{\geq 1}_{V_{\mathrm{reg}}})))$ の元を与える. 逆に $H^2(\Gamma(V, j_*(\Theta^{\geq 1}_{V_{\mathrm{reg}}})))$ の元が与えられたとすると V_{reg} のポアソン構造の $V_{\mathrm{reg}} \times \mathrm{Spec}\,\mathbf{C}[\epsilon]$ 上への拡張が得られる. このポアソン構造は $V \times \mathrm{Spec}\,\mathbf{C}[\epsilon]$ 上のポアソン構造に一意的に延長される. $\square$

V_{reg} 上のシンプレクティック形式を用いると $(\Theta^{\geq 1}_{V_{\mathrm{reg}}}, \delta)$ と $(\Omega^{\geq 1}_{V_{\mathrm{reg}}}, d)$ は同一視される. したがって補題は $\mathrm{PD}_{lt,(V,0)}(\mathbf{C}[\epsilon]) = H^2(\Gamma(V, j_*(\Omega^{\geq 1}_{V_{\mathrm{reg}}})))$ と読み換えることができる. 今 V は商特異点なのでドラーム複体

$$0 \to \mathbf{C}_V \to j_*\mathcal{O}_{V_{\mathrm{reg}}} \xrightarrow{d} j_*\Omega^1_{V_{\mathrm{reg}}} \xrightarrow{d} j_*\Omega^2_{V_{\mathrm{reg}}} \xrightarrow{d} \cdots$$

は完全系列である. このことから $H^2(\Gamma(V, j_*(\Omega^{\geq 1}_{V_{\mathrm{reg}}}))) = 0$ であることがわかる. これで (ii) の証明が完了した.

(iii) 例 3.2.7 で作った S の変形 $\pi\colon \mathcal{X} \to \mathbf{C}^r$ を考える. さらに

$$\omega_{\mathcal{X}/\mathbf{C}^r} := \mathrm{Res}\left(\frac{dx \wedge dy \wedge dz}{f(x, y, z) + \sum_{1 \leq i \leq r} g_i t_i} \right)$$

によって $\mathcal{X}_{\mathrm{reg}}$ 上にシンプレクティック相対 2-形式を定義する．$\omega_{\mathcal{X}/\mathbf{C}^r}$ を用いて $\mathcal{X}$ 上にポアソン構造 $\{,\}_{\mathcal{X}}$ を定め，$\mathcal{X} \to \mathbf{C}^r$ を $(S, \{,\})$ のポアソン変形と思うことができる．π から誘導される複素解析空間の芽の間の射 $\pi^{an}|_{(\mathcal{X}^{an}, 0)} : (\mathcal{X}^{an}, 0) \to (\mathbf{C}^r, 0)$ は $(S^{an}, 0)$ の半普遍変形を与える．したがって小平–スペンサー写像 $\kappa : T_{\mathbf{C}^r, 0} \to \mathrm{D}_{(S^{an}, 0)}(\mathbf{C}[\epsilon])$ は同型射である．一方 π^{an} は $(S^{an}, 0)$ のポアソン変形でもあるので κ はポアソン–小平–スペンサー写像 $p\kappa : T_{\mathbf{C}^r, 0} \to \mathrm{PD}_{(S^{an}, 0)}(\mathbf{C}[\epsilon])$ を経由する：

$$\kappa : T_{\mathbf{C}^r, 0} \overset{p\kappa}{\to} \mathrm{PD}_{(S^{an}, 0)}(\mathbf{C}[\epsilon]) \to \mathrm{D}_{(S^{an}, 0)}(\mathbf{C}[\epsilon]).$$

特に $\mathrm{PD}_{(S^{an}, 0)}(\mathbf{C}[\epsilon]) \to \mathrm{D}_{(S^{an}, 0)}(\mathbf{C}[\epsilon])$ は全射である．補題 4.1.4 と全く同じ議論から $\mathrm{PD}_{lt, (S^{an}, 0)}(\mathbf{C}[\epsilon]) = 0$ である．したがってこの射は単射でもある． $\square$

U_0^{an} 上の連接層 $T_{U_0^{an}}^1$ を $T_{U_0^{an}}^1 := \underline{\mathrm{Ext}}^1(\Omega_{U_0^{an}}, \mathcal{O}_{U_0^{an}})$ によって定義する．U_0^{an} の各開集合 V に対して V の 1 次無限小変形の同値類全体からなる $\mathbf{C}$-ベクトル空間を対応させる前層を考える．このときこの前層を層化して得られる層が $T_{U_0^{an}}^1$ に他ならない．一方，U_0^{an} の各開集合 V に V の 1 次無限小ポアソン変形の同値類全体からなる $\mathbf{C}$-ベクトル空間を対応させる前層を考え，それを層化してできる層のことを $PT_{U_0^{an}}^1$ と書く．2 つの層 $T_{U_0^{an}}^1$, $PT_{U_0^{an}}^1$ の台はともに $\Sigma_{U_0}^{an}$ に一致している．ポアソン構造を忘れることによって自然な $\mathbf{C}$-ベクトル空間の層の準同型

$$PT_{U_0^{an}}^1 \to T_{U_0^{an}}^1$$

が存在する．次が成立する．

補題 4.1.5 $PT_{U_0^{an}}^1$ は $\Sigma_{U_0}^{an}$ 上の有限次元 $\mathbf{C}$-ベクトル空間の局所系である．さらに射 $PT_{U_0^{an}}^1 \to T_{U_0^{an}}^1$ は単射であり，これによって $PT_{U_0^{an}}^1$ は $T_{U_0^{an}}^1$ の部分層とみなせる．

証明． 補題 4.1.2 から，U_0^{an} を開被覆 $\{U_\alpha\}$ で覆って，各 α に対してポアソン複素解析空間としての開埋め込み $\phi_\alpha : U_\alpha \to S^{an} \times \mathbf{C}^{2d-2}$ が存在すると

してよい. このとき命題 4.1.3 より

$$PT^1_{U^{an}_0}|_{U_\alpha} = (p_1 \circ \phi_\alpha)^{-1} T^1_{S^{an}}$$

であり, 一方で

$$T^1_{U^{an}_0}|_{U_\alpha} = (p_1 \circ \phi_\alpha)^* T^1_{S^{an}}$$

が成り立つ. □

PD_{U_0} の部分関手 PD_{lt,U_0} を次で定義する.

$\mathrm{PD}_{lt,U_0}(A) = \{U_0$ の $\mathrm{Spec}\, A$ 上のポアソン変形で

通常の変形としては局所自明なものの同値類$\}$

ここで U_0 の代数的概型としての変形が局所自明であることと, それを U^{an}_0 の変形として見たときに局所自明であることは同値であることに注意する.

$j : (U_0)_{\mathrm{reg}} \to U_0$ を自然な埋め込み写像, $(\Theta^{\geq 1}_{(U_0)_{\mathrm{reg}}}, \delta)$ を $(U_0)_{\mathrm{reg}}$ 上のリヒャネロウィッツ–ポアソン複体とする. このとき次が成り立つ.

命題 4.1.6　$\mathrm{PD}_{lt,U_0}(\mathbf{C}[\epsilon]) = \mathbf{H}^2(U_0, j_*\Theta^{\geq 1}_{(U_0)_{\mathrm{reg}}})$. さらに $H^i(X_0, \mathcal{O}_{X_0}) = 0$ $(1 \leq i \leq 3)$ であれば $\mathbf{H}^2(U_0, j_*\Theta^{\geq 1}_{(U_0)_{\mathrm{reg}}}) \cong H^2(U^{an}_0, \mathbf{C})$ が成り立つ.

証明.　U_0 をアファイン開集合族 $\{U_\alpha\}_{\alpha \in \Lambda}$ で被覆する. $j_\alpha : (U_\alpha)_{\mathrm{reg}} \to U_\alpha$ を自然な開埋め込みとする. 複素代数多様体の 1 次無限小変形が複素解析空間の 1 次無限小変形として局所的に自明であれば代数多様体の変形としても局所的に自明であり, さらに複素代数多様体がアファインであればそれは自明な変形である. このことに注意すると, 補題 4.1.4 と全く同様にして

$$\mathrm{PD}_{lt,U_\alpha}(\mathbf{C}[\epsilon]) = H^2(\Gamma(U_\alpha, (j_\alpha)_*\Theta^{\geq 1}_{(U_\alpha)_{\mathrm{reg}}}))$$

が成り立つことがわかる. このとき, 命題 1.4.1 の証明で使ったチェックコホモロジーの議論から $\mathrm{PD}_{lt,U_0}(\mathbf{C}[\epsilon]) = \mathbf{H}^2(U_0, j_*\Theta^{\geq 1}_{(U_0)_{\mathrm{reg}}})$ であることがしたがう. $(U_0)_{\mathrm{reg}}$ 上のシンプレクティック形式 ω を用いて $(j_*\Theta^{\geq 1}_{(U_0)_{\mathrm{reg}}}, \delta)$ を複体 $(j_*\Omega^{\geq 1}_{(U_0)_{\mathrm{reg}}}, d)$ と同一視する. U_0 は商特異点しか持たないから $(j_*\Omega^{\geq 1}_{(U_0)_{\mathrm{reg}}}, d)$ は U_0 の V-多様体としての切頭 (truncated) ドラーム複体 $(\tilde{\Omega}^{\geq 1}_{U_0}, d)$ に他ならない. 完全三角

$$\tilde{\Omega}_{U_0}^{\geq 1} \to \tilde{\Omega}_{U_0}^{\cdot} \to \mathcal{O}_{U_0} \to \tilde{\Omega}_{U_0}^{\geq 1}[1]$$

より完全系列

$$H^1(\mathcal{O}_{U_0}) \to \mathbf{H}^2(\tilde{\Omega}_{U_0}^{\geq 1}) \to \mathbf{H}^2(\tilde{\Omega}_{U_0}^{\cdot}) \to H^2(\mathcal{O}_{U_0})$$

を得る. U_0 はシンプレクティック多様体 X の開集合であり, 補集合 $\Sigma :=$ $X_0 - U_0$ は X_0 の中で余次元 ≥ 4 であった. X_0 はコーエン–マコーレーであることと, $1 \leq i \leq 3$ に対して $H^i(X_0, \mathcal{O}_{X_0}) = 0$ であることを用いると $H^1(\mathcal{O}_{U_0}) = H^2(\mathcal{O}_{U_0}) = 0$ であることがわかる. 一方, V-多様体に対するグロタンディークの定理から同型 $\mathbf{H}^2(\tilde{\Omega}_{U_0}^{\cdot}) \cong H^2(U_0^{an}, \mathbf{C})$ が存在する. □

定義から完全系列

$$0 \to \mathrm{PD}_{lt, U_0}(\mathbf{C}[\epsilon]) \to \mathrm{PD}_{U_0}(\mathbf{C}[\epsilon]) \to H^0(\Sigma_{U_0}^{an}, PT_{U_0^{an}}^1)$$

が存在する.

系 4.1.7 $H^i(X_0, \mathcal{O}_{X_0}) = 0$ $(1 \leq i \leq 3)$ と仮定する. このとき次式が成立する.

$$\dim_{\mathbf{C}} \mathrm{PD}_{X_0}(\mathbf{C}[\epsilon]) = \dim_{\mathbf{C}} \mathrm{PD}_{U_0}(\mathbf{C}[\epsilon]) < \infty.$$

証明. 最初の等号は命題 4.1.1 からしたがう. 上の完全系列と命題 4.1.6 から

$$\dim_{\mathbf{C}} \mathrm{PD}_{U_0}(\mathbf{C}[\epsilon]) \leq b_2(U_0^{an}) + h^0(\Sigma_{U_0}^{an}, PT_{U_0^{an}}^1)$$

が成り立つ. Σ_{U_0} を連結成分 $\{(\Sigma_{U_0})_i\}_{1 \leq i \leq r}$ に分ける. $x \in (\Sigma_{U_0})_i$ に対してクライン特異点 S_i が決まり $(U_0^{an}, x) \cong (S_i^{an}, 0) \times (\mathbf{C}^{2d-2}, 0)$ が成り立つ. 補題 4.1.5 から $h^0(\Sigma_{U_0}^{an}, PT_{U_0^{an}}^1) \leq \sum_{1 \leq i \leq r} \dim_{\mathbf{C}} T_{S_i^{an}}^1$ である. □

局所系 $PT_{U_0^{an}}^1$ は必ずしも定数層とは限らない. ここでは $PT_{U_0^{an}}^1$ のモノドロミーについて考察する. $p \in \Sigma_{U_0^{an}}$ を固定して p を始点, 終点とする $\Sigma_{U_0^{an}}$ の中のループを γ とする. U_0^{an} の開集合族 $U_1, U_2, \ldots, U_k, U_{k+1} = U_1$ を次を満たすように取る :

(i) $i = 1, \ldots, k$ に対して $p \in U_1$, $\gamma \subset \cup U_i$, $U_i \cap U_{i+1} \cap \gamma \neq \emptyset$ が成り立つ.

(ii) シンプレクティック開埋め込み射

$$\phi_i : (U_i, \omega|_{U_i}) \to (S^{an}, \omega_S) \times (\mathbf{C}^{2d-2}, \omega_{\mathbf{C}^{2d-2}})$$

が存在する．ただし S は i によらないクライン特異点である．

$p_1 := p$ と置き，$p_i \in U_i \cap U_{i+1} \cap \gamma$ $(i = 1, 2, \ldots, k)$ となるように点 p_i を取る．U_i は p_{i-1}, p_i の2点を含んでいるので ϕ_i を用いると，ポアソン複素解析空間の芽の同型 $(\phi_i)_{p_{i-1}} \colon (U_0^{an}, p_{i-1}) \cong (S^{an}, 0) \times (\mathbf{C}^{2d-2}, \phi_i(p_{i-1}))$, $(\phi_i)_{p_{i-1}} \colon (U_0^{an}, p_i) \cong (S^{an}, 0) \times (\mathbf{C}^{2d-2}, \phi_i(p_i))$ が存在する．一方，平行移動 $\sigma \colon \mathbf{C}^{2d-2} \to \mathbf{C}^{2d-2}$ を $\sigma(p_{i-1}) = p_i$ となるように取るとポアソン同型射

$$id_{S^{an}} \times \sigma \colon (S^{an}, 0) \times (\mathbf{C}^{2d-2}, \phi_i(p_{i-1})) \cong (S^{an}, 0) \times (\mathbf{C}^{2d-2}, \phi_i(p_i))$$

ができる．このとき

$$\Phi_i := (\phi_i)_{p_i}^{-1} \circ (id_{S^{an}} \times \sigma) \circ (\phi_i)_{p_{i-1}} \colon (U_0^{an}, p_{i-1}) \to (U_0^{an}, p_i)$$

はポアソン同型射である．このポアソン同型射は同一視

$$m_i \colon PT^1_{U_0^{an}, p_{i-1}} \to PT^1_{U_0^{an}, p_i}$$

を決める．ここで

$$m_\gamma := m_k \circ \cdots \circ m_2$$

と置くと $m_\gamma \colon PT^1_{U_0^{an}, p} \to PT^1_{U_0^{an}, p}$ が γ に沿った $PT^1_{U_0^{an}}$ のモノドロミーに他ならない．

最後に U_0^{an} 上に定義されるもう1つの局所系について述べる．U_0 は複素解析空間としては局所的にクライン特異点と非特異多様体の直積なのでただ1つのクレパント特異点解消 $\pi \colon \tilde{U}_0 \to U_0$ を持つ．$(U_0)_{\mathrm{reg}}$ 上のシンプレクティック形式 ω は $\tilde{U}_0$ 上のシンプレクティック形式 $\tilde{\omega}$ にまで拡張される．U_0^{an} 上の開集合 V に対して $((\pi^{an})^{-1}(V), \tilde{\omega}|_{(\pi^{an})^{-1}(V)})$ の1次無限小ポアソン変形全体のなす $\mathbf{C}$-ベクトル空間を対応させることにより前層ができる．この前層を層化してできる U_0^{an} 上の $\mathbf{C}$-ベクトル空間の層を $\tilde{PT}^1{}_{U_0^{an}}$ と書く．V がスタイン開集合のとき $H^i((\pi^{an})^{-1}(V), \mathcal{O}_{(\pi^{an})^{-1}(V)}) = 0$, $i > 0$ なので系 1.4.2 の複素解析バージョンより，$((\pi^{an})^{-1}(V), \tilde{\omega}|_{(\pi^{an})^{-1}(V)})$ の1次無限小ポアソン変形全体のなす空間は $H^2((\pi^{an})^{-1}(V), \mathbf{C})$ に等しい．このことから

$$\tilde{PT}^1{}_{U_0^{an}} \cong R^2 \pi^{an}_* \mathbf{C}$$

がわかる．ポアソン同型射 $\Phi_i \colon (U_0^{an}, p_{i-1}) \to (U_0^{an}, p_i)$ はポアソン同型射

$$\tilde{\Phi}_i \colon (\tilde{U}_0^{an}, (\pi^{an})^{-1}(p_{i-1})) \to (\tilde{U}_0^{an}, (\pi^{an})^{-1}(p_i))$$

を引き起こす. $\tilde{\Phi}_i$ は同一視

$$\tilde{m}_i \colon \tilde{PT}^1{}_{U_0^{an}, p_{i-1}} \to \tilde{PT}^1{}_{U_0^{an}, p_i}$$

を決める. ここで

$$\tilde{m}_\gamma := \tilde{m}_k \circ \cdots \circ \tilde{m}_2$$

と置くと $\tilde{m}_\gamma \colon \tilde{PT}^1{}_{U_0^{an}, p} \to \tilde{PT}^1{}_{U_0^{an}, p}$ が γ に沿った $\tilde{PT}^1{}_{U_0^{an}}$ のモノドロミーである.

4.2 ポアソン変形関手の射影極限的表現可能性

$(X_0, \{\ ,\ \})$ を $\mathbf{C}$ 上のポアソン概型とする. この節では, 多くの重要な場合に, PD_{X_0} が射影極限的に表現可能であることを見る. 孤立特異点の (通常の) 変形関手が射影極限的包を持っても, 一般に射影極限的に表現可能ではないことを考えあわせると, ポアソン変形関手の射影極限的表現可能性は特筆すべき性質である.

X を X_0 の局所アルチン概型 T 上のポアソン変形とする. $G_{X/T}$ を X/T の自己同型射の芽の層とする. 正確に言うと $G_{X/T}$ は X_0 上の集合の層で, X_0 の開集合 U に対して, $X|_U$ の T 上の自己同型射で中心ファイバー $X|_U = U$ に制限すると恒等射になるようなもの全体からなる集合を対応させるものを指す. さらに $PG_{X/T}$ を $G_{X/T}$ の部分層で X/T のポアソン自己同型射からなるものとする. PD_{X_0} が射影極限的に表現可能であるためには, T の任意の閉部分概型 $\bar{T} \subset T$ に対して, $\bar{X} := X \times_T \bar{T}$ と置いたとき $H^0(X_0, PG_{X/T}) \to H^0(X_0, PG_{\bar{X}/\bar{T}})$ が全射であることを示さなければいけない. X_0 は非特異とする. このとき $\Theta_{X/T}$ を $X \to T$ に対する相対的接層として, リヒャネロウィッツ–ポアソン複体

$$0 \to \Theta_{X/T} \xrightarrow{\delta_1} \wedge^2 \Theta_{X/T} \xrightarrow{\delta_2} \wedge^3 \Theta_{X/T} \cdots$$

を考える. $P\Theta_{X/T} := \mathrm{Ker}(\delta_1)$ と置く. さらに $\Theta_{X/T}^0$ (または $P\Theta_{X/T}^0$) を $\Theta_{X/T}$ (または $P\Theta_{X/T}$) の部分層で中心ファイバー上に制限すると 0 になるような切断からなるものとする. $T = \mathrm{Spec}\, A$ と置いて, $i \geq 0$ に対して $A_i := A/(m_A)^{i+1}$, $T_i := \mathrm{Spec}(A_i)$, $X_i := X \times_T T_i$ と置く. このとき適当な k に

対して $T_k = T$ である．ワブリック (Wavrik) による次の命題が鍵になる．

命題 4.2.1　$(X_0, \{ , \})$ は非特異な $\mathbf{C}$ 上のポアソン概型とする．T を局所アルチン概型，$X \to T$ を X_0 のポアソン変形とする．このとき集合の層の間の同型射

$$\alpha\colon \Theta^0_{X/T} \cong G_{X/T}$$

が存在する．さらに α は同型射

$$P\Theta^0_{X/T} \cong PG_{X/T}$$

を誘導する．

　証明.　$\Theta^0_{X/T}$ の局所切断 φ は $\mathcal{O}_X$ の $\mathcal{O}_T$-導分である．このとき

$$\alpha(\varphi) = id + \varphi + \frac{1}{2!}\varphi \circ \varphi + \frac{1}{3!}\varphi \circ \varphi \circ \varphi + \cdots$$

と置く．T が局所アルチン概型であることから $\alpha(\varphi)$ は実際には有限和になっている．φ が性質

$$\varphi(fg) = f\varphi(g) + \varphi(f)g$$

を持つことを用いると $\alpha(\varphi)$ は中心ファイバー上で恒等写像を引き起こす X/T の自己同型射であることがわかる．

　α が全射なのは次のように示される．$G_{X/T}$ の局所切断を ψ とする．$\psi_1 := \psi|_{X_1}$ と置くと，$\psi_1 = id + \varphi_1$, $\varphi_1 \in \Theta^0_{X_1/T_1}$ と書ける．局所切断 φ_1 を $\Theta^0_{X_2/T_2}$ の局所切断 φ'_2 まで持ち上げて

$$\psi_2 := id + \varphi'_2 + \frac{1}{2!}\varphi'_2 \circ \varphi'_2$$

を考えると，これは X_2/T_2 の (局所的な) 自己同型射を与える．このとき

$$\psi|_{X_2} - \psi_2 = id + \varphi''_2, \ \ \varphi''_2 \in m_A^2 \Theta^0_{X_2/T_2}$$

とあらわせる．改めて $\Theta^0_{X_2/T_2}$ の局所切断 φ_2 を $\varphi_2 = \varphi'_2 + \varphi''_2$ によって定義する．φ_2 はやはり φ_1 の持ち上げになっている．さらに φ_2 を $\Theta^0_{X_3/T_3}$ の局所切断 φ'_3 に持ち上げて

$$\psi_3 := id + \varphi'_3 + \frac{1}{2!}\varphi'_3 \circ \varphi'_3 + \frac{1}{3!}\varphi'_3 \circ \varphi'_3 \circ \varphi'_3$$

を考える. ψ_3 は X_3/T_3 の (局所的な) 自己同型射を定義する. このとき

$$\psi|_{X_3} - \psi_3 = id + \varphi_3'', \quad \varphi_3'' \in m_A^3 \Theta_{X_3/T_3}^0$$

とあらわせる. 改めて Θ_{X_3/T_3}^0 の局所切断を $\varphi_3 = \varphi_3' + \varphi_3''$ によって定義する. この操作を続けていくと, 最後に Θ_{X_k/T_k}^0 の局所切断 φ_k を得る. このとき $\varphi := \varphi_k$ と置けば $\alpha(\varphi) = \psi$ が成り立つ.

次に α の単射性を示す. $\varphi \neq \varphi'$ とすると, ある $1 \leq i_0 \leq k$ が存在して $\varphi|_{X_{i_0-1}} = \varphi'|_{X_{i_0-1}}, \varphi|_{X_{i_0}} \neq \varphi'|_{X_{i_0}}$ である. このとき

$$\mathrm{Im}(\varphi \circ \varphi - \varphi' \circ \varphi'), \ \mathrm{Im}(\varphi \circ \varphi \circ \varphi - \varphi' \circ \varphi' \circ \varphi'), \ldots \subset m_A^{i_0+1} \mathcal{O}_{X/T}$$

に注意すると

$$\alpha(\varphi)|_{X_{i_0}} \neq \alpha(\varphi')|_{X_{i_0}}$$

となる. したがって α は単射である.

もし φ が $P\Theta_{X/T}^0$ の局所切断であれば

$$\varphi(\{f, g\}) = \{f, \varphi(g)\} + \{\varphi(f), g\}$$

である. この性質から $\alpha(\varphi)$ は X/T のポアソン自己同型射になることがわかる. したがって α は射 $\alpha|_{P\Theta_{X/T}^0} : P\Theta_{X/T}^0 \cong PG_{X/T}$ を誘導する. $\alpha|_{P\Theta_{X/T}^0}$ が全射であることを示すには, $\Theta_{X/T}^0$ を $P\Theta_{X/T}$ に置き換えて, α が全射であることを示したときの議論をそのまま使えばよい. $\square$

系 4.2.2 $X \to T$ は命題 4.2.1 と同じとする. T の閉部分概型 $\bar{T}$ に対して $\bar{X} := X \times_T \bar{T}$ と置く. 制限射

$$H^0(X_0, P\Theta_{X/T}) \to H^0(X_0, P\Theta_{\bar{X}/\bar{T}})$$

が全射であれば

$$H^0(X_0, PG_{X/T}) \to H^0(X_0, PG_{\bar{X}/\bar{T}})$$

も全射である.

証明. 仮定から

$$H^0(X_0, P\Theta_{X/T}^0) \to H^0(X_0, P\Theta_{\bar{X}/\bar{T}}^0)$$

も全射である．このとき，命題 4.2.1 から結果はしたがう．□

命題 4.2.3　(X_0, ω) を (特異点を持った) シンプレクティック代数多様体として $\{,\}$ を ω から決まる X_0 上のポアソン構造とする．X_0 が以下のいずれかを満たすときポアソン変形関手 PD_{X_0} は射影極限的に表現可能である．

(i) 射 $X_0 \to \mathrm{Spec}\,\Gamma(X_0, \mathcal{O}_{X_0})$ は射影的双有理写像であり，X_0 は高々末端特異点しか持たない．

(ii) X_0 はアフィンで，$H^1(X_0^{an}, \mathbf{C}) = 0$ が成り立つ．

証明.　PD_{X_0} が定理 3.1.3 の条件 $(H_1), \ldots, (H_4)$ を満たすことを示せばよい．定理 3.1.9 より $(H_3), (H_4)$ を示せばよい．(H_3) は (i), (ii) のどちらの場合も系 4.1.7 から満たされる．

以後は条件 (H_4) について考える．局所アルチン概型 $T = \mathrm{Spec}\,A$ に対して X_0 のポアソン変形 $X \to T$ を考え，T の閉部分概型 $\bar{T} = \mathrm{Spec}\,\bar{A}$ を取り，$\bar{X} := X \times_T \bar{T}$ と置く．$X_{\mathrm{reg}} \subset X$ を $X \to T$ がスムース射になる点からなる開部分概型とする．$\bar{X}_{\mathrm{reg}} \subset \bar{X}$ も同様に定義する．$j: X_{\mathrm{reg}} \to X$ を自然な埋め込みとすると $j_* \mathcal{O}_{X_{\mathrm{reg}}} = \mathcal{O}_X$ である．このことから X_{reg} の T-ポアソン自己同型で中心ファイバーで恒等写像になるものは，X の T-ポアソン自己同型に一意的に拡張される．したがって

$$H^0(X_0, PG_{X/T}) \to H^0((X_0)_{\mathrm{reg}}, PG_{X_{\mathrm{reg}}/T})$$

は同型射であり，同様の理由から

$$H^0(X_0, PG_{\bar{X}/\bar{T}}) \to H^0((X_0)_{\mathrm{reg}}, PG_{\bar{X}_{\mathrm{reg}}/\bar{T}})$$

も同型射である．したがって (H_4) を示すためには，系 4.2.2 から制限射

$$H^0((X_0)_{\mathrm{reg}}, P\Theta_{X_{\mathrm{reg}}/T}) \to H^0((X_0)_{\mathrm{reg}}, P\Theta_{\bar{X}_{\mathrm{reg}}/\bar{T}})$$

が全射であることを示せばよい．

$$G^{\cdot} := [\mathrm{Im}(\delta_1) \to \wedge^2 \Theta_{X_{\mathrm{reg}}/T} \overset{\delta_2}{\to} \wedge^3 \Theta_{X_{\mathrm{reg}}/T} \overset{\delta_3}{\to} \cdots]$$

と置く．ただし $\wedge^i \Theta_{X_{\mathrm{reg}}/T}$ は次数 i の部分に置かれているものとする．$G^{\cdot}$ は複体

$$0 \to \wedge^2 \Theta_{X_{\mathrm{reg}}/T}/\mathrm{Im}(\delta_1) \to \wedge^3 \Theta_{X_{\mathrm{reg}}/T} \overset{\delta_3}{\to} \cdots$$

と擬同型なので $\mathbf{H}^1(G^{\cdot}) = 0$ であることに注意する. ここで完全三角

$$P\Theta_{X_{\mathrm{reg}}/T} \to \Theta^{\geq 1}_{X_{\mathrm{reg}}/T} \to G^{\cdot} \to P\Theta_{X_{\mathrm{reg}}/T}[1]$$

を考えると $H^0(P\Theta_{X_{\mathrm{reg}}/T}) \cong \mathbf{H}^1(\Theta^{\geq 1}_{X_{\mathrm{reg}}/T})$ が成り立つ. さらに X_{reg}/T の相対シンプレクティック形式を用いると $(\Theta^{\geq 1}_{X_{\mathrm{reg}}/T}, \delta)$ は $(\Omega^{\geq 1}_{X_{\mathrm{reg}}/T}, d)$ と同一視される. したがって制限射

$$\mathbf{H}^1(\Omega^{\geq 1}_{X_{\mathrm{reg}}/T}) \to \mathbf{H}^1(\Omega^{\geq 1}_{\bar{X}_{\mathrm{reg}}/\bar{T}})$$

が全射を示せばよい. 完全三角

$$\Omega^{\geq 1}_{X_{\mathrm{reg}}/T} \to \Omega^{\cdot}_{X_{\mathrm{reg}}/T} \to \mathcal{O}_{X_{\mathrm{reg}}} \to \Omega^{\geq 1}_{X_{\mathrm{reg}}/T}[1]$$

から完全系列

$$\mathbf{H}^0(\Omega^{\cdot}_{X_{\mathrm{reg}}/T}) \to H^0(\mathcal{O}_{X_{\mathrm{reg}}}) \to \mathbf{H}^1(\Omega^{\geq 1}_{X_{\mathrm{reg}}/T}) \to \mathbf{H}^1(\Omega^{\cdot}_{X_{\mathrm{reg}}/T}) \to H^1(\mathcal{O}_{X_{\mathrm{reg}}})$$

を得る. グロタンディークの定理から $\mathbf{H}^i(\Omega^{\cdot}_{X_{\mathrm{reg}}/T}) \cong H^i((X_0)^{an}_{\mathrm{reg}}, A)$ であることに注意する. ここで

$$K := \mathrm{Coker}[H^0((X_0)^{an}_{\mathrm{reg}}, A) \to H^0(\mathcal{O}_{X_{\mathrm{reg}}})]$$

と置くと, 完全系列

$$0 \to K \to \mathbf{H}^1(\Omega^{\geq 1}_{X_{\mathrm{reg}}/T}) \to H^1((X_0)^{an}_{\mathrm{reg}}, A) \to H^1(\mathcal{O}_{X_{\mathrm{reg}}})$$

を得る. 同様に

$$\bar{K} := \mathrm{Coker}[H^0((X_0)^{an}_{\mathrm{reg}}, \bar{A}) \to H^0(\mathcal{O}_{\bar{X}_{\mathrm{reg}}})]$$

と置くと完全系列

$$0 \to \bar{K} \to \mathbf{H}^1(\Omega^{\geq 1}_{\bar{X}_{\mathrm{reg}}/\bar{T}}) \to H^1((X_0)^{an}_{\mathrm{reg}}, \bar{A}) \to H^1(\mathcal{O}_{\bar{X}_{\mathrm{reg}}})$$

を得る.

さて X_0 が条件 (i) を満たすとする. X_0 がアファインシンプレクティック代数多様体の末端特異点のみを持つ部分特異点解消であることから $H^1(\mathcal{O}_X) = 0$ である. さらに $\Sigma := X_0 - (X_0)_{\mathrm{reg}}$ と置いたとき $\mathrm{Codim}_{X_0} \Sigma \geq 3$ であることと X_0 がコーエン–マコーレーであることから $H^1(\mathcal{O}_{X_{\mathrm{reg}}}) = 0$ が成り立つ. 同様に $H^1(\mathcal{O}_{\bar{X}_{\mathrm{reg}}}) = 0$ である.

まず $K \to \bar{K}$ が全射であることを見よう．全射環準同型 $A \to \bar{A}$ は有限個の小さい拡大の合成としてあらわされるので，最初から $A \to \bar{A}$ は小さい拡大としてよい．つまり $a \cdot m_A = 0$ を満たす A の元が存在して $\bar{A} = A/(a)$ である．射 $\pi \colon X \to \operatorname{Spec} \Gamma(X, \mathcal{O}_X)$ に対して完全系列

$$H^0(X_{\mathrm{reg}}, \mathcal{O}_{X_{\mathrm{reg}}}) \to H^0(\bar{X}_{\mathrm{reg}}, \mathcal{O}_{\bar{X}_{\mathrm{reg}}}) \to H^1((X_0)_{\mathrm{reg}}, a\mathcal{O}_{(X_0)_{\mathrm{reg}}}) \,(= 0)$$

から射 $H^0(X_{\mathrm{reg}}, \mathcal{O}_{X_{\mathrm{reg}}}) \to H^0(\bar{X}_{\mathrm{reg}}, \mathcal{O}_{\bar{X}_{\mathrm{reg}}})$ は全射，したがって $K \to \bar{K}$ も全射である．このことと射 $H^1((X_0)^{an}_{\mathrm{reg}}, A) \to H^1((X_0)^{an}_{\mathrm{reg}}, \bar{A})$ の全射性を合わせると

$$\mathbf{H}^1(\Omega^{\geq 1}_{X_{\mathrm{reg}}/T}) \to \mathbf{H}^1(\Omega^{\geq 1}_{\bar{X}_{\mathrm{reg}}/\bar{T}})$$

は全射である．これが示したかったことであった．

次に (ii) の場合を考えよう．まず最初に $H^1((X_0)^{an}_{\mathrm{reg}}, A) = H^1((X_0)^{an}_{\mathrm{reg}}, \bar{A}) = 0$ であることを示そう．そのためには $H^1((X_0)^{an}_{\mathrm{reg}}, \mathbf{C}) = 0$ を示せば十分である．$f \colon \tilde{X}_0 \to X_0$ を X_0 の特異点解消で $f^{-1}((X_0)_{\mathrm{reg}})$ と $(X_0)_{\mathrm{reg}}$ が同型になるようなものを取る．さらに f の例外集合 E は $\tilde{X}_0$ の単純正規交叉因子であると仮定する．ここで完全系列

$$H^1(\tilde{X}_0^{an}, \mathbf{C}) \to H^1((X_0)^{an}_{\mathrm{reg}}, \mathbf{C}) \to H^2_E(\tilde{X}_0^{an}, \mathbf{C}) \to H^2(\tilde{X}_0^{an}, \mathbf{C})$$

を考える．第 1 項は X_0 が有理特異点しかもたないことと (ii) の仮定 $H^1(X_0^{an}, \mathbf{C}) = 0$ から 0 である．そこで $H^2_E(\tilde{X}_0^{an}, \mathbf{C}) \to H^2(\tilde{X}_0^{an}, \mathbf{C})$ が単射であることを示せばよい．$H^2_E(\tilde{X}_0^{an}, \mathbf{C})$ はコンパクトな台を持ったコホモロジー群 $H^{2d-2}_c(E^{an}, \mathbf{C})$ の双対空間である ([Iv], Chapter V, 6.6 を参照)．$E = \cup E_i$ を E の既約分解とする．E の点でちょうど p 個の既約成分に含まれるものを E の **p-重点** と呼ぶ．$E^{[p]}$ によって E の p-重点からなる (一般に可約な) 多様体の正規化をあらわすことにする．自然な射 $E^{[p]} \to E$ を ν_p であらわすことにする．このとき完全系列

$$0 \to \mathbf{C}_E \to (\nu_1)_* \mathbf{C}_{E^{[1]}} \to (\nu_2)_* \mathbf{C}_{E^{[2]}} \to \cdots$$

を用いて $H^{2d-2}_c(E^{an}, \mathbf{C})$ の $\mathbf{C}$-ベクトル空間としての次元を計算すると

$$h^{2d-2}_c(E^{an}, \mathbf{C}) = E \text{ の既約成分の個数}$$

が成り立つ. 双対性から

$$H_E^2(\tilde{X}_0^{an}, \mathbf{C}) = \bigoplus \mathbf{C}[E_i]$$

であり, 射 $H_E^2(\tilde{X}_0^{an}, \mathbf{C}) \to H^2(\tilde{X}_0^{an}, \mathbf{C})$ は明らかに単射である. 以上から $H^1((X_0)_{\mathrm{reg}}^{an}, \mathbf{C}) = 0$ であることが示せた. ここまでの考察から

$$\mathbf{H}^1(\Omega_{X_{\mathrm{reg}}/T}^{\geq 1}) \cong K,$$

$$\mathbf{H}^1(\Omega_{\bar{X}_{\mathrm{reg}}/\bar{T}}^{\geq 1}) \cong \bar{K}$$

であることがわかった. ここで制限射 $H^0(X, \mathcal{O}_X) \to H^0(X_{\mathrm{reg}}, \mathcal{O}_{X_{\mathrm{reg}}})$, $H^0(\bar{X}, \mathcal{O}_{\bar{X}}) \to H^0(\bar{X}_{\mathrm{reg}}, \mathcal{O}_{\bar{X}_{\mathrm{reg}}})$ はともに同型射であり, $H^0(X, \mathcal{O}_X) \to H^0(\bar{X}, \mathcal{O}_{\bar{X}})$ は X_0 がアフィン多様体であることから全射である. このことから $K \to \bar{K}$ は全射であることがわかる. □

注意 4.2.4 命題 4.2.3 の (i) の仮定のもとで $Y_0 := \mathrm{Spec}\,\Gamma(X_0, \mathcal{O}_{X_0})$ と置く. $H^1(Y_0^{an}, \mathbf{C}) = 0$ (たとえば Y_0^{an} が可縮) であれば (i) の証明中 $K = \mathbf{H}^1(\Omega_{X_{\mathrm{reg}}/T}^{\geq 1})$ である.

証明. 命題 4.2.3 の証明に用いた完全系列

$$0 \to K \to \mathbf{H}^1(\Omega_{X_{\mathrm{reg}}/T}^{\geq 1}) \to H^1((X_0)_{\mathrm{reg}}^{an}, A) \to H^1(\mathcal{O}_{X_{\mathrm{reg}}})$$

から, $H^1((X_0)_{\mathrm{reg}}^{an}, A) = 0$ を示せばよい. 合成射 $(X_0)_{\mathrm{reg}} \to X_0 \to Y_0$ を p であらわす. 完全系列

$$0 \to \mathbf{Z} \to \mathcal{O}_{(X_0)_{\mathrm{reg}}^{an}} \to \mathcal{O}_{(X_0)_{\mathrm{reg}}^{an}}^* \to 1$$

に p_*^{an} を施すと完全系列

$$0 \to p_*^{an}\mathbf{Z} \to p_*^{an}\mathcal{O}_{(X_0)_{\mathrm{reg}}^{an}} \to p_*^{an}\mathcal{O}_{(X_0)_{\mathrm{reg}}^{an}}^* \to R^1 p_*^{an}\mathbf{Z} \to R^1 p_*^{an}\mathcal{O}_{(X_0)_{\mathrm{reg}}^{an}}$$

を得る. ここで $p_*^{an}\mathcal{O}_{(X_0)_{\mathrm{reg}}^{an}} = \mathcal{O}_{Y^{an}}$, $p_*^{an}\mathcal{O}_{(X_0)_{\mathrm{reg}}^{an}}^* = \mathcal{O}_{Y^{an}}^*$ なので $p_*^{an}\mathcal{O}_{(X_0)_{\mathrm{reg}}^{an}} \to p_*^{an}\mathcal{O}_{(X_0)_{\mathrm{reg}}^{an}}^*$ は全射である. 一方 $R^1 p_*^{an}\mathcal{O}_{(X_0)_{\mathrm{reg}}^{an}} = 0$ なので $R^1 p_*^{an}\mathbf{Z} = 0$ である. このとき完全系列

$$0 \to H^1(Y_0^{an}, \mathbf{C}) \to H^1((X_0)_{\mathrm{reg}}^{an}, \mathbf{C}) \to H^0((Y_0)^{an}, R^1 p_*^{an}\mathbf{C})$$

を用いると, $H^1((X_0)_{\mathrm{reg}}^{an}, \mathbf{C}) = 0$ である. したがってアルチン $\mathbf{C}$-代数を係数に持つ $(X_0)_{\mathrm{reg}}^{an}$ 上の定数層 A に対しても $H^1((X_0)_{\mathrm{reg}}^{an}, A) = 0$ である. □

系 4.2.5　(Y_0, ω_{Y_0}) をアフィンシンプレクティック多様体で $H^1(Y_0^{an}, \mathbf{C}) = 0$ を満たすもの, $\pi\colon (X_0, \omega_{X_0}) \to (Y_0, \omega_{Y_0})$ をシンプレクティック特異点解消とする. いま局所アルチン概型 $T = \operatorname{Spec} A$ 上に X_0 および Y_0 のポアソン変形 $X \to T$, $Y \to T$ が与えられ, さらに T-ポアソン射 $\pi_T\colon X \to Y$ が存在して次の 2 条件を満たしたとする.

(i) $(\pi_T)_* \mathcal{O}_X = \mathcal{O}_Y$,

(ii) $\pi_T \times k(0)\colon X_0 \to Y_0$ は π に一致する.

このとき Y の T-ポアソン自己同型射 ϕ で $\phi|_{Y_0} = id_{Y_0}$ となるものは X の T-ポアソン自己同型射 $\tilde{\phi}$ で $\tilde{\phi}|_{X_0} = id_{X_0}$ となるものに一意的に持ち上がる.

証明.

$$\tilde{K} := \operatorname{Coker}[H^0(X_0^{an}, A) \to H^0(\mathcal{O}_X)],$$

$$K := \operatorname{Coker}[H^0((Y_0)_{\mathrm{reg}}^{an}, A) \to H^0(\mathcal{O}_{Y_{\mathrm{reg}}})]$$

と置くと, 命題 4.2.3, (i) と上の注意から $H^0(X, P\Theta_{X/T}) \cong \tilde{K}$ がわかる. 一方, 命題 4.2.3, (ii) より $H^0(Y_{\mathrm{reg}}, P\Theta_{Y_{\mathrm{reg}}/T}) \cong K$ がわかる.

$$H^0(\mathcal{O}_X) = H^0(\mathcal{O}_Y) = H^0(\mathcal{O}_{Y_{\mathrm{reg}}})$$

および

$$H^0(X_0^{an}, A) = H^0((Y_0)_{\mathrm{reg}}^{an}, A) = A$$

であることから自然な同型射 $K \cong \tilde{K}$ が存在する. したがって自然な同型射 $H^0(Y_{\mathrm{reg}}, P\Theta_{Y_{\mathrm{reg}}/T}) \cong H^0(X, P\Theta_{X/T})$ が存在する. 命題 4.2.1 から ϕ はあるベクトル場 $\theta \in H^0(Y_{\mathrm{reg}}, P\Theta_{Y_{\mathrm{reg}}/T})$ で $\theta|_{(Y_0)_{\mathrm{reg}}} = 0$ となるものを使って

$$\phi = id + \theta + \frac{1}{2!}\theta \circ \theta + \frac{1}{3!}\theta \circ \theta \circ \theta + \cdots$$

とあらわせる. ただし, ここでは θ を $\mathcal{O}_{Y_{\mathrm{reg}}}$ の $\mathcal{O}_T$-導分とみなしている. θ は $H^0(X, P\Theta_{X/T})$ の元 $\tilde{\theta}$ に一意的に持ち上がって X の T-ポアソン自己同型射

$$\tilde{\phi} := id + \tilde{\theta} + \frac{1}{2!}\tilde{\theta} \circ \tilde{\theta} + \frac{1}{3!}\tilde{\theta} \circ \tilde{\theta} \circ \tilde{\theta} + \cdots$$

を定義する. $\square$

命題 4.2.3 は複素解析空間の場合にも同様にして証明される. 正確に述べて

おこう.

命題 4.2.6 (X_0^{an}, p) を (特異点を持った) シンプレクティック代数多様体 X_0 の $p \in X_0$ における複素解析的な芽とする. $f: (Y, E) \to (X_0^{an}, p)$ を (X_0^{an}, p) のクレパントな部分特異点解消で Y は末端特異点のみを持つものとする. ただし $E = f^{-1}(p)$ である. このとき Y_{reg} には自然にシンプレクティック形式が定まり, それによって Y はポアソン複素解析空間になる. このときポアソン変形関手 $\mathrm{PD}_{(X_0^{an}, p)}$, $\mathrm{PD}_{(Y, E)}$ はともに射影極限的に表現可能である. □

4.3　ポアソン変形の普遍族と **C***-作用

(X, ω) を錐的シンプレクティック多様体として, $(X, \{\,,\,\})$ を ω から決まるポアソン構造とする. 命題 4.2.3, (ii) より PD_X は射影極限的に表現可能である. R を PD_X の射影極限的包とする. $R_n := R/m_R^{n+1}$, $S_n := \mathrm{Spec}\, R_n$ と置き, $\{(X_n, \{\,,\,\}_n)\}$ を形式的普遍ポアソン変形族とする. すなわち $(X_n, \{\,,\,\}_n)$ は $(X, \{\,,\,\})$ の S_n 上へのポアソン変形であり, 各 n に対して, $(X_{n+1}, \{\,,\,\}_{n+1})$ は $(X_n, \{\,,\,\}_n)$ の S_{n+1} 上への拡張になっている.

$$
\begin{array}{ccccccccc}
X_0 := X & \longrightarrow & X_1 & \longrightarrow & \cdots & \longrightarrow & X_n & \longrightarrow & \cdots \\
\downarrow & & \downarrow & & \downarrow & & \downarrow & & \downarrow \\
S_0 & \longrightarrow & S_1 & \longrightarrow & \cdots & \longrightarrow & S_n & \longrightarrow & \cdots
\end{array}
\tag{4.1}
$$

定理 4.3.1 R が $\mathrm{PD}_{(X, \{\,,\,\})}$ を射影極限的に表現していて $\{(X_n, \{\,,\,\}_n)\}$ は $(X, \{\,,\,\})$ の形式的普遍ポアソン変形族であるとする. このとき $\{X_n\} \to \{S_n\}$ は X の **C***-作用から導入される自然な **C***-作用を持つ. すなわち, 各 X_n, S_n に次の性質を満たすような **C***-作用が定まる.

(i) X_0 の **C***-作用は最初に与えられた **C***-作用に一致し, 上の可換図式は **C***-同変である.

(ii) $\sigma \in$ **C*** から決まる X_n の自己同型を $(\phi_\sigma)_n$ としたとき $(\phi_\sigma)_n \colon (X_n, \sigma^{-l}\{\,,\,\}_n) \to (X_n, \{\,,\,\}_n)$ はポアソン同型射である.

証明.　(a) 底空間の **C***-作用

$\sigma \in$ **C*** の X_0 への作用を $\sigma \colon X_0 \to X_0$ であらわすことにする. このとき, S_n

上のポアソン変形 $i\colon (X_0, \{,\}_0) \to (X_n, \{,\}_n)$ に対して $i \circ \sigma^{-1}\colon (X_0, \{,\}_0) \to (X_n, \sigma^{-l}\{,\}_n)$ は S_n 上の新たなポアソン変形になる. $\{(X_n, \{,\}_n)\}$ の半普遍性から, ある射 $\sigma_n\colon S_n \to S_n$ が存在して, ポアソン変形 $i \circ \sigma^{-1}\colon (X_0, \{,\}_0) \to (X_n, \sigma^{-l}\{,\}_n)$ は $i\colon (X_0, \{,\}_0) \to (X_n, \{,\}_n)$ を σ_n で引き戻したものと同値になる. 言い換えると次の図式を可換にするようなポアソン同型射 $(\phi_\sigma)_n$ が存在する:

$$
\begin{array}{ccc}
(X_0, \sigma^{-l}\{,\}_0) & \xrightarrow{\ \sigma\ } & (X_0, \{,\}_0) \\
{\scriptstyle i}\big\downarrow & & {\scriptstyle i}\big\downarrow \\
(X_n, \sigma^{-l}\{,\}_n) & \xrightarrow{(\phi_\sigma)_n} & (X_n, \{,\}_n) \\
\big\downarrow & & \big\downarrow \\
S_n & \xrightarrow{\ \sigma_n\ } & S_n
\end{array}
\tag{4.2}
$$

今, $\{(X_n, \{,\}_n)\}$ は普遍族なので, このような性質を持つ射 σ_n は σ から一意的に決まる. ただし, ポアソン同型射 $(\phi_\sigma)_n$ のほうは存在が保証されているだけで一意性はない. ここで $\tau \in \mathbf{C}^*$ に対して $(\sigma \circ \tau)_n = \sigma_n \circ \tau_n$ であることを示そう. そのためにはポアソン変形 $i \circ \tau^{-1} \circ \sigma^{-1}\colon (X_0, \{,\}) \to (X_n, (\sigma\tau)^{-l}\{,\}_n)$ が $i\colon (X_0, \{,\}_0) \to (X_n, \{,\}_n)$ を $\sigma_n \circ \tau_n\colon S_n \to S_n$ で引き戻したものに同値であることを示せばよい. そうすれば $(\sigma \circ \tau)_n$ は定義からこの性質を持つので, 一意性から $(\sigma \circ \tau)_n = \sigma_n \circ \tau_n$ がしたがうことになる.

さて τ に対してもポアソン同型射 $(\phi_\tau)_n\colon (X_n, \tau^{-l}\{,\}_n) \to (X_n, \{,\}_n)$ が存在して σ のときと同様の可換図式が存在する. ここで $(\phi_\tau)_n$ はポアソン同型射 $(X_n, \tau^{-l}\sigma^{-l}\{,\}_n) \to (X_n, \sigma^{-l}\{,\}_n)$ とみなすこともできることに注意すると可換図式

$$
\begin{array}{ccc}
(X_0, \tau^{-l}\sigma^{-l}\{,\}_0) & \xrightarrow{\ \tau\ } & (X_0, \sigma^{-l}\{,\}_0) \\
{\scriptstyle i}\big\downarrow & & {\scriptstyle i}\big\downarrow \\
(X_n, \tau^{-1}\sigma^{-l}\{,\}_n) & \xrightarrow{(\phi_\tau)_n} & (X_n, \sigma^{-l}\{,\}_n) \\
\big\downarrow & & \big\downarrow \\
S_n & \xrightarrow{\ \tau_n\ } & S_n
\end{array}
\tag{4.3}
$$

を得る. 上の可換図式とこの可換図式を合成すると, 求めていた可換図式

$$
\begin{array}{ccc}
(X_0, \tau^{-l}\sigma^{-l}\{\,,\,\}_0) & \xrightarrow{\;\sigma\circ\tau\;} & (X_0, \{\,,\,\}_0) \\
\downarrow{\scriptstyle i} & & \downarrow{\scriptstyle i} \\
(X_n, \tau^{-l}\sigma^{-l}\{\,,\,\}_n) & \xrightarrow{(\phi_\sigma)_n\circ(\phi_\tau)_n} & (X_n, \{\,,\,\}_n) \\
\downarrow & & \downarrow \\
S_n & \xrightarrow{\;\sigma_n\circ\tau_n\;} & S_n
\end{array}
\tag{4.4}
$$

を得る. 各 n に対して $\sigma_n|_{S_{n-1}} = \sigma_{n-1}$ であることは明らかなので, 底空間の図式 $S_0 \to S_1 \to \cdots \to S_n \to \cdots$ に $\mathbf{C}^*$-作用が入ったことになる.

(b) 普遍族 $\{X_n\}$ の $\mathbf{C}^*$-作用

問題点は (ϕ_σ) が σ に対して一意的に決まらないので, $(\phi_\sigma)_n \circ (\phi_\tau)_n = (\phi_{\sigma\circ\tau})_n$ を満たすように (ϕ_σ) を各々うまく取ってくる必要があることである. n に関する帰納法で証明する. いま X_{n-1} 上には S_{n-1} の $\mathbf{C}^*$-作用と可換な $\mathbf{C}^*$-作用が存在して, 定理の条件 (ii) を満たすものとして, これを X_n 上の $\mathbf{C}^*$-作用に拡張する.

まず $\mathbf{C}^*$ の座標環を $\mathbf{C}[t, 1/t]$ として, $\mathbf{C}^* \times X_n$ の構造層 $\mathbf{C}[t, 1/t] \otimes_{\mathbf{C}} \mathcal{O}_{X_n}$ に $t^{-l} \otimes \{\,,\,\}_n$ でもってポアソン構造を入れる. これによって $\mathbf{C}^* \times X_n$ は $\mathbf{C}^* \times S_n$ 上のポアソン概型になる. 全く同様にして $\mathbf{C}^* \times X_{n-1}$ は $\mathbf{C}^* \times S_{n-1}$ 上のポアソン概型になる. いま可換図式

$$
\begin{array}{ccc}
\mathbf{C}^* \times X_{n-1} & \xrightarrow{\;\phi_{n-1}\;} & X_{n-1} \\
\downarrow & & \downarrow \\
\mathbf{C}^* \times S_{n-1} & \longrightarrow & S_{n-1}
\end{array}
\tag{4.5}
$$

が与えられたとする. ここで $\mathbf{C}^* \times S_{n-1} \to S_{n-1}$ は S_{n-1} 上の $\mathbf{C}^*$-作用である.

補題 4.3.2 ϕ_{n-1} が次の2つの条件を満たすと仮定する.

(i) ϕ_{n-1} は X_{n-1} 上に $\mathbf{C}^*$ の作用を定義する.

(ii) $\phi_{n-1}\colon (\mathbf{C}^* \times X_{n-1}, t^{-l} \otimes \{\,,\,\}_{n-1}) \to (X_{n-1}, \{\,,\,\}_{n-1})$ はポアソン射である.

このとき ϕ_{n-1} はポアソン射 $\phi_n\colon (\mathbf{C}^* \times X_n, t^{-l} \otimes \{\,,\,\}_n) \to (X_n, \{\,,\,\}_n)$ に拡張され，次の図式が可換になる：

$$
\begin{array}{ccc}
\mathbf{C}^* \times X_n & \xrightarrow{\ \phi_n\ } & X_n \\
\downarrow & & \downarrow \\
\mathbf{C}^* \times S_n & \longrightarrow & S_n
\end{array}
\tag{4.6}
$$

ここで $\mathbf{C}^* \times S_n \to S_n$ は S_n 上の $\mathbf{C}^*$-作用である．

　この補題の意味は次の通りである．ϕ_{n-1} によって各 $\sigma \in \mathbf{C}^*$ に対してポアソン同型射 $(\phi_\sigma)_{n-1}\colon (X_{n-1}, \sigma^{-l}\{\,,\,\}_{n-1}) \to (X_{n-1}, \{\,,\,\}_{n-1})$ が決まっている．これらをポアソン同型射 $(\phi_\sigma)_n\colon (X_n, \sigma^{-l}\{\,,\,\}_n) \to (X_n, \{\,,\,\}_n)$ にまで拡張することができる．さらに補題は $\{(\phi_\sigma)_n\}_{\sigma \in \mathbf{C}^*}$ が**代数的な**族になるように取れることも主張している．仮定から $\{(\phi_\sigma)_{n-1}\}_{\sigma \in \mathbf{C}^*}$ は X_{n-1} 上に $\mathbf{C}^*$-作用を定義しているが，$\{(\phi_\sigma)_n\}_{\sigma \in \mathbf{C}^*}$ は必ずしも X_n 上の $\mathbf{C}^*$-作用ではない．

　補題の証明.　まず補題を証明するためには X_n, X_{n-1} を $(X_n)_{\mathrm{reg}}$, $(X_{n-1})_{\mathrm{reg}}$ に置き換えて証明すれば十分である．なぜならば，$\iota_n\colon (X_n)_{\mathrm{reg}} \to X_n$ を自然な開埋入とすると $\mathcal{O}_{X_n} = (\iota_n)_*\mathcal{O}_{(X_n)_{\mathrm{reg}}}$, $\mathcal{O}_{\mathbf{C}^* \times X_n} = (id \times \iota_n)_*\mathcal{O}_{\mathbf{C}^* \times (X_n)_{\mathrm{reg}}}$ が成り立つので，ポアソン射 $\mathbf{C}^* \times (X_n)_{\mathrm{reg}} \to (X_n)_{\mathrm{reg}}$ は一意的に，ポアソン射 $\mathbf{C}^* \times X_n \to X_n$ まで拡張されるからである．

　隅広の定理 (cf. [KKMS], ch. I, §2) より X_{reg} は $\mathbf{C}^*$-同変なアファイン開被覆 $\{U_i^0\}_{i \in I}$ を持つ．このとき $\{U_i := X_n|_{U_i^0}\}_{i \in I}$ は $(X_n)_{\mathrm{reg}}$ のアファイン開被覆である．$\bar{U}_i := X_{n-1}|_{U_i^0}$ と置く．定義より $\{\bar{U}_i\}_{i \in I}$ は $(X_{n-1})_{\mathrm{reg}}$ の $\mathbf{C}^*$-同変アファイン開被覆である．ϕ_{n-1} を $\mathbf{C}^* \times \bar{U}_i$ に制限することにより可換図式

$$
\begin{array}{ccc}
\mathbf{C}^* \times \bar{U}_i & \xrightarrow{\ \phi_{n-1,i}\ } & \bar{U}_i \\
\downarrow & & \downarrow \\
\mathbf{C}^* \times S_{n-1} & \longrightarrow & S_{n-1}
\end{array}
\tag{4.7}
$$

を得る．$U_i \to S_n$ はスムース射なので，この可換図式は可換図式

$$\begin{array}{ccc}
\mathbf{C}^* \times U_i & \xrightarrow{\phi_{n,i}} & U_i \\
\downarrow & & \downarrow \\
\mathbf{C}^* \times S_n & \longrightarrow & S_n
\end{array} \qquad (4.8)$$

に拡張される. このとき, 各リフト $\phi_{n,i}$ をうまく取り直して, 全体の可換図式

$$\begin{array}{ccc}
\mathbf{C}^* \times (X_n)_{\mathrm{reg}} & \xrightarrow{\phi_n} & (X_n)_{\mathrm{reg}} \\
\downarrow & & \downarrow \\
\mathbf{C}^* \times S_n & \longrightarrow & S_n
\end{array} \qquad (4.9)$$

にするための障害 1-コサイクルを, 層 $\phi_{n-1}^* \Theta_{(X_{n-1})_{\mathrm{reg}}/S_{n-1}} \otimes_{R_{n-1}} (m_R^n/m_R^{n+1})$ を係数とするチェックコサイクルの元として構成することができる. これを

$$\{\alpha_{i,j}\} \in \prod_{i,j \in I} \Gamma(\mathbf{C}^* \times (U_i^0 \cap U_j^0), \Theta_{\mathbf{C}^* \times X_{\mathrm{reg}}/\mathbf{C}^*} \otimes_{\mathbf{C}} (m_R^n/m_R^{n+1}))$$

と書く. ここで

$$\phi_{n-1}^* \Theta_{(X_{n-1})_{\mathrm{reg}}/S_{n-1}} \otimes_{R_{n-1}} (m_R^n/m_R^{n+1}) = \Theta_{\mathbf{C}^* \times X_{\mathrm{reg}}/\mathbf{C}^*} \otimes_{\mathbf{C}} (m_R^n/m_R^{n+1})$$

であることに注意する.

一方, X_n 上のポアソン構造 $\{,\}_n$ は各 U_i 上に 2-ベクトル $\theta_i \in \Gamma(U_i, \Theta_{U_i/S_n})$ を定める. 同様に $\mathbf{C}^* \times X_n$ 上のポアソン構造は $\mathbf{C}^* \times U_i$ 上に 2-ベクトル

$$\Theta_i \in \Gamma(\mathbf{C}^* \times U_i, \Theta_{\mathbf{C}^* \times U_i/\mathbf{C}^* \times S_n})$$

を定める. このとき $\mathbf{C}^* \times U_i$ 上の 2 つの 2-ベクトル $\phi_{n,i}^* \theta_i$ および Θ_i は $\mathbf{C}^* \times \bar{U}_i$ まで制限すると一致する. このことから

$$\beta_i := \phi_{n,i}^* \theta_i - \Theta_i \in \Gamma(\mathbf{C}^* \times U_i^0, \wedge^2 \Theta_{\mathbf{C}^* \times X_{\mathrm{reg}}/\mathbf{C}^*} \otimes_{\mathbf{C}} (m_R^n/m_R^{n+1}))$$

が成り立つ.

ここで切頭 (truncated) リヒャネロウィッツ–ポアソン複体 $(\Theta_{\mathbf{C}^* \times X_{\mathrm{reg}}/\mathbf{C}^*}^{\geq 1}, \delta)$ に対して, 超コホモロジー群 $\mathbf{H}^p(\mathbf{C}^* \times X_{\mathrm{reg}}, \Theta_{\mathbf{C}^* \times X_{\mathrm{reg}}/\mathbf{C}^*}^{\geq 1})$ は

$$\mathbf{C}^* \times \mathcal{U} := \{\mathbf{C}^* \times U_i^0\}_{i \in I}$$

と置いたとき，チェック2重複体 $(C^{\cdot}(\mathbf{C}^* \times \mathcal{U}, \Theta^{\cdot}_{\mathbf{C}^* \times X_{\mathrm{reg}}/\mathbf{C}^*}); \delta, \delta_{cech})$：

$$
\begin{array}{ccc}
\delta \uparrow & & \delta \uparrow \\
C^0(\mathbf{C}^* \times \mathcal{U}, \Theta^2_{\mathbf{C}^* \times X_{\mathrm{reg}}/\mathbf{C}^*}) \xrightarrow{\delta_{cech}} C^1(\mathbf{C}^* \times \mathcal{U}, \Theta^2_{\mathbf{C}^* \times X_{\mathrm{reg}}/\mathbf{C}^*}) \xrightarrow{-\delta_{cech}} \\
\delta \uparrow & & \delta \uparrow \\
C^0(\mathbf{C}^* \times \mathcal{U}, \Theta_{\mathbf{C}^* \times X_{\mathrm{reg}}/\mathbf{C}^*}) \xrightarrow{-\delta_{cech}} C^1(\mathbf{C}^* \times \mathcal{U}, \Theta_{\mathbf{C}^* \times X_{\mathrm{reg}}/\mathbf{C}^*}) \xrightarrow{\delta_{cech}}
\end{array}
$$

$$(4.10)$$

の全複体を使って計算できることを思いおこそう．ただし次数は，1番左下の項を次数1として定義する．

上で構成した $(\{\alpha_{i,j}\}, \{\beta_i\})$ はチェック2重複体

$$
(C^{\cdot}(\mathbf{C}^* \times \mathcal{U}, \Theta^{\cdot}_{\mathbf{C}^* \times X_{\mathrm{reg}}/\mathbf{C}^*}); \delta, \delta_{cech}) \otimes_{\mathbf{C}} (m_R^n/m_R^{n+1})
$$

の 2-コサイクルとみなすことができる．そこで

$$
ob := [(\{\alpha_{i,j}\}, \{\beta_i\})] \in \mathbf{H}^2(\mathbf{C}^* \times X_{\mathrm{reg}}, \Theta^{\geq 1}_{\mathbf{C}^* \times X_{\mathrm{reg}}/\mathbf{C}^*}) \otimes_{\mathbf{C}} (m_R^n/m_R^{n+1})
$$

と置く．補題の主張が成り立つことと $ob = 0$ であることは同値なので，$ob = 0$ を示せばよい．

リヒャネロウィッツ–ポアソン複体 $(\Theta^{\cdot}_{\mathbf{C}^* \times X_{\mathrm{reg}}/\mathbf{C}^*}, \delta)$ はドラーム複体 $(\Omega^{\cdot}_{\mathbf{C}^* \times X_{\mathrm{reg}}/\mathbf{C}^*}, d)$ と同型であり，

$$
(\Omega^{\cdot}_{\mathbf{C}^* \times X_{\mathrm{reg}}/\mathbf{C}^*}, d) \cong (\Omega^{\cdot}_{X_{\mathrm{reg}}}, d) \otimes_{\mathbf{C}} \mathcal{O}_{\mathbf{C}^*} \cong (\Theta^{\cdot}_{X_{\mathrm{reg}}}, \delta) \otimes_{\mathbf{C}} \mathcal{O}_{\mathbf{C}^*}
$$

であることに注意すると，

$$
\mathbf{H}^2(\mathbf{C}^* \times X_{\mathrm{reg}}, \Theta^{\geq 1}_{\mathbf{C}^* \times X_{\mathrm{reg}}/\mathbf{C}^*}) \cong \mathbf{H}^2(X_{\mathrm{reg}}, \Theta^{\geq 1}_{X_{\mathrm{reg}}}) \otimes_{\mathbf{C}} \Gamma(\mathbf{C}^*, \mathcal{O}_{\mathbf{C}^*})
$$

が成り立つ．$\sigma \in \mathbf{C}^*$ における評価写像 (evaluation map) $ev_\sigma : \Gamma(\mathbf{C}^*, \mathcal{O}_{\mathbf{C}^*}) \to \mathbf{C}$ を $ev_\sigma(f) = f(\sigma)$ で定義する．このとき，合成射

$$
\mathbf{H}^2(\mathbf{C}^* \times X_{\mathrm{reg}}, \Theta^{\geq 1}_{\mathbf{C}^* \times X_{\mathrm{reg}}/\mathbf{C}^*}) \otimes_{\mathbf{C}} (m_R^n/m_R^{n+1})
$$

$$
\cong \mathbf{H}^2(X_{\mathrm{reg}}, \Theta^{\geq 1}_{X_{\mathrm{reg}}}) \otimes_{\mathbf{C}} \Gamma(\mathbf{C}^*, \mathcal{O}_{\mathbf{C}^*}) \otimes_{\mathbf{C}} (m_R^n/m_R^{n+1})
$$

$$
\xrightarrow{id \otimes ev_\sigma \otimes id} \mathbf{H}^2(X_{\mathrm{reg}}, \Theta^{\geq 1}_{X_{\mathrm{reg}}}) \otimes_{\mathbf{C}} (m_R^n/m_R^{n+1})
$$

による ob の像を $ob(\sigma)$ と書く．$ob = 0$ をいうには，すべての σ に対して $ob(\sigma) = 0$ であることがいえればよい．

ここで ob の作り方から $ob(\sigma)$ は可換図式

$$
\begin{CD}
(X_{n-1}, \sigma^{-l}\{\ ,\ \}_n) @>(\phi_{n-1})_\sigma>> (X_{n-1}, \{\ ,\ \}_{n-1}) \\
@VVV @VVV \\
S_{n-1} @>\sigma_{n-1}>> S_{n-1}
\end{CD}
\tag{4.11}
$$

が可換図式

$$
\begin{CD}
(X_n, \sigma^{-l}\{\ ,\ \}_n) @>>> (X_{n-1}, \{\ ,\ \}_n) \\
@VVV @VVV \\
S_n @>\sigma_n>> S_n
\end{CD}
\tag{4.12}
$$

に拡張できるための障害類である．したがって，拡張が存在すれば $ob(\sigma) = 0$ がわかる．実際に $(\phi_{n-1})_\sigma$ の拡張を次のようにして作ることができる．まず $\{X_n, \{\ ,\ \}_n\}$ が普遍族なので，可換図式

$$
\begin{CD}
(X_n, \sigma^{-l}\{\ ,\ \}_n) @>(\phi'_\sigma)_n>> (X_{n-1}, \{\ ,\ \}_n) \\
@VVV @VVV \\
S_n @>\sigma_n>> S_n
\end{CD}
\tag{4.13}
$$

の存在はわかる．しかしこの可換図式は一般に，最初に与えられた可換図式の拡張であるかはわからない．わかっていることは $(\phi'_\sigma)_n$ は $\sigma\colon (X_0, \sigma^{-l}\{\ ,\ \}_0) \to (X_0, \{\ ,\ \}_0)$ の拡張になっていることだけである．ここで $(\phi_\sigma) \circ ((\phi'_\sigma)_n|_{X_{n-1}})^{-1}$ は $(X_{n-1}, \{\ ,\ \}_{n-1})$ の S_{n-1}-ポアソン自己同型で X_0 に制限すると恒等写像になっている．いまポアソン変形関手 $\mathrm{PD}_{(X, \{\ ,\ \})}$ は射影極限的に表現可能なので，$(\phi_\sigma) \circ ((\phi'_\sigma)_n|_{X_{n-1}})^{-1}$ は常に $(X_n, \{\ ,\ \}_n)$ の S_n-ポアソン自己同型 ψ にまで拡張される．このとき $(\phi_\sigma)_n := \psi \circ (\phi'_\sigma)_n$ と置けば，$(\phi_\sigma)_n$ が求める拡張になっている．$\square$

　定理 4.3.1 の証明に戻る．問題は，補題の ϕ_n を X_n 上の $\mathbf{C}^*$-作用にできるかどうかという点にある．記号を簡略化するために $\{X_0 \overset{i}{\to} X_n \overset{j}{\to} S_n\}$ と X_n 上のポアソン構造 $\{\ ,\ \}_n$ の組のことを η と書く．すでに説明したように $\sigma \in \mathbf{C}^*$ に対して，$\{X_0 \overset{i \circ \sigma^{-1}}{\to} X_n \overset{\sigma \circ j}{\to} S_n\}$ と X_n 上のポアソン構造 $\sigma^{-l}\{\ ,\ \}_n$ の組を考えることができるが，これを $\sigma\eta$ と書くことにする．また，補題で得られたポ

アソン同型射 $(\phi_\sigma)_n\colon X_n \to X_n$ のことも単に ϕ_σ と書くことにする. このとき ϕ_σ は $\sigma\eta$ から η への S_n-ポアソン同型射を与えるので, それを $\sigma\eta \overset{\phi_\sigma}{\to} \eta$ であらわすことにする. また ϕ_σ は S_n-ポアソン同型射 $\tau\sigma\eta \to \tau\eta$ を引き起こすが, これを $\tau\phi_\sigma$ と書く. すべての $\sigma,\tau \in \mathbf{C}^*$ に対して $\phi_\sigma \circ \sigma\phi_\tau = \phi_{\sigma\tau}$ が成り立っていれば $\{\phi_\sigma\}$ は X_n 上に $\mathbf{C}^*$ の作用を与えたことになる.

$(X_0, \{\ ,\ \}_0)$ の S_n 上のポアソン変形 η を S_{n-1} 上に制限したものを $\bar{\eta}$ と書く. $\bar{\eta}$ に対しても同様に $\bar{\phi}_\sigma\colon \sigma\bar{\eta} \to \bar{\eta}$ および $\tau\bar{\phi}_\sigma\colon \tau\sigma\bar{\eta} \to \tau\bar{\eta}$ が定義される. ϕ_σ を S_{n-1} 上に制限したものが $\bar{\phi}_\sigma$ であり, 仮定から $\bar{\phi}_\sigma \circ \sigma\bar{\phi}_\tau = \bar{\phi}_{\sigma\tau}$ はすでに成り立っている.

ここで $\mathrm{PAut}(\eta; id|_{\bar{\eta}})$ を η の S_n-ポアソン自己同型射で $\bar{\eta}$ に制限すると恒等射 id になるもの全体からなる $\mathbf{C}$-ベクトル空間とする. このとき $\sigma \in \mathbf{C}^*$, $u \in \mathrm{PAut}(\eta; id|_{\bar{\eta}})$ に対して

$$\sigma u := \phi_\sigma \circ \sigma u \circ \phi_\sigma^{-1}$$

$$\eta \overset{\phi_\sigma^{-1}}{\to} \sigma\eta \overset{\sigma u}{\to} \sigma\eta \overset{\phi_\sigma}{\to} \eta$$

と定義すると $\sigma\bar{u} = id$ なので $\sigma u \in \mathrm{PAut}(\eta; id|_{\bar{\eta}})$ である. さらに

$$\tau(\sigma u) = \phi_\tau \circ \tau(\sigma u) \circ \phi_\tau^{-1} = \phi_\tau \circ \tau(\phi_\sigma \circ \sigma u \circ \phi_\sigma^{-1}) \circ \phi_\tau^{-1}$$

$$= \phi_\tau \circ \tau\phi_\sigma \circ (\tau\sigma)u \circ \tau\phi_\sigma^{-1} \circ \phi_\tau^{-1} = \phi_\tau \circ \tau\phi_\sigma \circ (\tau\sigma)u \circ (\tau\phi_\sigma)^{-1} \circ \phi_\tau^{-1}$$

$$= \phi_{\tau\sigma} \circ (\tau\sigma)u \circ \phi_{\tau\sigma}^{-1} = {}^{\tau\sigma} u$$

が成り立つ. ただし後ろから 2 番目の等号には説明が必要である. 実際 $\bar{\phi}_\tau \circ \bar{\tau}\phi_\sigma = \bar{\phi}_{\tau\sigma}$ なので, $\mathrm{PAut}(\tau\sigma\eta; id|_{\tau\sigma\bar{\eta}})$ の元 v を用いて $\phi_\tau \circ \tau\phi_\sigma = \phi_{\tau\sigma} \circ v$ とあらわすことができる. このとき

$$\phi_\tau \circ \tau\phi_\sigma \circ (\tau\sigma)u \circ (\tau\phi_\sigma)^{-1} \circ \phi_\tau^{-1} = \phi_{\tau\sigma} \circ v \circ (\tau\sigma)u \circ v^{-1} \circ \phi_{\tau\sigma}^{-1}$$

となるが $\mathrm{PAut}(\tau\sigma\eta; id|_{\tau\bar{\sigma}\eta})$ は可換群なので $v \circ (\tau\sigma)u \circ v^{-1} = (\tau\sigma)u$ となる.

以上のことから $\mathbf{C}^*$ は $\mathrm{PAut}(\eta; id|_{\bar{\eta}})$ に左から作用する.

次に $\sigma,\tau \in \mathbf{C}^*$ に対して

$$f(\sigma,\tau) := \phi_\sigma \circ \sigma\phi_\tau \circ \phi_{\sigma\tau}^{-1} \in \mathrm{PAut}(\eta; id|_{\bar{\eta}}),$$

$$\eta \overset{\phi_{\sigma\tau}^{-1}}{\to} \sigma\tau\eta \overset{\sigma\phi_\tau}{\to} \sigma\eta \overset{\phi_\sigma}{\to} \eta$$

と定義する. $\mathrm{PAut}(\eta; id|_{\bar{\eta}})$ の可換性を用いると, $\sigma, \tau, \rho \in \mathbf{C}^*$ に対して

$$f(\sigma\tau, \rho) \circ f(\sigma, \tau\rho)^{-1} \circ f(\sigma, \tau) = f(\sigma, \tau) \circ f(\sigma\tau, \rho) \circ f(\sigma, \tau\rho)^{-1}$$

$$= (\phi_\sigma \circ \sigma\phi_\tau \circ \phi_{\sigma\tau}^{-1}) \circ (\phi_{\sigma\tau} \circ \sigma\tau\phi_\rho \circ \phi_{\sigma\tau\rho}^{-1}) \circ (\phi_{\sigma\tau\rho} \circ (\sigma\phi_{\tau\rho})^{-1} \circ \phi_\sigma^{-1})$$

$$= \phi_\sigma \circ \sigma\phi_\tau \circ \sigma\tau\phi_\rho \circ \sigma\phi_{\tau\rho}^{-1} \circ \phi_\sigma^{-1} = \phi_\sigma \circ \sigma(\phi_\tau \circ \tau\phi_\rho \circ \phi_{\tau\rho}^{-1}) \circ \phi_\sigma^{-1}$$

$$= {}^\sigma f(\tau, \rho)$$

となるので,

$$f: \mathbf{C}^* \times \mathbf{C}^* \to \mathrm{PAut}(\eta; id|_{\bar{\eta}})$$

は代数トーラス $\mathbf{C}^*$ の有理表現 $\mathrm{PAut}(\eta; id|_{\bar{\eta}})$ の群コホモロジー (ホッホシルトコホモロジー) に関して, 2-コサイクルを定義している. 代数トーラスは線形簡約なので高次のホッホシルトコホモロジー群は消える (cf. [Mi], Proposition 15.16):

$$H^i(\mathbf{C}^*, \mathrm{PAut}(\eta; id|_{\bar{\eta}})) = 0 \quad i > 0.$$

特に f は 2-コバウンダリーになる. すなわち, $\mathbf{C}^*$ の元でパラメーター付けされたポアソン自己同型の族 $\{u_\sigma\}$, $u_\sigma \in \mathrm{PAut}(\eta; id|_{\bar{\eta}})$ が存在して

$$f(\sigma, \tau) = {}^\sigma u_\tau \circ u_{\sigma\tau}^{-1} \circ u_\sigma$$

を満たす. したがって

$$\phi_\sigma \circ \sigma\phi_\tau \circ \phi_{\sigma\tau}^{-1} = {}^\sigma u_\tau \circ u_{\sigma\tau}^{-1} \circ u_\sigma$$

$$= {}^\sigma u_\tau \circ u_\sigma \circ u_{\sigma\tau}^{-1} = \phi_\sigma \circ \sigma u_\tau \circ \phi_\sigma^{-1} \circ u_\sigma \circ u_{\sigma\tau}^{-1}$$

である. 2 番目の等式では $\mathrm{PAut}(\eta; id|_{\bar{\eta}})$ の可換性を使っている. この等式の両辺に左から ϕ_σ^{-1}, 右から $\phi_{\sigma\tau}$ を施すことにより

$$\sigma\phi_\tau = \sigma u_\tau \circ \phi_\sigma^{-1} \circ u_\sigma \circ u_{\sigma\tau}^{-1} \circ \phi_{\sigma\tau}$$

を得る. さらにこの式の両辺に左から $\sigma(u_\tau^{-1}) = (\sigma u_\tau)^{-1}$ を施すと

$$\sigma(u_\tau^{-1} \circ \phi_\tau) = \phi_\sigma^{-1} \circ u_\sigma \circ u_{\sigma\tau}^{-1} \circ \phi_{\sigma\tau}$$

を得る. 最後に, 両辺に左から $u_\sigma^{-1} \circ \phi_\sigma$ を施すと

$$u_\sigma^{-1} \circ \phi_\sigma \circ \sigma(u_\tau^{-1} \circ \phi_\tau) = u_{\sigma\tau}^{-1} \circ \phi_{\sigma\tau}$$

が成り立つ. したがって, 各 $\sigma \in \mathbf{C}^*$ に対して $\psi_\sigma := u_\sigma^{-1} \circ \phi_\sigma$ と置き直せば

$$\psi_\sigma \circ \sigma\psi_\tau = \psi_{\sigma\tau}$$

が成り立つ. □

定理 4.3.1 で作った $\mathbf{C}^*$-作用は次の命題から一意的である.

命題 4.3.3　$(X, \{\,,\,\})$ の形式的ポアソン変形 $\{(X_n, \{\,,\,\}_n)\}$ (普遍ポアソン変形である必要はない) に対して定理 4.3.1 の条件 (i), (ii) を満たし, $\{S_n\}$ への作用は同じであるような $\mathbf{C}^*$-作用が 2 つあったとする. このとき $\{X_n\}$ の $\{S_n\}$-ポアソン自己同型射 $h = \{h_n\}$ で $h_0 = id_X$ を満たし, 2 つの $\mathbf{C}^*$-作用に関して同変になるものが存在する.

証明.　命題の条件を満たすようなポアソン自己同型射が h_{n-1} まで構成できたとする. 命題 4.2.3, (ii) より h_{n-1} を X_n のポアソン自己同型 h'_n にまで拡張する. h'_n によって X_n に対する 2 番目の $\mathbf{C}^*$-作用を引き戻したものと, 1 番目の $\mathbf{C}^*$-作用を比較する. 定理の証明の後半部と同じように $\{X_0 \xrightarrow{i} X_n \xrightarrow{j} S_n\}$ と X_n 上のポアソン構造 $\{\,,\,\}_n$ の組のことを η と書く. また $\sigma \in \mathbf{C}^*$ に対して, $\{X_0 \xrightarrow{i \circ \sigma^{-1}} X_n \xrightarrow{\sigma \circ j} S_n\}$ と X_n 上のポアソン構造 $\sigma^{-l}\{\,,\,\}_n$ の組を考えることができるが, これを $\sigma\eta$ と書く. $\sigma\eta$ は命題の仮定から 2 つの $\mathbf{C}^*$-作用どちらで考えても同じものになることに注意する. 1 番目の $\mathbf{C}^*$-作用によって同型射 $\sigma\eta \xrightarrow{\phi_\sigma} \eta$ が決まっている. 定理 4.3.1 の証明の中で行ったように, $\{\phi_\sigma\}$ を用いて $\mathrm{PAut}(\eta; id|\bar\eta)$ に $\mathbf{C}^*$ を作用させる. 特に $u \in \mathrm{PAut}(\eta; id|\bar\eta)$ に対して σ を作用させたものを ${}^\sigma u$ と書く. 一方で 2 番目の $\mathbf{C}^*$-作用によって同型射 $\sigma\eta \xrightarrow{\psi_\sigma} \eta$ が決まっている. このとき $\mathrm{PAut}(\eta; id|\bar\eta)$ の元 u_σ を用いて $\psi_\sigma = u_\sigma^{-1} \circ \phi_\sigma$ と書ける.

$$\psi_\sigma \circ \sigma\psi_\tau = \psi_{\sigma\tau}$$

なので

$$u_\sigma^{-1} \circ \phi_\sigma \circ \sigma(u_\tau^{-1} \circ \phi_\tau) = u_{\sigma\tau}^{-1} \circ \phi_{\sigma\tau}$$

が成り立つ. ここからは定理 4.3.1 の証明の最後でやった操作の逆をたどっていくことにより

$$\phi_\sigma \circ \sigma\phi_\tau \circ \phi_{\sigma\tau}^{-1} = {}^\sigma u_\tau \circ u_{\sigma\tau}^{-1} \circ u_\sigma$$

が成り立つ. $\phi_\sigma \circ {}^\sigma\phi_\tau \circ \phi_{\sigma\tau}^{-1} = 1$ なので

$$u\colon \mathbf{C}^* \to \mathrm{PAut}(\eta; id|_{\bar\eta}), \quad \sigma \to u_\sigma$$

は代数トーラス $\mathbf{C}^*$ の有理表現 $\mathrm{PAut}(\eta; id|_{\bar\eta})$ の群コホモロジー (ホッホシルトコホモロジー) に関して, 1-コサイクルを定義している. 代数トーラスは線形簡約なので $H^1(\mathbf{C}^*, \mathrm{PAut}(\eta; id|_{\bar\eta})) = 0$ である (cf. [Mi], Proposition 15.16). 特に $\{u_\sigma\}$ は 1-コバウンダリーになる. すなわちある $\theta \in \mathrm{PAut}(\eta; id|_{\bar\eta})$ に対して $u_\sigma = {}^\sigma\theta \circ \theta^{-1}$ とあらわされる. このとき

$$\psi_\sigma = u_\sigma^{-1} \circ \phi_\sigma = \theta \circ {}^\sigma\theta^{-1} \circ \phi_\sigma = \theta \circ (\phi_\sigma \circ \sigma\theta^{-1} \circ \phi_\sigma^{-1}) \circ \phi_\sigma = \theta \circ \phi_\sigma \circ \sigma\theta^{-1}$$

となる. すなわち次の図式が可換である.

$$\begin{array}{ccc} \sigma\eta & \xrightarrow{\phi_\sigma} & \eta \\ {\scriptstyle \sigma\theta}\downarrow & & \downarrow{\scriptstyle \theta} \\ \sigma\eta & \xrightarrow{\psi_\sigma} & \eta \end{array} \tag{4.14}$$

そこで $h_n := \theta \circ h'_n$ と置き直せば h_n は h_{n-1} の持ち上げであって命題の条件を満たすポアソン自己同型になる. □

4.4 スロードウィー切片とクライン特異点の 普遍ポアソン族

命題 4.2.3 と命題 4.2.6 の典型的な例はクライン特異点およびその極小特異点解消の普遍ポアソン変形である. $S := \{(x,y,z) \in \mathbf{C}^3 \mid f(x,y,z) = 0\}$ を定理 2.4.18 における ADE 型のアファイン超曲面とする. 例 3.2.7 で構成した S の半普遍変形 $\mathcal{X} \to \mathbf{C}^r$ に対して

$$\omega_{\mathcal{X}/\mathbf{C}^r} := \mathrm{Res}\left(\frac{dx \wedge dy \wedge dz}{f(x,y,z) + \sum_{1 \le i \le r} g_i t_i} \right)$$

によって $\mathcal{X}_{\mathrm{reg}}$ 上にシンプレクティック相対 2-形式を定義する. $\omega_{\mathcal{X}/\mathbf{C}^r}$ を用いて $\mathcal{X}$ 上にポアソン構造 $\{\,,\,\}_{\mathcal{X}}$ を定め, $\mathcal{X} \to \mathbf{C}^r$ を $(S, \{\,,\,\})$ のポアソン変形と思うことができる. このとき次の命題が成り立つ.

命題 4.4.1 $(\mathcal{X}, \{\,,\,\}_{\mathcal{X}}) \to \mathbf{C}^r$ は $(S, \{\,,\,\})$ の普遍ポアソン変形を与える.

証明. 半普遍性がいえれば, 普遍性は命題 4.2.3, 命題 4.2.6 からしたがう. 4.1 節において $X_0 = S$ と置いて考える. 今の場合 $U_0 = S$ である. 層 $PT^1_{S^{an}}$ は原点に台を持つ有限次元 **C**-ベクトル空間の層 T^1_S に等しい. このことから完全系列

$$0 \to \mathrm{PD}_{lt,S}(\mathbf{C}[\epsilon]) \to \mathrm{PD}_S(\mathbf{C}[\epsilon]) \to T^1_S$$

が存在する. 命題 4.1.6 から $\mathrm{PD}_{lt,S}(\mathbf{C}[\epsilon]) \cong H^2(S^{an}, \mathbf{C})$ である. S は錐的シンプレクティック多様体なので, S^{an} は原点にホモトピー同値である. したがって $H^2(S^{an}, \mathbf{C}) = 0$ である. 一方 $\mathcal{X} \to \mathbf{C}^r$ は S の半普遍変形を与えるので, 小平–スペンサー写像 $T_{\mathbf{C}^r,0} \to T^1_S$ は同型である. 小平–スペンサー写像はポアソン–小平–スペンサー写像 $T_{\mathbf{C}^r,0} \to \mathrm{PD}_S(\mathbf{C}[\epsilon])$ を経由する:

$$T_{\mathbf{C}^r,0} \to \mathrm{PD}_S(\mathbf{C}[\epsilon]) \to T^1_S.$$

したがって射 $\mathrm{PD}_S(\mathbf{C}[\epsilon]) \to T^1_S$ は全射である. 一方, 最初の完全系列から, この射は単射でもある. 以上よりポアソン–小平–スペンサー写像は同型である. □

　$\mathfrak{g}$ を S と同じタイプの複素単純リー環とし, $\mathfrak{g}$ の副正則べき零元に対するスロードウィー切片 $\mathcal{S}$ を考える. 2.4 節で見たように可換図式 (**ブリースコーン–スロードウィー図式**)

$$
\begin{array}{ccc}
\tilde{\mathcal{S}} & \longrightarrow & \mathcal{S} \\
f_S \downarrow & & q_S \downarrow \\
\mathfrak{h} & \longrightarrow & \mathfrak{h}/W
\end{array}
\tag{4.15}
$$

が存在する. $\mathcal{S}$ に対して次の定理が成り立つ.

定理 4.4.2　$\mathbf{C}^*$-同変なポアソン概型の可換図式

$$
\begin{array}{ccc}
\mathcal{S} & \longrightarrow & \mathcal{X} \\
q_S \downarrow & & \downarrow \\
\mathfrak{h}/W & \longrightarrow & \mathbf{C}^r
\end{array}
\tag{4.16}
$$

が存在して, 水平写像はともに同型である.

証明. $\mathcal{X} \to \mathbf{C}^r$ の原点 $0 \in \mathbf{C}^r$ での普遍性 (直前の命題) から形式的概型の間の射 $\hat{\varphi} \colon \hat{\mathfrak{h}/W} \to \hat{\mathbf{C}}^r$ が一意的に決まり, $\hat{\varphi}$ は $\mathbf{C}^*$-同変になる. ここで

$$\mathcal{X}_n := \mathcal{X} \times_{\mathbf{C}^r} \operatorname{Spec} \mathcal{O}_{\mathbf{C}^r,0}/m^{n+1}$$

と置いて,

$$\hat{\varphi}_n \colon \operatorname{Spec} \mathcal{O}_{\mathfrak{h}/W,0}/m^{n+1} \to \operatorname{Spec} \mathcal{O}_{\mathbf{C}^r,0}/m^{n+1}$$

によって $\mathcal{X}_n$ を引き戻したものを $\mathcal{X}'_n$ と書くことにする. さらに

$$\mathcal{S}_n := \mathcal{S} \times_{\mathfrak{h}/W} \operatorname{Spec} \mathcal{O}_{\mathfrak{h}/W,0}/m^{n+1}$$

と定義する. このとき各 n に対して $\operatorname{Spec} \mathcal{O}_{\mathfrak{h}/W,0}/m^{n+1}$-ポアソン概型の同型射

$$h_n \colon \mathcal{S}_n \to \mathcal{X}'_n$$

が存在する. ここで命題 4.2.3, (ii) を用いるとこれらの $\{h_n\}$ を h_n が h_{n-1} の持ち上げになっているように取ることができる. 実際, $h'_{n-1} := h_{n-1}|_{\mathcal{S}_{n-1}}$ と置くと, $u_{n-1} := h_{n-1} \circ h'_{n-1}$ は $\mathcal{X}'_{n-1}$ のポアソン自己同型射であるが, u_{n-1} は $\mathcal{X}'_n$ のポアソン自己同型射 u_n にまで持ち上がる. ここで改めて $u_n \circ h_n$ のことを h_n と置き直せば h_n は h_{n-1} の持ち上げになる. したがって形式的ポアソン概型の同型射 $\{\mathcal{S}_n\} \to \{\mathcal{X}'_n\}$ が存在する. 左辺と右辺は各々 $\mathcal{S}$ および $\mathcal{X}$ から誘導される $\mathbf{C}^*$-作用を持つ. ここで 命題 4.3.3 を用いると, この形式的ポアソン概型の同型射を $\mathbf{C}^*$-同変に取り直すことができる. さらに 補題 5.2.1, 補題 5.2.2 を用いると形式的概型の可換図式

$$
\begin{array}{ccc}
\{\mathcal{S}_n\} & \longrightarrow & \{\mathcal{X}_n\} \\
\downarrow & & \downarrow \\
\{\operatorname{Spec} \mathcal{O}_{\mathfrak{h}/W,0}/m^{n+1}\} & \xrightarrow{\hat{\varphi}} & \{\operatorname{Spec} \mathcal{O}_{\mathbf{C}^r,0}/m^{n+1}\}
\end{array}
\tag{4.17}
$$

から $\mathbf{C}^*$-同変な可換図式

$$
\begin{array}{ccc}
\mathcal{S} & \longrightarrow & \mathcal{X} \\
\downarrow & & \downarrow \\
\mathfrak{h}/W & \xrightarrow{\varphi} & \mathbf{C}^r
\end{array}
\tag{4.18}
$$

が誘導される. 最後に φ が同型であることを示そう. まず初めに $\varphi^{-1}(0) = 0$ であることを示す. そうでないとすると, φ の $\mathbf{C}^*$-同変性から $\dim \varphi^{-1}(0) \geq 1$

である. このとき $t \in \varphi^{-1}(0)$ に対して $(\mathcal{S}_t, \{\,,\,\}_t)$ と $(S, \{\,,\,\})$ はポアソン概型として同型である. ここで $\mathcal{S} \to \mathfrak{h}/W$ の同時特異点解消

$$
\begin{array}{ccc}
\tilde{\mathcal{S}} & \longrightarrow & \mathcal{S} \\
f_S \downarrow & & q_S \downarrow \\
\mathfrak{h} & \xrightarrow{\;p\;} & \mathfrak{h}/W
\end{array}
\tag{4.19}
$$

を考える. $p(\tilde{t}) = t$ となる $\tilde{t} \in \mathfrak{h}$ に対して, $(\tilde{\mathcal{S}}_{\tilde{t}}, \{\,,\,\}_{\tilde{t}}) \cong (\tilde{\mathcal{S}}_0, \{\,,\,\}_0)$ である. ところがこれは命題 2.4.21 に矛盾する. したがって $\varphi^{-1}(0) = 0$ である. 次に例 3.2.7 の最後の部分で注意したように $\mathbf{C}^*$-空間 $\mathfrak{h}/W$ と $\mathbf{C}^r$ のウエイトは完全に一致している. このとき系 2.4.15 から φ は同型射になる. $\square$

$(S^{an}, 0)$ を複素解析空間 S^{an} の原点における芽とする. $f : \tilde{S} \to S$ を S の極小特異点解消として $E := f^{-1}(0)$ を f-例外曲線とする. $(\tilde{S}^{an}, E^{an})$ を複素解析空間 $\tilde{S}^{an}$ の E^{an} に沿った芽とする. $\tilde{\mathcal{S}}$ と $\mathcal{S}$ を複素解析空間と考えて原点または例外集合にそって芽を取ると, ブリースコーン–スロードウィー図式の複素解析空間版

$$
\begin{array}{ccc}
(\tilde{S}^{an}, E^{an}) & \longrightarrow & (\mathcal{S}^{an}, 0) \\
f_S^{an} \downarrow & & q_S^{an} \downarrow \\
(\mathfrak{h}, 0) & \longrightarrow & (\mathfrak{h}/W, 0)
\end{array}
\tag{4.20}
$$

を得る.

命題 4.4.3 (i) (代数バージョン) ブリースコーン–スロードウィー図式はアファインシンプレクティック多様体 S および極小特異点解消 $\tilde{S}$ の普遍ポアソン変形を与える.

(ii) (複素解析バージョン) ブリースコーン–スロードウィー図式の複素解析空間版はクライン特異点 $(S^{an}, 0)$ および極小特異点解消 $(\tilde{S}^{an}, E^{an})$ の普遍ポアソン変形を与える.

証明. 半普遍性がいえれば, 普遍性は命題 4.2.3, 命題 4.2.6 からしたがう.

(i) S に対する主張は命題 4.4.1 と定理 4.4.2 からしたがう. $\tilde{S}$ については, 命題 2.4.21 からしたがう.

(ii) 完全系列

$$0 \to \mathrm{PD}_{lt,(S^{an},0)}(\mathbf{C}[\epsilon]) \to \mathrm{PD}_{(S^{an},0)}(\mathbf{C}[\epsilon]) \to T^1_{S^{an}}$$

が存在する. 命題 4.1.3 の証明, (ii) より $\mathrm{PD}_{lt,(S^{an},0)}(\mathbf{C}[\epsilon]) = 0$ がわかる. 実際 $(V,0) = (S^{an},0) \times (\mathbf{C}^{2d-2},0)$ において $d = 1$ の場合に適用する. 後は (i) の場合とほぼ同様にすればよい: $(\mathcal{S}^{an},0) \to (\mathfrak{h}/W,0)$ が $(S^{an},0)$ の半普遍変形を与えるので, 小平–スペンサー写像 $T_{\mathfrak{h}/W,0} \to T^1_{S^{an}}$ は同型である. 小平–スペンサー写像はポアソン–小平–スペンサー写像 $T_{\mathfrak{h}/W,0} \to \mathrm{PD}_{(S^{an},0)}(\mathbf{C}[\epsilon])$ を経由する:

$$T_{\mathfrak{h}/W,0} \to \mathrm{PD}_{(S^{an},0)}(\mathbf{C}[\epsilon]) \to T^1_{S^{an}}.$$

このことから射 $\mathrm{PD}_{(S^{an},0)}(\mathbf{C}[\epsilon]) \to T^1_{S^{an}}$ は全射であり, このことから同型射である. 結局, ポアソン–小平–スペンサー写像 $T_{\mathfrak{h}/W,0} \to \mathrm{PD}_{(S^{an},0)}(\mathbf{C}[\epsilon])$ は同型である.

$(\tilde{\mathcal{S}}^{an}, E^{an}) \to (\mathfrak{h},0)$ に対しては周期写像

$$p^{an} \colon (\mathfrak{h},0) \to (H^2((S^{an},E^{an}),\mathbf{C}),0)$$

が定義される. このとき $H^2(S^{an},\mathbf{C}) \cong H^2((S^{an},E^{an}),\mathbf{C})$ であり, p^{an} は (i) で考えた周期写像 $p \colon \mathfrak{h} \to H^2(S^{an},\mathbf{C})$ を原点における芽に制限したものである. したがって p^{an} は同型射である. 命題 2.4.21 の複素解析バージョンからポアソン–小平–スペンサー写像 $T_{\mathfrak{h},0} \to H^2((S^{an},E^{an}),\mathbf{C})$ は同型になる. $\square$

V を $0 := (0,0) \in S^{an} \times \mathbf{C}^{2d-2}$ の可縮なスタイン開近傍とする. シンプレクティック形式 $\omega := (p_1)^* \omega_S + (p_2)^* \omega_{\mathbf{C}^{2d-2}}$ によって V はシンプレクティック特異点を持った複素解析空間になる. このとき, 双有理射 $\tilde{S}^{an} \times \mathbf{C}^{2d-2} \to S^{an} \times \mathbf{C}^{2d-2}$ は V のシンプレクティック特異点解消 $\tilde{V} \to V$ を与える.

系 4.4.4 可換図式

$$
\begin{array}{ccc}
(\tilde{\mathcal{S}}^{an}, E^{an}) \times (\mathbf{C}^{2d-2},0) & \longrightarrow & (\mathcal{S}^{an},0) \times (\mathbf{C}^{2d-2},0) \\
{\scriptstyle f_S^{an} \circ p_1} \downarrow & & {\scriptstyle q_S^{an} \circ p_1} \downarrow \\
(\mathfrak{h},0) & \longrightarrow & (\mathfrak{h}/W,0)
\end{array}
\qquad (4.21)
$$

はポアソン複素解析空間 $(V, 0)$ および $(\tilde{V}, E^{an} \times 0)$ の普遍ポアソン変形を与える.

証明. 命題 4.4.3, (ii) と命題 4.1.3 より

$$(\mathcal{S}^{an}, 0) \times (\mathbf{C}^{2d-2}, 0) \overset{q_{\mathcal{S}}^{an} \circ p_1}{\to} (\mathfrak{h}/W, 0)$$

は $(V, 0)$ の普遍ポアソン変形である. 次に $\tilde{V}$ を考える.

$$\mathrm{PD}_{(\tilde{V}, E^{an} \times 0)}(\mathbf{C}[\epsilon]) \cong H^2((\tilde{V}, E^{an} \times 0), \mathbf{C}) \cong H^2((\tilde{\mathcal{S}}^{an}, E^{an}), \mathbf{C})$$

が成り立つ. 一方

$$\mathrm{PD}_{(\tilde{S}, E^{an})}(\mathbf{C}[\epsilon]) \cong H^2((\tilde{\mathcal{S}}^{an}, E^{an}), \mathbf{C})$$

なので, 命題 4.4.3, (ii) より

$$(\tilde{\mathcal{S}}^{an}, E^{an}) \times (\mathbf{C}^{2d-2}, 0) \overset{f_{\mathcal{S}}^{an} \circ p_1}{\to} (\mathfrak{h}, 0)$$

は $(\tilde{V}, E^{an})$ の普遍ポアソン変形である. $\square$

4.5 シンプレクティック自己同型と普遍ポアソン変形

4.1節の最後で, 局所系 $PT_{U_0^{an}}^1$ のモノドロミー m_γ は (U_0^{an}, p) のポアソン (シンプレクティック) 自己同型射によって誘導される同型射 $PT_{U_0^{an}, p}^1 \to PT_{U_0^{an}, p}^1$ に一致することを見た. この節では, m_γ を複素単純リー環のカルタン部分代数 $\mathfrak{h}$ とワイル群 W を用いて具体的に記述する.

$V, \tilde{V}, S, \tilde{S}, E$ は前節と同じものとする. V の原点を原点に移すようなシンプレクティック自己同型

$$i \colon (V, \omega) \to (V, \omega)$$

が与えられたとする. $\tilde{V}$ は V のただ1つのクレパント特異点解消なので i は $\tilde{V}$ の自己同型

$$\tilde{i} \colon \tilde{V} \to \tilde{V}$$

を誘導して, $\tilde{V}$ のシンプレクティック自己同型になる:

$$(\tilde{V}, E^{an} \times 0) \xrightarrow{\ \tilde{i}\ } (\tilde{V}, E^{an} \times 0)$$
$$\downarrow \qquad\qquad\qquad \downarrow \qquad\qquad (4.22)$$
$$(V, 0) \xrightarrow{\ i\ } (V, 0)$$

この可換図式はポアソン変形関手の可換図式

$$\mathrm{PD}_{(\tilde{V}, E^{an} \times 0)} \xrightarrow{\ \tilde{i}_*\ } \mathrm{PD}_{(\tilde{V}, E^{an} \times 0)}$$
$$\downarrow \qquad\qquad\qquad\qquad \downarrow \qquad\qquad (4.23)$$
$$\mathrm{PD}_{(V, 0)} \xrightarrow{\ i_*\ } \mathrm{PD}_{(V, 0)}$$

を誘導する．ここでクライン特異点 S と同じタイプの複素単純リー環 $\mathfrak{g}$ を取り，$\mathfrak{g}$ のカルタン部分代数 $\mathfrak{h}$ を固定する．$\mathfrak{h}$ を含む $\mathfrak{g}$ のボレル部分代数 $\mathfrak{b}$ を 1 つ取る．このとき，系 4.4.4 から可換図式

$$(\tilde{\mathcal{S}}_B^{an}, E^{an}) \times (\mathbf{C}^{2d-2}, 0) \xrightarrow{\qquad\qquad} (\mathcal{S}^{an}, 0) \times (\mathbf{C}^{2d-2}, 0)$$
$$f_{\mathcal{S}}^{an} \circ p_1 \downarrow \qquad\qquad\qquad\qquad q_{\mathcal{S}}^{an} \circ p_1 \downarrow \qquad\qquad (4.24)$$
$$(\mathfrak{h}, 0) \xrightarrow{\qquad\qquad} (\mathfrak{h}/W, 0)$$

はポアソン複素解析空間 $(V, 0)$ および $(\tilde{V}, E^{an} \times 0)$ の普遍ポアソン変形を与える．したがってポアソン変形関手の可換図式は次の可換図式を誘導する：

$$\hat{\mathfrak{h}} \xrightarrow{\ \tilde{\iota}\ } \hat{\mathfrak{h}}$$
$$\downarrow \qquad\qquad \downarrow \qquad\qquad (4.25)$$
$$\mathfrak{h}\widehat{/}W \xrightarrow{\ \iota\ } \mathfrak{h}\widehat{/}W$$

ここで $\hat{\mathfrak{h}}$ および $\mathfrak{h}\widehat{/}W$ は，$\mathfrak{h}$ および $\mathfrak{h}/W$ を原点で完備化した形式的概型である．$(\mathfrak{g}, \mathfrak{h})$ とキリング形式による同一視 $\mathfrak{h} \cong \mathfrak{h}^*$ によってルート系 $\Phi \subset \mathfrak{h}$ が決まる．ボレル部分代数 $\mathfrak{b}$ を選んだことにより，ルート系の基底 Δ が 1 つ決まる．$\mathrm{Aut}(\Phi) \subset GL(\mathfrak{h})$ をルート系 Φ の自己同型群として，ディンキン図式の同型群 $\mathrm{Aut}(\Delta)$ を

$$\mathrm{Aut}(\Delta) := \{\sigma \in \mathrm{Aut}(\Phi) \mid \sigma(\Delta) = \Delta\}$$

によって定義する．ワイル群 W は $\mathrm{Aut}(\Phi)$ の正規部分群であり $\mathrm{Aut}(\Phi)$ は W と $\mathrm{Aut}(\Delta)$ の半直積である．

命題 4.5.1　(i) $\mathrm{Aut}(\Delta)$ の元は $\mathfrak{h}/W$ の自己同型射を誘導する．さらに $\mathfrak{h}/W$ には線形空間の構造が入り，$\mathrm{Aut}(\Delta)$ から誘導された自己同型射はすべて線形写像になる．

　(ii) $\tilde{\iota}_{\mathfrak{h}} \in \mathrm{Aut}(\Delta)$ が存在して，$\tilde{\iota}_{\mathfrak{h}}$ が誘導する可換図式

$$
\begin{array}{ccc}
\mathfrak{h} & \xrightarrow{\ \tilde{\iota}_{\mathfrak{h}}\ } & \mathfrak{h} \\
\downarrow & & \downarrow \\
\mathfrak{h}/W & \xrightarrow{\ \iota_{\mathfrak{h}/W}\ } & \mathfrak{h}/W
\end{array}
\tag{4.26}
$$

を完備化したものが，上で現れた形式的概型の可換図式になる．

証明．　(i) $\mathrm{Aut}(\Phi)$ は $\mathfrak{h}$ に線形に作用する．したがって $\mathrm{Aut}(\Phi)$ は多項式環 $\mathbf{C}[\mathfrak{h}]$ に次数を保つように作用する．特に不変式環 $A := \mathbf{C}[\mathfrak{h}]^W$ は自然に次数付き環 $A = \sum_{i \geq 0} A(i)$ になる．ただし $A(0) = \mathbf{C}$ である．W は $\mathrm{Aut}(\Phi)$ の正規部分群なので $\mathrm{Aut}(\Delta)$ は $A := \mathbf{C}[\mathfrak{h}]^W$ にも作用する．さらにその作用は A の次数を保つ．したがって各 $A(i)$ は $\mathrm{Aut}(\Delta)$-加群の構造を持つ．$\mathbf{C}$-代数 A の斉次生成系を次のように取る．$A(1)$ の $\mathbf{C}$-ベクトル空間の基底を $f_1, \ldots, f_{r_1}$ とする．$A(1) \cdot A(1) \subset A(2)$ は $\mathrm{Aut}(\Delta)$-加群 $A(2)$ の部分 $\mathrm{Aut}(\Delta)$-加群になる．有限群の表現の完全可約性から $A(2)$ のなかで $A(1) \cdot A(1)$ の $\mathrm{Aut}(\Delta)$-加群としての補空間 $A(2)'$ を取る．$\mathbf{C}$-ベクトル空間 $A(2)'$ の基底を $f_{r_1+1}, \ldots, f_{r_2}$ とする．この操作を続けていく．すなわち，すでに $f_1, \ldots, f_{r_{i-1}}$ まで取り終えたとする．この時点で $A(i)$ の中で

$$
\sum_{j+k=i,\, j<i\, k<i} A(j) \cdot A(k)
$$

の $\mathrm{Aut}(\Delta)$-補空間 $A(i)'$ を取り，$A(i)' \neq 0$ ならば $A(i)'$ の $\mathbf{C}$-ベクトル空間としての基底を $f_{r_{i-1}+1}, \ldots, f_{r_i}$ と置く．この操作は有限回で終わり，A の斉次生成系 $f_1, \ldots, f_{r_n}$ が取れる．W は鏡映群なので $f_1, \ldots, f_{r_n}$ は $\mathbf{C}$-上代数的独立であり $\mathbf{C}[\mathfrak{h}]^W$ は多項式環 $\mathbf{C}[f_1, \ldots, f_{r_n}]$ と同型になる．生成元 $\{f_i\}$ に関して $\mathfrak{h}/W$ を線形空間と見れば (i) が満たされる．

(ii) $(V, 0)$ および $(\tilde{V}, E^{an} \times 0)$ の普遍ポアソン変形は，もともと可換図式

$$
\begin{array}{ccc}
\tilde{\mathcal{S}}_B \times \mathbf{C}^{2d-2} & \longrightarrow & \mathcal{S} \times \mathbf{C}^{2d-2} \\
f_{\mathcal{S}} \circ p_1 \downarrow & & q_{\mathcal{S}} \circ p_1 \downarrow \\
\mathfrak{h} & \longrightarrow & \mathfrak{h}/W
\end{array}
\tag{4.27}
$$

の芽を取って得られたものである．

$$
\tilde{\mathcal{S}}_B \times \mathbf{C}^{2d-2} \stackrel{f_{\mathcal{S}} \circ p_1}{\rightarrow} \mathfrak{h}
$$

に対する周期写像

$$
p \colon \mathfrak{h} \to H^2(\tilde{S}^{an} \times \mathbf{C}^{2d-2})
$$

は

$$
\tilde{\mathcal{S}}_B \stackrel{f_{\tilde{S}}}{\rightarrow} \mathfrak{h}
$$

に対する周期写像

$$
p_S \colon \mathfrak{h} \to H^2(\tilde{S}^{an}, \mathbf{C})
$$

と一致する．ただし，ここで $H^2(\tilde{S}^{an} \times \mathbf{C}^{2d-2})$ と $H^2(\tilde{S}^{an}, \mathbf{C})$ を同一視した．命題 2.4.20 より p_S は，W-同変な線形同型射

$$
\Psi \colon \mathfrak{h} \stackrel{\kappa}{\to} \mathfrak{h}^* \stackrel{\phi \otimes \mathbf{C}}{\to} H^2(T^*(G/B), \mathbf{C}) \cong H^2(\tilde{S}^{an}, \mathbf{C})
$$

に零でない定数 c を掛けたものに一致する：

$$
p_S = c\Psi.
$$

ここで E の既約分解を $E = \cup E_i$ とする．E_i は $\tilde{S}$ の中の (-2)-曲線である．$[E_i] \in H^2(\tilde{S}^{an}, \mathbf{C})$ を E_i が定めるコホモロジー類とすると

$$
\Phi' := \{C := \Sigma a_i[C_i] \mid a_i \in \mathbf{Z}, \ C^2 = -2\}
$$

は $(H^2(\tilde{S}^{an}, \mathbf{C}), -(,))$ の中でルート系をなす．さらに $\Delta' := \{[C_i]\}$ は Φ' の基底になる．一方，ルート系 $\Phi \subset \mathfrak{h}$ の基底 Δ がすでに与えられているが，両者には

$$
\Psi(\Delta) = \Delta'
$$

の関係がある．したがって

$$p_S(\Delta) = c\Delta'$$

が成り立つ．

$\tilde{V}$ の自己同型射 $\tilde{i}$ は同型射

$$\tilde{i}^* : H^2(\tilde{V}, \mathbf{C}) \to H^2(\tilde{V}, \mathbf{C})$$

を引き起こす．同一視

$$H^2(\tilde{V}, \mathbf{C}) \cong H^2(\tilde{S}^{an}, \mathbf{C})$$

によって $\tilde{i}^*$ は $H^2(\tilde{S}^{an}, \mathbf{C})$ の自己同型射とみなせる．このとき $\tilde{i}$ の定義から，可換図式

$$\begin{array}{ccccc} \hat{\mathfrak{h}} & \longrightarrow & \mathfrak{h} & \xrightarrow{p_S} & H^2(\tilde{S}^{an}, \mathbf{C}) \\ \tilde{\iota} \uparrow & & & & \tilde{i}^* \downarrow \\ \hat{\mathfrak{h}} & \longrightarrow & \mathfrak{h} & \xrightarrow{p_S} & H^2(\tilde{S}^{an}, \mathbf{C}) \end{array} \qquad (4.28)$$

を得る．ここで線形写像 $\tilde{\iota}_{\mathfrak{h}} : \mathfrak{h} \to \mathfrak{h}$ を $\tilde{\iota}_{\mathfrak{h}} := p_S^{-1} \circ (\tilde{i}^*)^{-1} \circ p_S$ によって定義する．定義の仕方から次の可換図式を得る．

$$\begin{array}{ccc} \hat{\mathfrak{h}} & \longrightarrow & \mathfrak{h} \\ \tilde{\iota} \downarrow & & \tilde{\iota}_{\mathfrak{h}} \downarrow \\ \hat{\mathfrak{h}} & \longrightarrow & \mathfrak{h} \end{array} \qquad (4.29)$$

$\frac{1}{c}p_S$ はルート系 Φ とルート系 Φ' の間の同型を引き起こし，$\tilde{i}^*$ は Φ' の自己同型を引き起こす．最後に $c(p_S)^{-1}$ は Φ' と Φ の間の同型を引き起こす．したがって合成射

$$cp_S^{-1} \circ (\tilde{i}^*)^{-1} \circ \frac{1}{c}p_S = \tilde{\iota}_{\mathfrak{h}}$$

は Φ の自己同型を引き起こす．同様にして $\tilde{\iota}_{\mathfrak{h}}(\Delta) = \Delta$ もわかるので $\tilde{\iota}_{\mathfrak{h}} \in \mathrm{Aut}(\Delta)$ である．□

　命題 4.5.1, (i) より $\mathfrak{h}/W$ を線形空間とみなし，$\mathfrak{h}/W$ の中で $\mathrm{Aut}(\Delta)$-不変な元全体からなる部分空間を $(\mathfrak{h}/W)^{\mathrm{Aut}(\Delta)}$ とする．

命題 4.5.2 $\mathrm{Aut}(\Delta)$ および $\dim(\mathfrak{h}/W)^{\mathrm{Aut}(\Delta)}$ はリー環 $\mathfrak{g}$ のタイプに応じて次のようになる.

$\mathfrak{g}$	$\mathrm{Aut}(\Delta)$	$\dim(\mathfrak{h}/W)^{\mathrm{Aut}(\Delta)}$
A_1	$\{1\}$	1
$A_n\ (n \geq 2)$	$\mathbf{Z}/2\mathbf{Z}$	$[\frac{n+1}{2}]$
D_4	$\mathfrak{S}_3$	2
$D_n\ (n \geq 5)$	$\mathbf{Z}/2\mathbf{Z}$	$n-1$
E_6	$\mathbf{Z}/2\mathbf{Z}$	4
$E_n:\ (n = 7, 8)$	$\{1\}$	n

さらに D_4 の場合 $\mathrm{Aut}(\Delta)$ の位数 2 の元 ϕ に対しては

$$\dim(\mathfrak{h}/W)^{\phi} = 3$$

となり, 位数 3 の元 ϕ に対しては

$$\dim(\mathfrak{h}/W)^{\phi} = 2$$

となる.

証明. まず $A_n\ (n \geq 2)$ の場合, $\mathrm{Aut}(\Delta)$ は位数 2 の同型射 $\alpha_i \to \alpha_{n+1-i}$, $1 \leq i \leq n$ によって生成される:

$D_n\ (n \geq 5)$ の場合, $\mathrm{Aut}(\Delta)$ は位数 2 の同型射 $\alpha_i \to \alpha_i\ (1 \leq i \leq n-2)$, $\alpha_{n-1} \to \alpha_n$, $\alpha_n \to \alpha_{n-1}$ によって生成される:

D_4 の場合は, 対称性が増して, $\mathrm{Aut}(\Delta)$ の元は α_2 は固定して残りの 3 つのルート α_1, α_3, α_4 を置換する.

最後に E_6 の場合, $\mathrm{Aut}(\Delta)$ は位数 2 の同型射 $\alpha_1 \to \alpha_6$, $\alpha_6 \to \alpha_1$, $\alpha_2 \to \alpha_5$, $\alpha_5 \to \alpha_2$, $\alpha_3 \to \alpha_3$, $\alpha_4 \to \alpha_4$ で生成される.

$$
\begin{array}{ccccc}
\alpha_1 & \alpha_2 & \alpha_3 & \alpha_5 & \alpha_6 \\
\circ & \circ & \circ & \circ & \circ \\
& & | & & \\
& & \circ & & \\
& & \alpha_4 & &
\end{array}
$$

次に $\dim(\mathfrak{h}/W)^{\mathrm{Aut}(\Delta)}$ を計算しよう. $\mathrm{Aut}(\Delta)$ が自明でない場合が問題になる. 3 つのケースに分けて計算する.

(a) A_n $(n \geq 2)$, D_{2n+1} $(n \geq 2)$, E_6 の場合:

この場合 $-1_{\mathfrak{h}} \notin W$ なので $\mathrm{Aut}(\Delta)$ の生成元 ϕ は W の元 w を用いて $\phi = -w$ と書ける. このとき ϕ は $A := \mathbf{C}[\mathfrak{h}]^W$ 上に $-1_{\mathfrak{h}}$ と全く同じ作用を引き起こすことに注意する. したがって ϕ は次数つき環 A の偶数次の部分には自明に作用し, 奇数次の部分には -1 倍で作用する.

A_n $(n \geq 2)$ の場合 $\mathbf{C}[\mathfrak{h}]^W$ は次数が $2, 3, \dots, n+1$ の斉次多項式で生成される $\mathbf{C}$ 上の多項式環である したがって

$$
\dim(\mathfrak{h}/W)^{\mathrm{Aut}(\Delta)} = \left[\frac{n+1}{2}\right]
$$

である. D_{2n+1} $(n \geq 2)$ の場合 $\mathbf{C}[\mathfrak{h}]^W$ は次数が $2, 4, \dots, 4n-2, 4n, 2n+1$ の斉次多項式で生成される $\mathbf{C}$ 上の多項式環である. したがって

$$
\dim(\mathfrak{h}/W)^{\mathrm{Aut}(\Delta)} = 2n
$$

である. 最後に E_6 の場合 $\mathbf{C}[\mathfrak{h}]^W$ は次数が $2, 5, 6, 8, 9, 12$ の斉次多項式で生成される $\mathbf{C}$ 上の多項式環である したがって

$$
\dim(\mathfrak{h}/W)^{\mathrm{Aut}(\Delta)} = 4
$$

である.

(b) D_{2n} の場合

$\epsilon_1, \dots, \epsilon_{2n}$ を $(\mathfrak{h}, \kappa(\ ,\ ))$ の正規直交基底とする. $\alpha_i = \epsilon_i - \epsilon_{i+1}$ $(i = 1, \dots, 2n-1)$, $\alpha_{2n} = \epsilon_{2n-1} + \epsilon_{2n}$ としてよい. σ を

$$
\sigma(\epsilon_i) = \epsilon_i \ (1 \leq i \leq 2n-1), \quad \sigma(\epsilon_{2n}) = -\epsilon_{2n}
$$

によって定義すると σ は α_{2n-1} と α_{2n} を入れ替え, 他の α_i は固定する. した

がって $\sigma \in \mathrm{Aut}(\Delta)$ である. $\{\xi_1, \ldots, \xi_{2n}\}$ を $\{\epsilon_1, \ldots, \epsilon_{2n}\}$ の双対基底とすると $\mathbf{C}[\mathfrak{h}] = \mathbf{C}[\xi_1, \ldots, \xi_{2n}]$ の W-不変式環は

$$\mathbf{C}[\mathfrak{h}]^W = \mathbf{C}[s_1(\xi_1^2, \ldots, \xi_{2n}^2), \ldots, s_{2n-1}(\xi_1^2, \ldots, \xi_{2n}^2), \xi_1 \xi_2 \cdots \xi_{2n}]$$

である. ここで s_i は i-次の基本多項式をあらわすものとする. σ は多項式環 $\mathbf{C}[\xi_1, \ldots, \xi_{2n}]$ に $\xi_i \to \xi_i \, (1 \leq i \leq 2n-1), \xi_{2n} \to -\xi_{2n}$ で作用する. このとき $s_i(\xi_1^2, \ldots, \xi_{2n}^2)$ は σ で不変であるが, $\xi_1 \xi_2 \cdots \xi_{2n}$ は -1 倍される.

ここで $n \geq 3$ と仮定すると $\mathrm{Aut}(\Delta) = \langle \sigma \rangle$ である. したがって

$$\dim(\mathfrak{h}/W)^{\mathrm{Aut}(\Delta)} = 2n - 1$$

が成り立つ.

最後に $n = 2$ の場合を考える. この場合 τ を

$$\epsilon_1 \mapsto \frac{1}{2}(\epsilon_1 + \epsilon_2 + \epsilon_3 - \epsilon_4)$$

$$\epsilon_2 \mapsto \frac{1}{2}(\epsilon_1 + \epsilon_2 - \epsilon_3 + \epsilon_4)$$

$$\epsilon_3 \mapsto \frac{1}{2}(\epsilon_1 - \epsilon_2 + \epsilon_3 + \epsilon_4)$$

$$\epsilon_4 \mapsto \frac{1}{2}(-\epsilon_1 + \epsilon_2 + \epsilon_3 + \epsilon_4)$$

によって定義すると $\tau(\alpha_1) = \alpha_3, \tau(\alpha_3) = \alpha_1, \tau(\alpha_2) = \alpha_2, \tau(\alpha_4) = \alpha_4$ となるので $\tau \in \mathrm{Aut}(\Delta)$ である. $\mathrm{Aut}(\Delta)$ は σ と τ によって生成されている. τ は $\mathfrak{h}$ の座標環 $\mathbf{C}[\xi_1, \xi_2, \xi_3, \xi_4]$ には

$$\xi_1 \mapsto \frac{1}{2}(\xi_1 + \xi_2 + \xi_3 - \xi_4)$$

$$\xi_2 \mapsto \frac{1}{2}(\xi_1 + \xi_2 - \xi_3 + \xi_4)$$

$$\xi_3 \mapsto \frac{1}{2}(\xi_1 - \xi_2 + \xi_3 + \xi_4)$$

$$\xi_4 \mapsto \frac{1}{2}(-\xi_1 + \xi_2 + \xi_3 + \xi_4)$$

で作用する. $A := \mathbf{C}[\mathfrak{h}]^W$ は次数 2 の斉次多項式 $x := s_1(\xi_1^2, \xi_2^2, \xi_3^2, \xi_4^2)$, 次数 4 の斉次多項式 $y := s_2(\xi_1^2, \xi_2^2, \xi_3^2, \xi_4^2)$, $z := \xi_1 \xi_2 \xi_3 \xi_4$, そして次数 6 の斉次多項式 $w := s_3(\xi_1^2, \xi_2^2, \xi_3^2, \xi_4^2)$ で生成される 4 変数多項式環である. x は τ で不変なので, x は $\mathrm{Aut}(\Delta)$-不変元である. すなわち $\mathrm{Aut}(\Delta)$ は $A(2)$ には自明

に作用する. 次に $A(6)$ を考える. $A(6) = A(4)A(2) + \mathbf{C}w$ であることに注意する. $A(4)A(2)$ は $\mathrm{Aut}(\Delta)$-加群なので $A(6)/A(4)A(2)$ は $\mathrm{Aut}(\Delta) \cong \mathfrak{S}_3$ の1次表現になる. したがって $\mathfrak{S}_3$ の交換子群 $[\mathfrak{S}_3, \mathfrak{S}_3]$ は $A(6)/A(4)A(2)$ に自明に作用する. 一方 σ は w に自明に作用するので $A(6)/A(4)A(2)$ に自明に作用する. $\sigma \notin [\mathfrak{S}_3, \mathfrak{S}_3]$ なので $A(6)/A(4)A(2)$ は $\mathfrak{S}_3$ の自明表現である. 以上のことから $A(6)$ は $\mathrm{Aut}(\Delta)$-表現として直和分解 $A(6) = A(4)A(2) \oplus \mathbf{C}w'$ を持つ. ここで w' は $\mathrm{Aut}(\Delta)$-不変な $A(6)$ の元である. 最後に $A(4)$ について考える. $A(2)A(2)$ には $\mathrm{Aut}(\Delta)$ が自明に作用する. $A(4)$ の中で $A(2)A(2)$ の補空間 V を取る. V は $\mathfrak{S}_3$ の2次表現である. V が既約であることを示そう. σ は z を -1 倍するので V は自明な表現ではない. もし V が可約なら1次表現の直和になる. このとき $[\mathfrak{S}_3, \mathfrak{S}_3]$ は V に自明に作用する. このとき σ と τ の V への作用は完全に一致する. $A(2)A(2)$ 上には σ も τ も自明に作用しているので σ と τ の $A(4)$ への作用は一致する. したがって両者は $A(4)A(2)$ 上にも同じ作用を引き起こす. 直和分解 $A(6) = A(4)A(2) \oplus \mathbf{C}w'$ において σ も τ も w' には自明に作用するから, σ と τ は $A(6)$ 上でも同じ作用を引き起こす. 以上のことから σ と τ は A に同じ作用を引き起こすことになる. これは明らかに矛盾である. y', z' を V の基底とすると $A = \mathbf{C}[x, y', z', w']$ となる. この生成元に関して $\mathfrak{h}/W$ に線形空間の構造を入れる. D_4 に関する命題 4.5.2 の主張は, 上で行った考察からすべてしたがう. $\square$

さて命題 4.5.1, 命題 4.5.2 を用いて局所系 $PT^1_{U^{an}_0}$ のモノドロミー m_γ を計算しよう. 4.1 節の最後で行ったように $p \in \Sigma^{an}_{U_0}$ に対して $\Sigma^{an}_{U_0}$ の中で始点と終点が p になるようなループ γ を取る. 以後 p を含む $\Sigma^{an}_{U_0}$ の連結成分を $\Sigma(p)$ と書くことにする.

$$(V, 0) = (U^{an}_0, p), \quad i := m_\gamma, \quad \tilde{i} := \tilde{m}_\gamma$$

と置いて命題 4.5.1 を適用する. このとき $\tilde{PT^1}_{U^{an}_0, p}$ は $\mathfrak{h}$ と同一視され, $PT^1_{U^{an}_0, p}$ は (線形空間として) $\mathfrak{h}/W$ と同一視される. γ に対して m_γ を対応させることによって基本群の表現

$$\rho \colon \pi_1(\Sigma(p), p) \to \mathrm{Aut}(\Delta)$$

を得る. このとき

$$\Gamma(\Sigma(p), P\tilde{T}^1{}_{U_0^{an}}) = \mathfrak{h}^{\mathrm{Im}(\rho)}$$

$$\Gamma(\Sigma(p), PT^1_{U_0^{an}}) = (\mathfrak{h}/W)^{\mathrm{Im}(\rho)}$$

が成り立つ. $\mathrm{Im}(\rho)$ が分かれば $\dim \mathfrak{h}^{\mathrm{Im}(\rho)}$ は容易に計算できる. さらに $\dim(\mathfrak{h}/W)^{\mathrm{Im}(\rho)}$ は命題 4.5.2 を用いて計算できる. その結果, 次の命題を得る:

命題 4.5.3

$$\dim \Gamma(\Sigma(p), PT^1_{U_0^{an}}) = \dim \Gamma(\Sigma(p), P\tilde{T}^1{}_{U_0^{an}}).$$

4.1 節で注意したように $P\tilde{T}^1{}_{U_0^{an}} \cong R^2\pi_*^{an}\mathbf{C}$ なので次の系も示せたことになる.

系 4.5.4

$$h^0(\Sigma_{U_0}^{an}, PT^1_{U_0^{an}}) = h^0(\Sigma_{U_0}^{an}, R^2\pi_*^{an}\mathbf{C}).$$

第5章

普遍ポアソン変形

　　本章が，この本の核心部である．まず，アファインシンプレクティック代数多様体 X のポアソン変形は障害を持たないことを証明する．次に X が錐的シンプレクティック多様体で，さらにシンプレクティック特異点解消 Y を持つ場合を考える．この場合，X および Y の形式的な普遍ポアソン変形を代数化することが可能になる．その結果，クライン特異点の同時特異点解消の高次元版が証明される．

5.1　アファインシンプレクティック代数多様体と非障害ポアソン変形

　この節では，次の定理を証明する．

定理 5.1.1　(X, ω) をアファインシンプレクティック代数多様体とし，$\{\,,\,\}$ を ω から決まる X のポアソン構造とする．このときポアソン変形関手 $\mathrm{PD}_{(X, \{\,,\,\})}$ は障害を持たない．

　証明．　**(i)** 4.1 節で説明したように，Σ を X の余次元 4 以上のシンプレクティックリーフの合併集合，$U = X - \Sigma$ と置く．$\pi \colon \tilde{U} \to U$ を極小特異点解消とする．局所コホモロジーの完全系列

$$\cdots \to H^i(X, \mathcal{O}_X) \to H^i(U, \mathcal{O}_U) \to H_{\Sigma}^{i+1}(X, \mathcal{O}_X) \to \cdots$$

を考える．X がコーエン–マコーレー概型であり $\mathrm{Codim}_X \Sigma \geq 4$ であることから，$H_{\Sigma}^{i+1}(X, \mathcal{O}_X) = 0$ $(i \leq 2)$ である．一方 X はアファインなので $H^i(X, \mathcal{O}_X) = 0$ $(i > 0)$ である．したがって完全系列から $H^i(U, \mathcal{O}_U) = 0$ $(i = 1, 2)$ である．U は有理特異点しか持たないので $H^i(\tilde{U}, \mathcal{O}_{\tilde{U}}) = 0$ $(i = 1, 2)$ である．系 1.4.2 から $\mathrm{PD}_{\tilde{U}}(\mathbf{C}[\epsilon]) = H^2(\tilde{U}^{an}, \mathbf{C})$ である．

(ii) 次にポアソン変形関手の射 $\pi_*: \mathrm{PD}_{\tilde{U}} \to \mathrm{PD}_U$ を構成する．$A \in (\mathrm{Art})_{\mathbf{C}}$ に対して $\tilde{U}$ のポアソン変形 $\tilde{\mathcal{U}} \to \mathrm{Spec}\, A$ が与えられたとする．

$$\mathcal{U} := \underline{\mathrm{Spec}}\, \pi_* \mathcal{O}_{\tilde{\mathcal{U}}}$$

と置いて $\mathcal{U}$ が U の $\mathrm{Spec}\, A$ 上の変形になっていることを示す．$\pi_* \mathcal{O}_{\tilde{U}} = \mathcal{O}_U$ なので U のアファイン開集合 V に対して $\Gamma(V, \mathcal{O}_U) = \Gamma(\pi^{-1}(V), \mathcal{O}_{\tilde{U}})$ である．したがって $\Gamma(\pi^{-1}(V), \mathcal{O}_{\tilde{\mathcal{U}}})$ が平坦 A-加群であり，

$$\Gamma(\pi^{-1}(V), \mathcal{O}_{\tilde{\mathcal{U}}}) \otimes_A A/m = \Gamma(\pi^{-1}(V), \mathcal{O}_{\tilde{U}})$$

であることを示せばよい．これは U に関して局所的な主張なので，U を V に，$\tilde{U}$ を $\pi^{-1}(V)$ に取り換えることにより最初から U はアファインとしてよい．

まず初めに $H^0(\mathcal{O}_{\tilde{\mathcal{U}}}) \otimes_A A/m \cong H^0(\mathcal{O}_{\tilde{U}})$ であることを示す．そのためには A を有限個の小さな拡大列 $A := A_n \to \cdots \to A_1 \to A_0 = A/m$ に分解して

$$\tilde{U}_i := \tilde{\mathcal{U}} \times_{\mathrm{Spec}\, A} \mathrm{Spec}\, A_i$$

と置く．各 i に対して

$$H^0(\mathcal{O}_{\tilde{U}_i}) \otimes_{A_i} A_{i-1} \cong H^0(\mathcal{O}_{\tilde{U}_{i-1}})$$

を示せば十分である．全射性は比較的容易に示せる．実際 $\mathrm{Ker}[A_i \to A_{i-1}] = (t_i)$ と置くと完全系列

$$0 \to H^0(t_i \mathcal{O}_{\tilde{U}}) \to H^0(\mathcal{O}_{\tilde{U}_i}) \to H^0(\mathcal{O}_{\tilde{U}_{i-1}}) \to H^1(t_i \mathcal{O}_{\tilde{U}})\,(=0)$$

が存在するからである．特に自然な射 $H^0(\mathcal{O}_{\tilde{U}_i}) \to H^0(\mathcal{O}_{\tilde{U}})$ は全射になる．単射性を示すためには次の可換図式を考える．

$$
\begin{array}{ccccccccc}
0 & \longrightarrow & t_i H^0(\mathcal{O}_{\tilde{U}_i}) & \longrightarrow & H^0(\mathcal{O}_{\tilde{U}_i}) & \longrightarrow & H^0(\mathcal{O}_{\tilde{U}_i}) \otimes_{A_i} A_{i-1} & \longrightarrow & 0 \\
& & \downarrow & & {\scriptstyle id}\downarrow & & \downarrow & & \\
0 & \longrightarrow & H^0(t_i \mathcal{O}_{\tilde{U}}) & \longrightarrow & H^0(\mathcal{O}_{\tilde{U}_i}) & \longrightarrow & H^0(\mathcal{O}_{\tilde{U}_{i-1}}) & \longrightarrow & 0
\end{array}
$$

$$(5.1)$$

左端の垂直写像は可換図式から単射である．一方 $H^0(\mathcal{O}_{\tilde{U}_i}) \to H^0(\mathcal{O}_{\tilde{U}})$ の全射性を用いると，この射は全射である．したがって左端の垂直写像は同型射である．結局右端の垂直写像も同型である．これが示したかったことだった．

次に

$$H^0(\mathcal{O}_{\tilde{\mathcal{U}}}) \otimes_A m^k \cong H^0(\mathcal{O}_{\tilde{\mathcal{U}}} \otimes_A m^k)$$

を k の降下帰納法で証明する. A はアルチン環なので十分大きな k_0 に対しては $m^{k_0} = 0$ となるので,上の命題は正しい. k に対して命題が正しいと仮定して $k-1$ のときにも正しいことを示す. $\tilde{\mathcal{U}}$ は $\operatorname{Spec} A$ 上平坦なので完全系列

$$0 \to \mathcal{O}_{\tilde{\mathcal{U}}} \otimes_A m^k \to \mathcal{O}_{\tilde{\mathcal{U}}} \otimes_A m^{k-1} \to \mathcal{O}_{\tilde{\mathcal{U}}} \otimes_A m^{k-1}/m^k \to 0$$

が存在する. 次の可換図式を考える.

$$
\begin{array}{ccc}
& & 0 \\
& & \downarrow \\
H^0(\mathcal{O}_{\tilde{\mathcal{U}}}) \otimes_A m^k & \xrightarrow{\alpha_k} & H^0(\mathcal{O}_{\tilde{\mathcal{U}}} \otimes_A m^k) \\
\downarrow & & \downarrow \\
H^0(\mathcal{O}_{\tilde{\mathcal{U}}}) \otimes_A m^{k-1} & \xrightarrow{\alpha_{k-1}} & H^0(\mathcal{O}_{\tilde{\mathcal{U}}} \otimes_A m^{k-1}) \\
\downarrow & & \downarrow \\
H^0(\mathcal{O}_{\tilde{\mathcal{U}}}) \otimes_A m^{k-1}/m^k & \xrightarrow{\beta_{k-1}} & H^0(\mathcal{O}_{\tilde{\mathcal{U}}} \otimes_A m^{k-1}/m^k) \\
\downarrow & & \\
0 & &
\end{array}
\tag{5.2}
$$

$H^0(\mathcal{O}_{\tilde{\mathcal{U}}}) \otimes_A A/m \cong H^0(\mathcal{O}_{\tilde{U}})$ であったから β_{k-1} は同型射である. 帰納法の仮定より α_k は同型射である. したがって上の可換図式から α_{k-1} も同型である.

最後に $\operatorname{Tor}_1^A(H^0(\mathcal{O}_{\tilde{\mathcal{U}}}), A/m) = 0$ を示す. これが示されれば [Ma], 定理 22.3 から $H^0(\mathcal{O}_{\tilde{\mathcal{U}}})$ は平坦 A-加群である. そのためには次の系列が完全であることを示せばよい.

$$0 \to H^0(\mathcal{O}_{\tilde{\mathcal{U}}}) \otimes_A m \to H^0(\mathcal{O}_{\tilde{\mathcal{U}}}) \to H^0(\mathcal{O}_{\tilde{\mathcal{U}}}) \otimes_A A/m \to 0.$$

つまり射 $H^0(\mathcal{O}_{\tilde{\mathcal{U}}}) \otimes_A m \to H^0(\mathcal{O}_{\tilde{\mathcal{U}}})$ が単射であることがいえればよい. すでに見たように $H^0(\mathcal{O}_{\tilde{\mathcal{U}}}) \otimes_A A/m \cong H^0(\mathcal{O}_{\tilde{U}})$ であり, $H^0(\mathcal{O}_{\tilde{\mathcal{U}}}) \otimes_A m \cong H^0(\mathcal{O}_{\tilde{\mathcal{U}}} \otimes_A m)$ なので上の系列は

$$0 \to H^0(\mathcal{O}_{\tilde{\mathcal{U}}} \otimes_A m) \to H^0(\mathcal{O}_{\tilde{\mathcal{U}}}) \to H^0(\mathcal{O}_{\tilde{U}}) \to 0$$

と同一視できる．この系列は明らかに完全である．以上より $\mathcal{U}$ は U の $\operatorname{Spec} A$ 上の変形になっている．

次に $\mathcal{U}$ が $\operatorname{Spec} A$ 上のポアソン構造を持つことを示そう．$\pi \colon \tilde{U} \to U$ は U_{reg} 上では同型なので

$$\pi_* \mathcal{O}_{\tilde{\mathcal{U}}}|_{U_{\mathrm{reg}}} = \mathcal{O}_{\mathcal{U}}|_{U_{\mathrm{reg}}}$$

である．したがって $\tilde{\mathcal{U}}$ のポアソン構造によって $\mathcal{O}_{\mathcal{U}}|_{U_{\mathrm{reg}}}$ 上にポアソン積を定義することができる．このポアソン積は $\mathcal{O}_{\mathcal{U}}$ のポアソン積に一意的に拡張される．したがって $\tilde{\mathcal{U}}$ に $\mathcal{U}$ を対応させることによりポアソン変形関手の射 $\pi_* \colon \mathrm{PD}_{\tilde{U}} \to \mathrm{PD}_U$ が定義される．π_* は双方の接空間の間の射 $\mathrm{PD}_{\tilde{U}}(\mathbf{C}[\epsilon]) \to \mathrm{PD}_U(\mathbf{C}[\epsilon])$ を定義する．(i) で注意したように $\mathrm{PD}_{\tilde{U}}(\mathbf{C}[\epsilon]) = H^2(\tilde{U}^{an}, \mathbf{C})$ である．U は有理特異点しか持たないので $R^1 \pi_*^{an} \mathbf{C} = 0$ である．したがってルレーのスペクトル系列より，完全系列

$$0 \to H^2(U^{an}, \mathbf{C}) \to H^2(\tilde{U}^{an}, \mathbf{C}) \to H^0(U^{an}, R^2 \pi_*^{an} \mathbf{C})$$

が存在する．これと系 4.1.7 の直前で定義した完全系列をあわせることにより可換図式

$$
\begin{array}{ccccccc}
0 & \longrightarrow & H^2(U^{an}, \mathbf{C}) & \longrightarrow & \mathrm{PD}_{\tilde{U}}(\mathbf{C}[\epsilon]) & \longrightarrow & H^0(U^{an}, R^2 \pi_*^{an} \mathbf{C}) \\
& & \cong \downarrow & & \pi_* \downarrow & & \\
0 & \longrightarrow & \mathrm{PD}_{U,lt}(\mathbf{C}[\epsilon]) & \longrightarrow & \mathrm{PD}_U(\mathbf{C}[\epsilon]) & \longrightarrow & H^0(\Sigma_U^{an}, PT_{U^{an}}^1)
\end{array}
\tag{5.3}
$$

を得る．ここで左端の垂直写像は命題 4.1.6 から同型射である．ここで E_i $(i = 1, \ldots, m)$ を $\mathrm{Exc}(\pi)$ の既約成分とする．各 E_i は $\tilde{U}$ の因子であり $H^0(U^{an}, R^2 \pi_*^{an} \mathbf{C})$ の元 $[E_i]$ を定義する．さらに $H^0(U^{an}, R^2 \pi_*^{an} \mathbf{C}) = \oplus_{1 \le i \le m} \mathbf{C}[E_i]$ である．このことから

$$\dim \mathrm{PD}_{\tilde{U}}(\mathbf{C}[\epsilon]) = h^2(U^{an}, \mathbf{C}) + m$$

であることがわかる．一方，系 4.5.4 から $h^0(\Sigma_U^{an}, PT_{U^{an}}^1) = m$ である．したがって

$$\dim \mathrm{PD}_U(\mathbf{C}[\epsilon]) \leq h^2(U^{an}, \mathbf{C}) + m$$

である．このことから不等式

$$\dim \mathrm{PD}_U(\mathbf{C}[\epsilon]) \leq \dim \mathrm{PD}_{\tilde{U}}(\mathbf{C}[\epsilon])$$

を得る．

(iii) ポアソン変形関手 $\mathrm{PD}_{\tilde{U}}$, PD_U は各々射影極限的包 $R_{\tilde{U}}$, R_U を持ち，π_* は完備局所 $\mathbf{C}$-代数の準同型射 $R_U \to R_{\tilde{U}}$ を導く．$\mathrm{Spec}\, R_{\tilde{U}} \to \mathrm{Spec}\, R_U$ の閉ファイバーは有限であることを示そう．$\alpha\colon R_{\tilde{U}} \to \mathbf{C}[[t]]$ を局所 $\mathbf{C}$-代数の射で，合成射 $R_U \to R_{\tilde{U}} \overset{\alpha}{\to} \mathbf{C}[[t]]$ が $R_U \to R_U/m_{R_U} \to \mathbf{C}[[t]]$ と分解するものとする．このとき α が $R_{\tilde{U}} \to R_{\tilde{U}}/m_{R_{\tilde{U}}} \to \mathbf{C}[[t]]$ と分解することを示せばよい．実際もし閉ファイバー $\mathrm{Spec}\, R_{\tilde{U}}/m_{R_U} R_{\tilde{U}}$ の次元が 1 次元以上あれば，$R_{\tilde{U}}$ の素イデアル P で $m_{R_U} R_{\tilde{U}} \subset P$ で $\dim R_{\tilde{U}}/P = 1$ となるものが取れる．このとき $R_{\tilde{U}}/P$ の正規化は $\mathbf{C}[[t]]$ と同型になる．合成射 $R_{\tilde{U}} \to R_{\tilde{U}}/P \to \mathbf{C}[[t]]$ を考えると，上の条件を満たす射になるが，この射は $R_{\tilde{U}}/m_{R_{\tilde{U}}}$ を経由しない．一方，閉ファイバー $\mathrm{Spec}\, R_{\tilde{U}}/m_{R_U} R_{\tilde{U}}$ の次元が 0 であれば，$R_{\tilde{U}}/m_{R_U} R_{\tilde{U}}$ はアルチン環になり，$R_{\tilde{U}}/m_{R_U} R_{\tilde{U}}$ から $\mathbf{C}[[t]]$ への $\mathbf{C}$-局所代数としての射は自明なものしかない．

$p \in U^{an}$ に対して U_p を U^{an} の点 p における芽とし，$\tilde{U}_p$ を $\tilde{U}^{an}$ の $(\pi^{an})^{-1}(p)$ に沿った芽とする．ポアソン変形関手 PD_{U_p} の射影極限的包を R_{U_p}, $\mathrm{PD}_{\tilde{U}_p}$ の射影極限的包を $R_{\tilde{U}_p}$ とする．U のポアソン変形は U_p のポアソン変形を，$\tilde{U}$ のポアソン変形は $\tilde{U}_p$ のポアソン変形を誘導するので，α は射 $\alpha_p\colon R_{\tilde{U}_p} \to \mathbf{C}[[t]]$ で，合成射 $R_{U_p} \to R_{\tilde{U}_p} \overset{\alpha_p}{\to} \mathbf{C}[[t]]$ が $R_{U_p} \to R_{U_p}/m_{U_p} \to \mathbf{C}[[t]]$ と分解するようなものを誘導する．α に対応して，$\tilde{U}$ の形式的ポアソン変形 $\{\tilde{U}_n\}_{n \geq 1}$ および U の形式的ポアソン変形 $\{U_n\}_{n \geq 1}$ が存在して，両者の間には射

$$\pi_n\colon \tilde{U}_n \to U_n$$

が存在する．ここで $\tilde{U}_n$ (resp. U_n) は $\tilde{U}$ (resp. U) の $\mathrm{Spec}\, \mathbf{C}[t]/(t^{n+1})$ 上のポアソン変形である．さらに α に課した仮定から各 U_n は U の自明なポアソン変形である．以後，記号を簡略化するために $S_n := \mathrm{Spec}\, \mathbf{C}[t]/(t^{n+1})$ と置く．

$\{\tilde{U}_n\}_{n \geq 1}$ および $\{U_n\}_{n \geq 1}$ を $\tilde{U}_p$ と U_p に制限することによって形式的ポアソン変形 $\{\tilde{U}_{p,n}\}_{n \geq 1}$ および $\{U_{p,n}\}_{n \geq 1}$，そしてその間の射を得る：

$$\pi_{n,p} \colon \tilde{U}_{p,n} \to U_{p,n}.$$

ここでも各 $U_{p,n}$ は U_p の自明なポアソン変形である．系 4.4.4 より射 $\mathrm{Spec}\, R_{\tilde{U}_p}$ $\to \mathrm{Spec}\, R_{U_p}$ は有限ガロア被覆であった．したがって α_p の仮定から $\tilde{U}_{p,n}$ も $\tilde{U}_p$ の自明なポアソン変形である．このことを使って $\tilde{U}_n$ が $\tilde{U}$ の自明なポアソン変形であることを証明しよう．

n の帰納法で示す．U_n は U の自明なポアソン変形なので，S_n-ポアソン同型射 $\beta_n \colon U_n \to U \times S_n$ で S_0 上に制限すると U の恒等写像になっているものを 1 つ固定する．β_n は S_{n-1}-ポアソン同型射 $\beta_{n-1} \colon U_{n-1} \to U \times S_{n-1}$ を誘導する．帰納法の仮定から $\tilde{U}_{n-1}$ は自明なポアソン変形である．すなわち S_{n-1}-ポアソン同型 $\tilde{\beta}'_{n-1} \colon \tilde{U}_{n-1} \to \tilde{U} \times S_{n-1}$ で S_0 上に制限すると $\tilde{U}$ の恒等射になっているようなものが存在する．$\tilde{\beta}'_{n-1}$ は S_{n-1}-ポアソン同型射 $\beta'_{n-1} \colon U_{n-1} \to U \times S_{n-1}$ を誘導する．このとき $\gamma_{n-1} := \beta_{n-1} \circ (\beta'_{n-1})^{-1}$ は $U \times S_{n-1}$ の S_{n-1}-ポアソン自己同型射である．γ_{n-1} は $\tilde{U} \times S_{n-1}$ のポアソン自己同型射

$$\tilde{\gamma}_{n-1} \colon \tilde{U} \times S_{n-1} \to \tilde{U} \times S_{n-1}$$

に持ち上がる．

これは U^{an} が局所的にクライン特異点 T と $\mathbf{C}^{2d-2}$ の原点の近傍 W の直積 $T \times W$ であり，$\tilde{U}^{an}$ は局所的に T の極小特異点解消 $\tilde{T}$ と W の直積 $\tilde{T} \times W$ であることからわかる．実際 $\tilde{T} \to T$ は特異点を中心とするブローアップの列としてあらわされ，これに対応して $\tilde{U} \to U$ もブローアップの列

$$\tilde{U} \to U^{(k)} \to \cdots \to U^{(1)} \to U$$

として書ける．このとき各ブローアップの中心は $\mathrm{Sing}(U^{(i)})$ なので

$$(\pi \times id)_* \Theta_{\tilde{U} \times S_{n-1}/S_{n-1}} = \Theta_{U \times S_{n-1}/S_{n-1}}$$

であることがわかる．γ_{n-1} は $U \times S_0$ に制限すると零になるような相対ベクトル場 $\theta \in \Gamma(U, \Theta_{U \times S_{n-1}/S_{n-1}})$ を用いて

$$\gamma_{n-1} = id + \theta + \frac{1}{2!}\theta \circ \theta + \cdots + \frac{1}{(n-1)!}\theta \circ \cdots \circ \theta$$

と書ける (cf. 命題 4.2.1)．ただし，ここでは θ を $\mathcal{O}_{U \times S_{n-1}}$ の $\mathcal{O}_{S_{n-1}}$-導分と

みている．上で注意したことから θ は $\Theta_{\tilde{U} \times S_{n-1}/S_{n-1}}$ の切断 $\tilde{\theta}$ に持ち上がる．このとき

$$\tilde{\gamma}_{n-1} := id + \tilde{\theta} + \frac{1}{2!}\tilde{\theta} \circ \tilde{\theta} + \cdots + \frac{1}{(n-1)!}\tilde{\theta} \circ \cdots \circ \tilde{\theta}$$

は $\tilde{U} \times S_{n-1}$ の自己同型になり，γ_{n-1} の持ち上げになっている．$\tilde{\gamma}_{n-1}$ が $\tilde{U} \times S_{n-1}$ のポアソン自己同型になることを示そう．ω を U_{reg} 上に与えられているシンプレクティック形式とする．第 1 射影 $pr_1 : U_{\mathrm{reg}} \times S_{n-1}$ に対して $\omega_{n-1} := pr_1^*\omega$ を $\Omega^2_{U_{\mathrm{reg}} \times S_{n-1}}$ の切断と思う．ω_{n-1} は非退化な相対シンプレクティック形式であり，$U \times S_{n-1}$ のポアソン構造はこの ω_{n-1} から決まっている．ω は $\tilde{U}$ 上のシンプレクティック形式 $\tilde{\omega}$ に拡張される．第 1 射影 $\tilde{pr}_1 : \tilde{U} \times S_{n-1} \to \tilde{U}$ に対して $\tilde{\omega}_{n-1} := \tilde{pr}_1^*\tilde{\omega}$ を $\Omega^2_{\tilde{U} \times S_{n-1}/S_{n-1}}$ の切断と思う．$\tilde{U} \times S_{n-1}$ のポアソン構造は $\tilde{\omega}_{n-1}$ から決まっている．したがって $\tilde{\gamma}_{n-1}^*\tilde{\omega}_{n-1} = \tilde{\omega}_{n-1}$ を示せばよい．γ_{n-1} はポアソン自己同型射なので，両者は $\pi^{-1}(U_{\mathrm{reg}}) \times S_{n-1}$ の上では一致する．$E := \tilde{U} - \pi^{-1}(U_{\mathrm{reg}})$ と置くと次の完全系列が存在する：

$$0 \to H^0_E(\tilde{U}, \Omega^2_{\tilde{U} \times S_{n-1}/S_{n-1}}) \to H^0(\tilde{U}, \Omega^2_{\tilde{U} \times S_{n-1}/S_{n-1}})$$
$$\xrightarrow{\tau} H^0(\pi^{-1}(U_{\mathrm{reg}}), \Omega^2_{\pi^{-1}(U_{\mathrm{reg}}) \times S_{n-1}/S_{n-1}})$$

$$\tau(\tilde{\gamma}_{n-1}^*\tilde{\omega}_{n-1} - \tilde{\omega}_{n-1}) = 0$$

なので

$$\tilde{\gamma}_{n-1}^*\tilde{\omega}_{n-1} - \tilde{\omega}_{n-1} \in H^0_E(\tilde{U} \times S_{n-1}, \Omega^2_{\tilde{U} \times S_{n-1}/S_{n-1}})$$

である．そこで $H^0_E(\tilde{U} \times S_{n-1}, \Omega^2_{\tilde{U} \times S_{n-1}/S_{n-1}}) = 0$ を示せば十分である．これは n の帰納法で示すことができる．実際 $H^0_E(\tilde{U}, \Omega^2_{\tilde{U} \times S_i/S_i}) = 0$ だったとすると，完全系列

$$0 \to t^{i+1}\Omega^2_{\tilde{U}} \to \Omega^2_{\tilde{U} \times S_{i+1}/S_{i+1}} \to \Omega^2_{\tilde{U} \times S_i/S_i} \to 0$$

に H^*_E を施して完全系列

$$0 \to H^0_E(t^{i+1}\Omega^2_{\tilde{U}}) \to H^0_E(\Omega^2_{\tilde{U} \times S_{i+1}/S_{i+1}}) \to H^0_E(\Omega^2_{\tilde{U} \times S_i/S_i})$$

を得る．一番右側の項は仮定より 0 なので，$H^0_E(t^{i+1}\Omega^2_{\tilde{U}}) = 0$ を示せばよいが，$\Omega^2_{\tilde{U}}$ は $\tilde{V}$ 上の局所自明層なので E に台を持つような切断は存在しない．結

局,$H^0_E(\tilde{U}, \Omega^2_{\tilde{U} \times S_{i+1}/S_{i+1}}) = 0$ であることがわかり,帰納法から $i = n-1$ のときも正しい.したがって $\tilde{\gamma}^*_{n-1}\tilde{\omega}_{n-1} = \tilde{\omega}_{n-1}$ である.

以上から $\tilde{\gamma}_{n-1}$ が求める持ち上げである.

ここで

$$\tilde{\beta}_{n-1} := \tilde{\gamma}_{n-1} \circ \tilde{\beta}'_{n-1}$$

と置くと,次の図式は可換になる

$$
\begin{array}{ccc}
\tilde{U}_{n-1} & \xrightarrow{\tilde{\beta}_{n-1}} & \tilde{U} \times S_{n-1} \\
\downarrow & & \downarrow \\
U_{n-1} & \xrightarrow{\beta_{n-1}} & U \times S_{n-1}
\end{array}
\tag{5.4}
$$

一方 β_n は S_n-ポアソン同型射 $\beta_{n,p} \colon U_{p,n} \to U_p \times S_n$ を誘導する.$\tilde{U}_{p,n}$ は仮定から $\tilde{U}_p$ の自明なポアソン変形であった.上と同じ議論からポアソン同型射 $\tilde{\beta}_{n,p} \colon \tilde{U}_p \to \tilde{U}_p \times S_n$ を次の図式が可換になるように取ることができる.

$$
\begin{array}{ccc}
\tilde{U}_{p,n} & \xrightarrow{\tilde{\beta}_{n,p}} & \tilde{U}_p \times S_n \\
\downarrow & & \downarrow \\
U_{p,n} & \xrightarrow{\beta_{n,p}} & U_p \times S_n
\end{array}
\tag{5.5}
$$

この図式を S_{n-1} 上に制限すると

$$
\begin{array}{ccc}
\tilde{U}_{p,n-1} & \xrightarrow{\tilde{\beta}_{n,p}|_{\tilde{U}_{p,n-1}}} & \tilde{U}_p \times S_{n-1} \\
\downarrow & & \downarrow \\
U_{p,n-1} & \xrightarrow{\beta_{n-1,p}} & U_p \times S_{n-1}
\end{array}
\tag{5.6}
$$

となるので,$\tilde{\beta}_{n,p}|_{\tilde{U}_{p,n-1}}$ は $\beta_{n-1,p}$ の持ち上げになっている.一方で $\tilde{\beta}_{n-1} \colon \tilde{U}_{n-1} \to \tilde{U} \times S_{n-1}$ はポアソン同型射 $\tilde{\beta}_{n-1,p} \colon \tilde{U}_{p,n-1} \to \tilde{U}_p \times S_{n-1}$ を誘導するが,これも $\beta_{n-1,p}$ の持ち上げになっている.$(\pi_p)_* \Theta_{\tilde{U}_p} = \Theta_{U_p}$ なので $\beta_{n-1,p}$ の持ち上げ方は一意的である.したがって

$$\tilde{\beta}_{n,p}|_{\tilde{U}_{p,n-1}} = \tilde{\beta}_{n-1,p}$$

が成り立つ.

さて $\tilde{U} \times S_{n-1}$ の S_n への自明な拡張 $\tilde{U} \times S_n$ を考えよう. これを $\tilde{\beta}_{n-1}$ を用いて $\tilde{U}_{n-1}$ の S_n 上への拡張とみなし, $\tilde{U}_{n-1}$ の自明な拡張と呼ぶことにしよう. このとき $\tilde{U}_{n-1}$ の S_n への拡張全体と $H^2(\tilde{U}^{an}, \mathbf{C})$ は 1 対 1 に対応する ($\tilde{U}_{n-1}$ の自明な拡張がちょうど $0 \in H^2(\tilde{U}^{an}, \mathbf{C})$ に対応するように全単射を作る). $\tilde{U}_n$ も $\tilde{U}_{n-1}$ の S_n への拡張になっているので, それに対応して $H^2(\tilde{U}^{an}, \mathbf{C})$ の元 ζ_n が 1 つ決まる.

$\tilde{\beta}_{n-1}$ は $\tilde{U}_{p,n-1}$ の自明化 $\tilde{\beta}_{n-1,p} \colon \tilde{U}_{p,n-1} \to \tilde{U}_p \times S_{n-1}$ を定義するから, 同様のやり方で $\tilde{U}_{p,n-1}$ の S_n への拡張と $H^2(\tilde{U}_p, \mathbf{C})$ の元を 1 対 1 に対応させることができる. 特に拡張 $\tilde{U}_{p,n}$ に対応する元は, 制限射 $r_p \colon H^2(\tilde{U}^{an}, \mathbf{C}) \to H^2(\tilde{U}_p, \mathbf{C})$ によって ζ_n を送った元 $r_p(\zeta_n)$ に対応する. 可換図式

$$
\begin{array}{ccc}
\tilde{U}_{p,n-1} & \xrightarrow{\tilde{\beta}_{n-1,p}} & \tilde{U}_p \times S_{n-1} \\
\downarrow & & \downarrow \\
\tilde{U}_{p,n} & \xrightarrow{\tilde{\beta}_{n,p}} & \tilde{U}_p \times S_n
\end{array}
\qquad (5.7)
$$

より $\tilde{U}_{p,n}$ は $\tilde{U}_{p,n-1}$ の自明な拡張である. したがって $r_p(\zeta_n) = 0$ である.

ここで完全系列

$$
0 \to H^2(U^{an}, \mathbf{C}) \xrightarrow{\psi} H^2(\tilde{U}^{an}, \mathbf{C}) \xrightarrow{\phi} H^0(U^{an}, R^2\pi_*^{an}\mathbf{C})
$$

を考えると, 各点 p に対して $r_p(\zeta_n) = 0$ であったから $\phi(\zeta_n) = 0$ である, したがって, ある元 $\xi_n \in H^2(U^{an}, \mathbf{C})$ が存在して $\zeta_n = \psi(\xi_n)$ となる. $H^2(U^{an}, \mathbf{C})$ の元は U_{n-1} の S_n への拡張で通常の変形として局所自明なものに対応する (命題 4.1.6). つまり ξ_n に対応する U_{n-1} の (通常の変形として) 局所自明な拡張 U'_n を取り, U'_n の極小特異点解消を取ったものが $\tilde{U}_n$ に他ならない. このとき関手の射 π_* によって $\tilde{U}_n$ をブローダウンすると再び U'_n になる. すなわち $U_n = U'_n$ である. 一方, すでに見たように U_n は U_{n-1} の自明な拡張である. したがって $\xi_n = 0$ となり $\zeta_n = 0$ である. このことから $\tilde{U}_n$ は $\tilde{U}_{n-1}$ の自明な拡張である.

以上の考察から $\tilde{U}_n$ は $\tilde{U}$ のポアソン変形として自明である. したがって $\alpha \colon R_{\tilde{U}} \to \mathbf{C}[[t]]$ は $R_{\tilde{U}} \to R_{\tilde{U}}/m_{R_{\tilde{U}}} \to \mathbf{C}[[t]]$ と分解する.

(iv) 次に $R_{\tilde{U}}$ と R_U が同じ次元の正則局所環であることを示そう. $H^1(\tilde{U}, \mathcal{O}_{\tilde{U}}) = H^2(\tilde{U}, \mathcal{O}_{\tilde{U}}) = 0$ なので系 3.2.6 から $R_{\tilde{U}}$ は正則局所環である. したがって

$$\dim R_{\tilde{U}} = \dim_{\mathbf{C}} m_{R_{\tilde{U}}}/m_{R_{\tilde{U}}}^2$$

が成り立つ. 一方 (ii) より

$$\dim_{\mathbf{C}} m_{R_{\tilde{U}}}/m_{R_{\tilde{U}}}^2 \geq \dim_{\mathbf{C}} m_{R_U}/m_{R_U}^2$$

である. 一般に不等号 $\dim_{\mathbf{C}} m_{R_U}/m_{R_U}^2 \geq \dim R_U$ が成り立つので, 上の不等式を組み合わせることにより $\dim R_{\tilde{U}} \geq \dim R_U$ であることがわかる. 最後に (iii) から $\dim R_{\tilde{U}} \leq \dim R_U$ がいえるので, 結局 $\dim R_{\tilde{U}} = \dim R_U$ であり, $\dim_{\mathbf{C}} m_{R_U}/m_{R_U}^2 = \dim R_U$ であることがしたがう. これより R_U もまた正則局所環であることがわかる.

(v) 最後に PD_X が障害を持たないことを示す. すでに PD_U が障害を持たないことは (iv) で証明済みである. したがって PD_U は T^1-持ち上げの性質を持つ. 局所アルチン $\mathbf{C}$-概型 T に対して $\mathcal{X} \to T$ を X のポアソン変形とする. このとき $\mathcal{U} := \mathcal{X}|_U$ と置くと $\mathcal{U} \to T$ は U のポアソン変形になる. 命題 4.1.1 から

$$\mathrm{PD}(\mathcal{X}/T, T[\epsilon]) \cong \mathrm{PD}(\mathcal{U}/T, T[\epsilon])$$

が成り立つ. このことは PD_X も T^1-持ち上げの性質を持つことを意味している. したがって PD_X は障害を持たない. $\square$

命題 5.1.2 アファインシンプレクティック代数多様体 (X, ω) がシンプレクティック特異点解消 $\pi\colon (Y, \omega_Y) \to (X, \omega)$ を持ったとする. このときポアソン変形関手の射 $\pi_*\colon \mathrm{PD}_Y \to \mathrm{PD}_X$ が存在する.

証明. 定理 5.1.1 の証明, (ii) でポアソン変形関手の射 $\mathrm{PD}_{\tilde{U}} \to \mathrm{PD}_U$ を構成したが, その証明がそのまま使える. $\square$

次に錐的シンプレクティック多様体 (X, ω) がシンプレクティック特異点解消 $\pi\colon (Y, \omega_Y) \to (X, \omega)$ を持つ場合を考える. ポアソン変形関手 $\mathrm{PD}_{(Y, \omega_Y)}$ は完備局所 $\mathbf{C}$-代数 R_Y によって射影極限的に表現可能である. $R_{Y,n} := R_Y/m_{R_Y}^{n+1}$,

$T_n := \operatorname{Spec} R_{Y,n}$ と置き，$\{Y_n, \{\,,\,\}_{Y,n}\}$ を形式的普遍ポアソン変形とする．

$$
\begin{array}{ccccccccc}
Y_0 := Y & \longrightarrow & Y_1 & \longrightarrow & \cdots & \longrightarrow & Y_n & \longrightarrow & \cdots \\
\downarrow & & \downarrow & & \downarrow & & \downarrow & & \downarrow \\
T_0 & \longrightarrow & T_1 & \longrightarrow & \cdots & \longrightarrow & T_n & \longrightarrow & \cdots
\end{array}
\tag{5.8}
$$

このとき

$$
X'_n := \operatorname{Spec} \Gamma(Y_n, \mathcal{O}_{Y_n})
$$

と置くと X'_n には T_n-ポアソン構造が入り，X'_n は X の T_n 上のポアソン変形になっている (命題 5.1.2)．X の形式的ポアソン変形

$$
\begin{array}{ccccccccc}
X'_0 := X & \longrightarrow & X'_1 & \longrightarrow & \cdots & \longrightarrow & X'_n & \longrightarrow & \cdots \\
\downarrow & & \downarrow & & \downarrow & & \downarrow & & \downarrow \\
T_0 & \longrightarrow & T_1 & \longrightarrow & \cdots & \longrightarrow & T_n & \longrightarrow & \cdots
\end{array}
\tag{5.9}
$$

は射 $\{T_n\} \to \{S_n\}$ を決め，その結果

$$
\pi_* \colon \operatorname{Spec} R_Y \to \operatorname{Spec} R
$$

を決める．当然ながら $\{Y_n\}$ から $\{X'_n\}$ には射が存在する．

命題 5.1.3　Y の形式的普遍ポアソン変形 $\{Y_n, \{\,,\,\}_{Y,n}\}$ から X の形式的普遍ポアソン変形 $\{X_n, \{\,,\,\}\}$ へ π_* と可換な射が存在する：

$$
\begin{array}{ccc}
\{Y_n\} & \longrightarrow & \{X_n\} \\
\downarrow & & \downarrow \\
\{T_n\} & \longrightarrow & \{S_n\}
\end{array}
\tag{5.10}
$$

さらに $\{Y_n, \{\,,\,\}_{Y,n}\}$ には上の可換図式を同変にするような $\mathbf{C}^*$-作用が存在する．

　　証明.　π_* で $\{X_n\}$ を引き戻すことにより，X の形式的ポアソン変形 $\{X''_n\}$ を得る．定義から，各 n に対して X'_n と X''_n は X のポアソン変形として同値である．T_n-ポアソン同型射 $\varphi_n \colon X'_n \to X''_n$ が与えられたとき次の図式を可換にするような T_{n+1}-ポアソン同型 φ_{n+1} が存在すれば $\{\varphi_n\}$ は 2 つの形式的ポアソン変形 $\{X'_n\}, \{X''_n\}$ の間の射を定義する：

$$
\begin{array}{ccc}
X'_n & \xrightarrow{\ \varphi_n\ } & X''_n \\
\downarrow & & \downarrow \\
X'_{n+1} & \xrightarrow{\ \varphi_{n+1}\ } & X''_{n+1}
\end{array}
\tag{5.11}
$$

X'_{n+1} と X''_{n+1} の間には少なくとも 1 つは T_{n+1}-ポアソン同型射が存在するのでそれを φ'_{n+1} とする. φ'_{n+1} を X'_n に制限すると $\varphi'_n \colon X'_n \to X''_n$ を得る. このとき $\beta_n := \varphi_n \circ (\varphi'_n)^{-1}$ は X''_n の T_n-ポアソン自己同型射で T_0 上に制限すると X の恒等射になる. X は錐的シンプレクティック多様体なので X^{an} は可縮である. したがって命題 4.2.3, (ii) より β_n は X''_{n+1} のポアソン自己同型射 β_{n+1} に持ち上がる. あらためて $\varphi_{n+1} := \beta_{n+1} \circ \varphi'_{n+1}$ と置けば φ_{n+1} は φ_n の持ち上げになっている. このことから命題の図式を可換にするような射 $\{Y_n\} \to \{X_n\}$ の存在がわかる. $\{X_n\}$ 上の $\mathbf{C}^*$-作用は $\{X'_n\}$ 上の $\mathbf{C}^*$-作用を誘導する. $\sigma \in \mathbf{C}^*$ がこの作用に関して定める X'_n の自己同型射を $\phi_{n,\sigma}$ であらわす. 一方, [Part 1], 命題 4.1.15 から X への $\mathbf{C}^*$-作用は Y への $\mathbf{C}^*$-作用に一意的に持ち上がりポアソン変形関手 $\mathrm{PD}_{(Y,\{\,,\,\}_Y)}$ には $\mathbf{C}^*$ が作用する. このとき定理 4.3.1 と全く同じ議論から $\{Y_n\}$ には $\mathbf{C}^*$-作用が入る. $\sigma \in \mathbf{C}^*$ に対してこの作用が定める Y_n の自己同型を $\tilde{\phi}_{n,\sigma}$ であらわす. この作用は $\{X'_n\}$ に $\mathbf{C}^*$-作用を誘導する. σ に対する X'_n の自己同型射を $\phi'_{n,\sigma}$ であらわす. すなわち $\{X'_n\}$ は 2 つの $\mathbf{C}^*$-作用 $\phi_{n,\sigma}, \phi'_{n,\sigma}$ を持つ. このとき $\gamma_n := \phi_{n,\sigma} \circ (\phi'_{n,\sigma})^{-1}$ は X'_n の T_n-ポアソン自己同型射で $\gamma_n|_{X'_0} = id_X$ を満たす. 系 4.2.5 から γ_n は Y_n の T_n-ポアソン自己同型射 $\tilde{\gamma}_n$ にまで持ち上がる. そこで $\tilde{\phi}_{n,\sigma} := \tilde{\gamma}_n \circ \tilde{\phi}'_{n,\sigma}$ と定義する. このとき $\{\tilde{\phi}_{n,\sigma}\}_{\sigma \in \mathbf{C}^*}$ が $\mathbf{C}^*$-作用になっていることを示そう. そのためには $\sigma, \tau \in \mathbf{C}^*$ に対して

$$
\tilde{\phi}_{n,\sigma\tau} = \tilde{\phi}_{n,\sigma} \circ \tilde{\phi}_{n,\tau}
$$

であることを見ればよい. 定義の仕方から左辺も右辺も X'_n の自己同型射 $\phi_{n,\sigma\tau}$ の持ち上げになっているが, 持ち上げの一意性から両者は一致する. このようにして作った $\mathbf{C}^*$-作用は n に関して可換になり, 形式的普遍ポアソン変形 $\{Y_n\}$ 上の $\mathbf{C}^*$-作用を定義する. このとき命題の可換図式は $\mathbf{C}^*$-同変になる. □

命題 5.1.4 R_Y への $\mathbf{C}^*$-作用に関して, $m_{R_Y}/m_{R_Y}^2$ のウエイトはすべて

$l := wt(\omega_Y)$ である.

証明. 形式的普遍ポアソン変形 $\{Y_n, \{\ ,\ \}_{Y,n}\}$ からポアソン–小平–スペンサー写像 $p\kappa: T_0(T_1) \to H^2(Y^{an}, \mathbf{C})$ が決まる. ここで, $T_0(T_1)$ は T_1 の原点における接空間で R_Y の接空間 $(m_{R_Y}/m_{R_Y}^2)^*$ と一致する. 普遍性から $p\kappa$ は同型射である. $(Y, \{\ ,\ \}_Y)$ のポアソン変形を, (Y, ω_Y) のシンプレクティック変形とみなす. このとき, 形式的普遍ポアソン変形 $\{Y_n, \{\ ,\ \}_{Y_n}\}$ を形式的普遍シンプレクティック変形 $\{Y_n, \omega_n\}$ とみなすことができる. $\omega_1 \in \Gamma(Y, \Omega^2_{Y_1/T_1})$ はコホモロジー類 $[\omega_1] \in H^2(Y^{an}, R_{Y,1})$ を決める. $R_{Y,1}$ は $\mathbf{C}$-ベクトル空間として, $R_{Y,1} = \mathbf{C} \oplus m_{R_Y}/m_{R_Y}^2$ とあらわされるので,

$$[\omega_1] = [\omega_Y] + \beta, \ [\omega_Y] \in H^2(Y^{an}, \mathbf{C}), \ \beta \in H^2(Y^{an}, \mathbf{C}) \otimes_{\mathbf{C}} m_{R_Y}/m_{R_Y}^2$$

と書ける. ここで $\sigma^*: H^2(Y^{an}, \mathbf{C}) \to H^2(Y^{an}, \mathbf{C})$ は恒等写像なので $\sigma^*[\omega_Y] = [\omega_Y]$ である. 一方, $[\sigma^*\omega_Y] = [\sigma^l\omega_Y] = \sigma^l[\omega_Y]$ なので, $[\omega_Y] = 0$ が成り立つ.

$$\beta \in \mathrm{Hom}((m_{R_Y}/m_{R_Y}^2)^*, H^2(Y^{an}, \mathbf{C}))$$

とみなせるが, この β がポアソン–小平–スペンサー写像 $p\kappa$ に他ならない ([Part 1], 命題 3.3.2).

$T_0(T_1)$ の元 v を取る. これは, (Y, ω_Y) の $\mathrm{Spec}\,\mathbf{C}[\epsilon]$ 上へのシンプレクティック変形 $i: (Y, \omega_Y) \to (Y', \omega_{Y'})$ を与える. Y への $\mathbf{C}^*$-作用は, $\sigma \in \mathbf{C}^*$ に対して自己同型射 $\sigma: Y \to Y$ を決める. このとき, $i \circ \sigma^{-1}: (Y, \omega_Y) \to (Y', \sigma^l\omega_{Y'})$ は, (Y, ω_Y) の新たなシンプレクティック変形を与える.

$\mathbf{C}^*$ は $\mathrm{Spec}\,R_Y$ に自然に作用して, σ は $\mathrm{Spec}\,R_Y$ の自己同型を引き起こす. 特に, σ は T_1 の自己同型を引き起こし, 接空間 $T_0(T_1)$ の自己同型を決める. このとき, 新しく得られたシンプレクティック変形は, $\sigma(v)$ に対応する. 作り方から, $\beta(\sigma(v)) = \sigma^l\beta(v)$ である. したがって, 次の可換図式が存在する.

$$
\begin{array}{ccc}
T_0(T_1) & \xrightarrow{\ p\kappa\ } & H^2(Y^{an}, \mathbf{C}) \\
\sigma \downarrow & & \sigma^l \cdot \downarrow \\
T_0(T_1) & \xrightarrow{\ p\kappa\ } & H^2(Y^{an}, \mathbf{C})
\end{array}
\tag{5.12}
$$

これは, 命題を意味する. $\square$

$\pi: Y \to X$ に対して π-豊富な直線束 L を 1 つ固定する. Y の $\mathbf{C}^*$-作用を $a: \mathbf{C}^* \times Y \to Y$, $(\sigma, y) \to \sigma y$, 第 2 成分への射影を $pr_2: \mathbf{C}^* \times Y \to Y$ とする. $pr_2^*: \mathrm{Pic}(Y) \to \mathrm{Pic}(\mathbf{C}^* \times Y)$ は同型射である ([Part 1], 命題 4.1.15 の証明を参照せよ). したがって $a^*L = pr_2^*M$, $M \in \mathrm{Pic}(Y)$ と書けるが, $a^*L|_{\{1\} \times Y} = L$ なので $M = L$ である. つまり L は $\mathbf{C}^*$-作用で不変である. さて上で構成した Y の形式的普遍ポアソン変形

$$Y \to Y_1 \to \cdots \to Y_n \to \cdots$$

に対して Y の直線束 L を Y_1 の直線束, Y_2 の直線束と順に持ち上げていく. 実際, 完全系列

$$0 \to m_{R_Y}^k / m_{R_Y}^{k+1} \otimes_{\mathbf{C}} \mathcal{O}_Y \overset{b \to 1+b}{\to} \mathcal{O}_{Y_k}^* \to \mathcal{O}_{Y_{k-1}}^* \to 1$$

からコホモロジー完全系列

$$H^1(m_{R_Y}^k / m_{R_Y}^{k+1} \otimes_{\mathbf{C}} \mathcal{O}_Y) \to H^1(\mathcal{O}_{Y_k}^*) \to H^1(\mathcal{O}_{Y_{k-1}}^*) \to H^2(m_{R_Y}^k / m_{R_Y}^{k+1} \otimes_{\mathbf{C}} \mathcal{O}_Y)$$

を得るが, 第 1 項と第 4 項は 0 である. したがって L_{k-1} は一意的に L_k に持ち上がる. 各 L_k は Y_k 上の $\mathbf{C}^*$-作用で不変である. これは帰納的に次のようにして証明される. 同型射 $a_{k-1}^*L_{k-1} \cong pr_2^*L_{k-1}$ が存在したとする. これを準同型射 $a_k^*L_k \cong pr_2^*L_k$ にまで持ち上げる障害類は

$$H^1(Y, pr_2^*L \otimes a^*L^{-1} \otimes_{\mathbf{C}} m_{R_Y}^k / m_{R_Y}^{k+1})$$

に存在するが, $pr_2^*L \otimes a^*L^{-1} \cong \mathcal{O}_Y$ なのでこの空間は 0 である.

命題 5.1.5 $\{L_k\}$ を整合的に $\mathbf{C}^*$-線形化することができる. すなわち各 k に対して L_k の $\mathbf{C}^*$-線形化を L_{k-1} に制限したものが L_{k-1} の $\mathbf{C}^*$-線形化になっているようにできる.

証明. Y は準射影的な正規多様体なので L の $\mathbf{C}^*$-線形化が存在する (cf. [C-G], Theorem 5.1.9). この線形化を $\phi_0: a^*L \cong pr_2^*L$ とし, 各 $\sigma \in \mathbf{C}^*$ から決まる同型射を $\phi_{\sigma,0}: \sigma^*L \to L$ であらわす. この同型を順次持ち上げて L_k の $\mathbf{C}^*$-線形化を構成する. k の帰納法で証明する. 証明は定理 4.3.1 の証明の最後と全く同じである. $\mathbf{C}^*$-線形化 $\phi_{k-1}: a_{k-1}^*L_{k-1} \cong pr_2^*L_{k-1}$ が与えられたとする. すでに見たように ϕ_{k-1} は同型射 $\phi_k: a_k^*L_k \cong pr_2^*L_k$ にまで持ち上が

る．$\tau \in \mathbf{C}^*$ は同型射 $\phi_{\tau,k}: \tau^* L_k \to L_k$ を決めるが，$\sigma \in \mathbf{C}^*$ に対して $\sigma\phi_{\tau,k}$ で $\phi_{\tau,k}$ が引き起こす自然な射 $\sigma^* \tau^* L_k \to \sigma^* L_k$ をあらわす．任意の σ, τ に対して

$$\phi_{\sigma,k} \circ \sigma\phi_{\tau,k} = \phi_{\sigma\tau,k}$$

が成り立てば ϕ_k は L_k の $\mathbf{C}^*$-線形化を与える．ここで $\mathrm{Aut}(L_k; id|_{L_{k-1}})$ を L_k の自己同型射で L_{k-1} まで制限すると恒等射になるもの全体とする．このとき同型射

$$\mathrm{Aut}(L_k; id|_{L_{k-1}}) \cong H^0(\mathcal{O}_Y) \otimes_{\mathbf{C}} m_{R_Y}^k/m_{R_Y}^{k+1}$$

が存在する．$u \in \mathrm{Aut}(L_k; id|_{L_{k-1}})$ に対して

$$^{\sigma}u := \phi_{\sigma,k} \circ \sigma u \circ \phi_{\sigma,k}^{-1}$$

$$L_k \overset{\phi_{\sigma,k}^{-1}}{\to} \sigma^* L_k \overset{\sigma u}{\to} \sigma^* L_k \overset{\phi_{\sigma,k}}{\to} L$$

と定義することによって $\mathbf{C}^*$ は $\mathrm{Aut}(L_k; id|_{L_{k-1}})$ に左から作用する．このとき

$$f(\sigma, \tau) := \phi_{\sigma,k} \circ \sigma\phi_{\tau,k} \circ \phi_{\sigma\tau,k}^{-1} \in \mathrm{Aut}(L_k; id|_{L_{k-1}})$$

$$L_k \overset{\phi_{\sigma\tau,k}^{-1}}{\to} \sigma^* \tau^* L_k \overset{\sigma\phi_{\tau,k}}{\to} \sigma^* L_k \overset{\phi_{\sigma,k}}{\to} L_k$$

と定義すると

$$f: \mathbf{C}^* \times \mathbf{C}^* \to \mathrm{Aut}(L_k; id|_{L_{k-1}})$$

は代数トーラス $\mathbf{C}^*$ の有理表現 $\mathrm{Aut}(L_k; id|_{L_{k-1}})$ のホッホシルトコホモロジーに関して 2-コサイクルになる．代数トーラスの高次ホッホシルトコホモロジー群は消えるので (cf. [Mi], Proposition 15.16)，f は 2-コバウンダリーになる．すなわち，$\mathbf{C}^*$ の元でパラメーター付けされた L_k の自己同型の族 $\{u_\sigma\}$, $u_\sigma \in \mathrm{Aut}(L_k; id|_{L_{k-1}})$ が存在して

$$f(\sigma, \tau) = {}^{\sigma}u_\tau \circ u_{\sigma\tau}^{-1} \circ u_\sigma$$

を満たす．このとき $\psi_{\sigma,k} := u_\sigma^{-1} \circ \phi_{\sigma,k}$ と置き直せば

$$\psi_{\sigma,k} \circ \sigma\psi_{\tau,k} = \psi_{\sigma\tau,k}$$

が成り立つ．□

5.2 形式的普遍ポアソン変形の代数化

この節では，命題 5.1.3 で構成した形式的普遍ポアソン変形の間の可換図式

$$
\begin{CD}
\{Y_n\} @>>> \{X_n\} \\
@VVV @VVV \\
\{T_n\} @>>> \{S_n\}
\end{CD}
\tag{5.13}
$$

を**代数化**して $\mathbf{C}$ 上有限型のポアソン概型の $\mathbf{C}^*$-同変な可換図式

$$
\begin{CD}
\mathcal{Y} @>>> \mathcal{X} \\
@VVV @VVV \\
\mathbf{C}^d @>\pi_*>> \mathbf{C}^d
\end{CD}
\tag{5.14}
$$

を構成する．この可換図式の左側の $\mathbf{C}^d$ の座標環を $\mathbf{C}[y_1, \dots, y_d]$, 右側の $\mathbf{C}^d$ の座標環を $\mathbf{C}[x_1, \dots, x_d]$ としたとき $T_n := \operatorname{Spec} \mathbf{C}[y_1, \dots, y_d]/(y_1, \dots, y_d)^{n+1}$, $S_n := \operatorname{Spec} \mathbf{C}[x_1, \dots, x_d]/(x_1, \dots, x_d)^{n+1}$ とおく．底空間の射 $\pi_* \colon \mathbf{C}^d \to \mathbf{C}^d$ は射 $(\pi_n)_* \colon T_n \to S_n$ を誘導するが，上の図式をここまで引き戻した可換図式が最初に与えられた可換図式に他ならない．

最初に定義の確認をしておく．1 次元代数トーラス $\mathbf{C}^*$ の座標環を $\mathbf{C}[t, 1/t]$ とする．$\mathbf{C}^*$ の閉点は $\mathbf{C}$-代数の全射準同型 $\sigma \colon \mathbf{C}[t, 1/t] \to \mathbf{C}$ に対応する．B を $\mathbf{C}$ 上有限生成な整域として．$\mathbf{C}$-代数の準同型射

$$
B \to B \otimes_{\mathbf{C}} \mathbf{C}[t, 1/t]
$$

が与えられているものとする．任意の閉点 σ に対して，合成射

$$
\phi_\sigma \colon B \to B \otimes_{\mathbf{C}} \mathbf{C}[t, 1/t] \overset{id \otimes \sigma}{\to} B
$$

が B の $\mathbf{C}$-代数としての同型になり，対応

$$
\mathbf{C}^* \to \operatorname{Aut}_{\mathbf{C}}(B), \ \sigma \to \phi_\sigma
$$

が群準同型になるとき，$\mathbf{C}^*$ は B に作用すると呼んだ．今 m_B を B の極大イデアルで，すべての $\sigma \in \mathbf{C}^*$ に対して $\phi_\sigma(m_B) = m_B$ を満たすようなものとする．このとき $\mathbf{C}^*$-表現 m_B/m_B^2 のすべてのウエイトが正であるとき，この $\mathbf{C}^*$-作用のことを (B, m_B) に対する**良い $\mathbf{C}^*$-作用**と呼ぶ．良い $\mathbf{C}^*$-作用を持つ

た B 上に有限生成 B-加群 M が与えられ，次の条件を満たすとき M は $\mathbf{C}^*$-作用を持つという.

各 $\sigma \in \mathbf{C}^*$ に対して写像

$$\phi_\sigma \colon M \to M$$

が与えられていて以下の性質を持つ:

(1) ϕ_σ は $\mathbf{C}$-線形同型写像である.

(2) $\phi_\sigma(bx) = \sigma(b)\phi_\sigma(x)$, $b \in B$, $x \in M$.

(3) $\phi_{\sigma\tau} = \phi_\sigma \circ \phi_\tau$, $\sigma, \tau \in \mathbf{C}^*$.

(4) $\phi_1 = id_M$.

さらに M の元 $x\,(\neq 0)$ に対してある整数 w が存在して，すべての $\sigma \in \mathbf{C}^*$ に対して $\phi_\sigma(x) = \sigma^w x$ が成り立つとき M の**固有ベクトル**と呼ぶ. $\mathbf{C}^*$-作用を持った B-加群 M, N の間の B-準同型射 $f\colon M \to N$ で f と $\mathbf{C}^*$-作用が可換になっているようなもののことを $\mathbf{C}^*$-**同変射**と呼ぶ.

一方完備局所環に対する $\mathbf{C}^*$-作用は次のようにして定義する. (R, m_R) を完備ネーター局所 $\mathbf{C}$-代数で $R/m_R = \mathbf{C}$ となるものとする. ここで $R \hat{\otimes}_{\mathbf{C}} \mathbf{C}[t, 1/t]$ を $R \otimes_{\mathbf{C}} \mathbf{C}[t, 1/t]$ をイデアル $m_R(R \otimes_{\mathbf{C}} \mathbf{C}[t, 1/t])$ で完備化した環とする. $\mathbf{C}$-代数の準同型

$$R \to R \hat{\otimes}_{\mathbf{C}} \mathbf{C}[t, 1/t]$$

が与えられているものとする. 任意の閉点 $\sigma \in \mathbf{C}^*$ に対して合成射

$$\phi_\sigma \colon R \to R \hat{\otimes}_{\mathbf{C}} \mathbf{C}[t, 1/t] \overset{id \otimes \sigma}{\to} R$$

が完備局所 $\mathbf{C}$-代数の自己同型になっており，対応

$$\mathbf{C}^* \to \mathrm{Aut}_{\mathbf{C}}(R), \ \sigma \to \phi_\sigma$$

が群準同型を与えるとき，R 上に $\mathbf{C}^*$ が作用すると呼ぶ. やはり $\mathbf{C}^*$-表現のウエイトがすべて正のとき，この $\mathbf{C}^*$-作用は**良い作用**と呼ぶことにする. 有限生成 R-加群 M に対する $\mathbf{C}^*$-作用は B-加群の場合と全く同様に定義される.

補題 5.2.1 (R, m_R) を完備ネーター局所 $\mathbf{C}$-代数で $R/m_R = \mathbf{C}$ となるものとし，(R, m_R) は良い $\mathbf{C}^*$-作用を持つとする. B を R の中で $\mathbf{C}^*$-作用に関する固有ベクトル全体で張られる部分空間とする. このとき B は良い $\mathbf{C}^*$-作用を

持った **C** 上有限生成な環である。さらに $m_B := m_R \cap B$ とすると，m_B は B の極大イデアルであり，B を m_B で完備化すると R になる：$\hat{B} = R$.

証明. $R/m_R^k \ (k \geq 1)$ は有限次元 **C***-表現なのでウエイト分解

$$R/m_R^k = \bigoplus_w (R/m_R^k)^w, \ w \in \mathrm{Hom}_{alg.gp}(\mathbf{C}^*, \mathbf{C}^*)$$

を持つ。仮定から w はすべて非負ウエイトである。ここで $k \geq 1$ に対して，自然な射 $(R/m_R^k)^w \to (R/m_R^{k-1})^w$ は全射であることに注意する。m_R/m_R^2 は **C***-表現なので m_R/m_R^2 の **C**-ベクトル空間としての基底 $\bar{\phi}_i, 1 \leq i \leq l$ を固有ベクトルから取ることができる。$\bar{\phi}_i$ のウエイトを $w_i > 0$ とする。上で注意した全射を用いて $\bar{\phi}_i$ を

$$\phi_i \in \varprojlim (R/m_R^k)^{w_i}$$

に持ち上げる。R は完備なので $\phi_i \in R$ であり，ϕ_i のウエイトは w_i である。このとき $B = \mathbf{C}[\phi_1, \ldots, \phi_l]$ であることを示そう。$w_{\min} := \min\{w_1, \ldots, w_l\} > 0$ と置く。$\psi \in R$ をウエイト w の固有ベクトルとする。今 $\psi \in m_R^{k_0}, \psi \notin m_R^{k_0+1}$ であるとする。自然な射

$$(\mathrm{Sym}^{k_0}(m_R/m_R^2))^w \to (m_R^{k_0}/m_R^{k_0+1})^w$$

が全射であることから次数 k_0 の l-変数斉次多項式 f_{k_0} で，$f_{k_0}(\phi_1, \ldots, \phi_l)$ のウエイトはちょうど w で，

$$\psi = f_{k_0}(\phi_1, \ldots, \phi_l) \pmod{m_R^{k_0+1}}$$

となるものが存在する。ψ を $\psi - f_{k_0}(\phi_1, \ldots, \phi_l)$ に置き換えて，同様の近似を続けることにより，任意の k に対して近似

$$\psi = f_{k_0}(\phi) + \cdots + f_{k-1}(\phi) \pmod{m_R^k}, \ \phi = (\phi_1, \ldots, \phi_l)$$

を得る。ここで $k > \frac{w}{w_{\min}}$ と仮定する。$\psi' := f_{k_0}(\phi) + \cdots + f_{k-1}(\phi)$ と置く。このときある $r \geq k$ に対して $\psi - \psi' \in m_R^r, \psi - \psi' \notin m_R^{r+1}$ である。f_i の作り方から $\psi - \psi' \in R$ はウエイト w の固有ベクトルである。したがって $[\psi - \psi'] \in m_R^r/m_R^{r+1}$ もウエイト w の元である。一方 m_R^r/m_R^{r+1} の零でない固有ベクトルのウエイトは少なくとも $rw_{\min}$ である。しかしこれは $r \geq k > \frac{w}{w_{\min}}$ であることに反する。したがってすべての r に対して $\psi = \psi' \pmod{m_R^r}$ であり

$$\psi = f_{k_0}(\phi) + \cdots + f_{k-1} \in R$$

が成り立ち $B = \mathbf{C}[\phi_1, \ldots, \phi_l]$ である. ここで $\phi_1, \phi_2, \ldots, \phi_l$ で生成される B のイデアルを m_B とする. $m_B \subset m_R$ なので $1 \notin m_B$ である. したがって m_B は B の極大イデアルである. 任意の $k \geq 1$ に対して

$$m_B^k = \bigoplus_w (m_R^k)^w$$

が成り立つ. 実際左辺の元は明らかに右辺に含まれる. 逆に $(m_R^k)^w$ の元は上で見たように $\phi_1, \ldots, \phi_l$ に関する次数 k 以上の多項式としてあらわせるので m_B^k に含まれる.

$$(m_R^k)^w = \varprojlim (m_R^k/m_R^{k+i})^w$$

なので

$$m_B^k = \bigoplus_w \varprojlim (m_R^k/m_R^{k+i})^w$$

である. したがって

$$B/m_B^k = \bigoplus_w \varprojlim (R/m_R^i)^w \Big/ \bigoplus_w \varprojlim (m_R^k/m_R^{k+i})^w$$

$$= \bigoplus_w \{\varprojlim (R/m_R^i)^w / \varprojlim (m_R^k/m_R^{k+i})^w\} = \bigoplus_w (R/m_R^k)^w = R/m_R^k$$

が成り立つ. ただし後ろから 2 番目の等式は $\{(m_R^k/m_R^{k+i})^w\}_i$ がミッターク-レフラー条件を満たすことからしたがう. 以上より $\hat{B} = R$ であることがわかった. □

補題 5.2.1 を少し一般化した次の補題も有用である.

補題 5.2.2 (R, I) をネーター $\mathbf{C}$-代数とイデアル I の組で R は I-進位相に関して完備であるとする. さらに m_R を R の極大イデアルで $R/m_R = \mathbf{C}$, $I \subset m_R$ となるものとする. いま R/I は $\mathbf{C}$ 上有限生成な環であり, 各 $k > 0$ に対して $(R/I^k, m_R/I^k)$ は良い $\mathbf{C}^*$-作用を持っていて, これらの作用は互いに可換であるとする. R に自然に誘導される $\mathbf{C}^*$-作用を考え, B を R の中の固有ベクトル全体で張られる部分空間とする. このとき $(B, m_R \cap B)$ は良い $\mathbf{C}^*$-作用を持った $\mathbf{C}$ 上有限生成な環であり, B を $I_B := I \cap B$ で完備化すると R になる. □

$I = m_R$ のときが補題 5.2.1 に他ならない. 補題 5.2.1 では $R/I = \mathbf{C}$ だったが今回は R/I は $\mathbf{C}$ 上有限生成な環である. 仮定から R/I^k はすべて $\mathbf{C}$ 上有限生成な環なので, R/I^k は補題 5.2.1 のときと同様ウエイト分解を持つ. 補題 5.2.1 では m_R/m_R^2 の固有ベクトルの基底 $\phi_1, \ldots, \phi_l$ に対して k 次の斉次多項式 $f_k(\phi_1, \ldots, \phi_l)$ でウエイト w のものを用いて近似したが, 今回は I/I^2 の R/I-加群としての生成元を固有ベクトルから取り, $\phi_1, \ldots, \phi_l$ と置く. 近似に使うのは R/I を係数とする k 次の斉次多項式 $f_k(\phi_1, \ldots, \phi_l)$ でウエイトが w であるようなものである.

補題 5.2.3 R と B は補題 5.2.1 と同じものとする. M を $\mathbf{C}^*$-作用を持つ有限生成 R-加群とする. M_B を M の固有ベクトル全体で生成される M の ($\mathbf{C}$-ベクトル空間としての) 部分空間とする. このとき M_B は $\mathbf{C}^*$-作用を持った有限生成 B-加群となり, $M_B \otimes_B R = M$ が成り立つ.

証明. 有限次元 $\mathbf{C}$-ベクトル空間 $M/m_R^k M$ は $\mathbf{C}^*$-表現なので固有空間の直和である. したがって各ウエイト w に対して

$$(M/m_R^k M)^w \to (M/m_R^{k-1} M)^w$$

は全射である. $\bar{x}_i$ $(i = 1, 2, \ldots, r)$ を $M/m_R M$ の固有ベクトルで基底になっているものとする. $\bar{x}_i$ を上の全射を用いて $\hat{M}$ の元に持ち上げる. $\hat{M} = M$ なので x_i は M の固有ベクトルである. ここで $u_i := wt(x_i)$, $u_{\min} := \min\{u_1, \ldots, u_r\}$ と置く. M_B は B-加群であり, $x_1, \ldots, x_r$ で生成されることを示そう. まず M のウエイト u の固有ベクトル y に R のウエイト w の固有ベクトル b を掛けると by は M のウエイト $u + w$ の固有ベクトルになる. この事実から M_B は B-加群であることがわかる. さて M のウエイト u の固有ベクトル y に対して $y \in m_R^{k_0} M$, $y \notin m_R^{k_0+1} M$ となるような k_0 を取る. このとき自然な全射

$$m_R^{k_0}/m_R^{k_0+1} \otimes_{\mathbf{C}} M/m_R M \to m_R^{k_0} M/m_R^{k_0+1} M$$

は $\mathbf{C}^*$-表現の射になる. したがって

$$\bigoplus_{w+u'=u} (m_R^{k_0}/m_R^{k_0+1})^w \otimes (M/m_R M)^{u'} \to (m_R^{k_0} M/m_R^{k_0+1} M)^u$$

も全射である. 補題 5.2.1 の証明から $(m_R^{k_0}/m_R^{k_0+1})^w$ の元は, $\phi_1, \ldots, \phi_l$ の次数

k_0 の斉次多項式でウエイトが w となるもので代表される．一方 $(M/m_R M)^{u'}$ の元はウエイトが u' の $\{\bar{x}_i\}$ の線形和で書ける．このことから有限個の次数 k_0 の斉次多項式 $r_i(\phi_1, \ldots, \phi_l)$ を用いて

$$y = \sum_i r_i(\phi) x_i \mod m_R^{k_0+1} M$$

となる．ただし $wt(r_i(\phi)) + u_i = u$ である．ここで $w_{\min} := \min\{wt(\phi_1), \ldots, wt(\phi_l)\} > 0$ と置く．さらに $g_{k_0} := \sum_i r_i(\phi) x_i$ と書く．y を $y - g_{k_0}$ に置き換えて同じことを行っていくと，どのような k に対しても近似式

$$y = g_{k_0} + \cdots + g_{k-1} \mod m_R^k M$$

が得られる．構成の仕方から $y - g_{k_0} - \cdots - g_{k-1}$ は M のウエイト u の元である．特に $[y - g_{k_0} - \cdots - g_{k-1}] \in m_R^k M / m_R^{k+1} M$ のウエイトも u である．一方で $m_R^k M / m_R^{k+1} M$ のウエイトは少なくとも $k w_{\min} + u_{\min}$ であることに注意する．ここで k を十分大きく取って $k w_{\min} + u_{\min} > u$ を満たすようにできる．このとき $[y - g_{k_0} - \cdots - g_{k-1}] = 0$ となる．結局 $s > k$ となるすべての s に対して

$$y = g_{k_0} + \cdots + g_{k-1} \mod m_R^s M$$

となり

$$y = g_{k_0} + \cdots + g_{k-1} \in M$$

となる．これは $M_B = B x_1 + \cdots + B x_r$ であることを示している．補題 5.2.1 と同様にして $M/m_R^k M = M_B/m_B^k M_B$ が各 k に対していえるので $M_B \otimes_B R = M$ である．さらに $\phi_\sigma(M_B) \subset M_B$, $\sigma \in \mathbf{C}^*$ なので M_B は $\mathbf{C}^*$-作用を持つ． □

　補題 5.2.2 に対応して補題 5.2.3 の一般化を明示しておく．

補題 5.2.4　R, I, m_R は補題 5.2.2 と同じものとする．M を R 上有限生成な加群とする．各 k に対して R/I^k-加群 $M/I^k M$ は $\mathbf{C}^*$-作用を持ち，これらの作用は互いに可換であるとする．このとき R-加群 M も $\mathbf{C}^*$-作用を持つが M の中で固有ベクトル全体で張られる部分空間を M_B とすると，M_B は $\mathbf{C}^*$-作用を持った有限生成 B-加群になり，$M_B \otimes_B R = M$ が成り立つ． □

以上の準備の下で命題 5.1.3 で得られた可換図式を代数化していく. まず可換図式

$$
\begin{array}{ccc}
X'_n & \longrightarrow & X_n \\
\downarrow & & \downarrow \\
T_n & \longrightarrow & S_n
\end{array}
\tag{5.15}
$$

の構造層の大域切断を取り, n に関して射影極限を取ると環の $\mathbf{C}^*$-同変な可換図式

$$
\begin{array}{ccc}
Q & \longleftarrow & P \\
\uparrow & & \uparrow \\
R_Y & \longleftarrow & R
\end{array}
\tag{5.16}
$$

を得る. ちなみに

$$
Q = \varprojlim H^0(X'_n, \mathcal{O}_{X'_n}), \ \ P = \varprojlim H^0(X_n, \mathcal{O}_{X_n})
$$

である. X_n はアファイン多様体 X の S_n 上の変形なので $H^0(X_n, \mathcal{O}_{X_n}) \to H^0(X, \mathcal{O}_X)$ は全射であり, X の原点に対応する極大イデアル $m \subset H^0(X, \mathcal{O}_X)$ のこの全射による逆像を m_n とすると m_n は $H^0(X_n, \mathcal{O}_{X_n})$ の極大イデアルになる. $\{m_n\}$ は P の極大イデアル m_P を定義する. さらに $I_P := m_R P$ と置くと $H^0(X_n, \mathcal{O}_{X_n}) = P/I_P^{n+1}$ であり, P は I_P に関して完備である. 一方 X'_n に対しても同様にして $H^0(X'_n, \mathcal{O}_{X'_n})$ の極大イデアル m'_n が定義され $\{m'_n\}$ は Q の極大イデアル m_Q を定義する. また $I_Q := m_{R_Y} Q$ と定義すると $H^0(X'_n, \mathcal{O}_{X'_n}) = Q/I_Q^{n+1}$ であり, Q は I_Q に関して完備である.

R_Y は系 3.2.6 から正則局所環である. 命題 5.1.4 から $m_{R_Y}/m_{R_Y}^2$ のウエイトはすべて l である. さらに [Part 1], 命題 4.1.14 から $l > 0$ である. したがって R_Y の $\mathbf{C}^*$-作用は良い作用である. 一方 R も定理 5.1.1 から R_Y と同じ次元の正則局所環である. さらに $R \to R_Y$ の閉ファイバーは有限であった (定理 5.1.1 の証明, (iii) を参照). このことから $R \to R_Y$ は単射であり R は R_Y の部分環とみなせる. R_Y の $\mathbf{C}^*$-作用が良い作用なので R の $\mathbf{C}^*$-作用も良い作用である. 次に P の $\mathbf{C}^*$-作用を考えてみよう. $P/m_R P$ は X の座標環であったから $(P/m_R P, m_P/m_R P)$ は良い $\mathbf{C}^*$-作用を持つ. このとき帰納的に $(P/m_R^k P, m_P/m_R^k P)$ が良い $\mathbf{C}^*$-作用を持っていることがわかる. そのために

は完全系列

$$0 \to m_R^{k-1}P/m_R^k P \to P/m_R^k P \to P/m_R^{k-1}P \to 0$$

を見ればよい. m_R^{k-1}/m_R^k は正のウエイトしか持たず, さらに $P/m_R P$ のウエイトがすべて 0 以上なので $m_R^{k-1}/m_R^k \otimes_{\mathbf{C}} P/m_R P$ のウエイトはすべて正である. 全射 $m_R^{k-1}/m_R^k \otimes_{\mathbf{C}} P/m_R P \to m_R^{k-1}P/m_R^k P$ が存在するので $R^{k-1}P/m_R^k P$ も正のウエイトしか持たない. 帰納法の仮定から $(P/m_R^{k-1}P, m_P/m_R^{k-1}P)$ は良い $\mathbf{C}^*$-作用を持っているので完全系列から $(P/m_R^k P, m_P/m_R^k P)$ も良い $\mathbf{C}^*$-作用を持つ. 同様の考察から $(Q/m_{R_Y}^k Q, m_Q/m_{R_Y}^k Q)$ も良い $\mathbf{C}^*$-作用を持つ. この状況で (R, m_R) と (R_Y, m_{R_Y}) に補題 5.2.1 を, (P, I_P, m_P) および (Q, I_Q, m_Q) に対して補題 5.2.2 を適用すると上の図式は次のように代数化される.

$$
\begin{array}{ccc}
C & \longleftarrow & B \\
\uparrow & & \uparrow \\
\mathbf{C}[y_1,\ldots,y_d] & \longleftarrow & \mathbf{C}[x_1,\ldots,x_d]
\end{array}
\tag{5.17}
$$

下段に関しては少し説明を要する. R_Y は正則局所環なので $\dim R_Y = d$ とすると補題 5.2.1 の証明から R_Y を代数化した環は $\mathbf{C}$ 上ちょうど d 個の元 $y_1,\ldots,y_d$ で生成される. しかしこの環の次元も d であることから, これらの元は $\mathbf{C}$ 上代数的独立であり, 代数化は多項式環 $\mathbf{C}[y_1,\ldots,y_d]$ に等しい. 一方 R も次元 d の正則局所環である. したがって R_Y のときと同じ理由から R の代数化も多項式環 $\mathbf{C}[x_1,\ldots,x_d]$ である. $\mathcal{X} := \operatorname{Spec} B$, $\mathcal{X}' := \operatorname{Spec} C$ と置くと可換図式

$$
\begin{array}{ccc}
\mathcal{X}' & \longrightarrow & \mathcal{X} \\
\downarrow & & \downarrow \\
\mathbf{C}^d & \longrightarrow & \mathbf{C}^d
\end{array}
\tag{5.18}
$$

は

$$
\begin{array}{ccc}
\{X_n'\} & \longrightarrow & \{X_n\} \\
\downarrow & & \downarrow \\
\{T_n\} & \longrightarrow & \{S_n\}
\end{array}
\tag{5.19}
$$

の代数化になっている. $\mathcal{X}$ と $\mathcal{X}'$ は各々 $\mathbf{C}^d$-ポアソン構造を持っている. 実際 $\hat{\mathcal{X}} := \operatorname{Spec} P$ と置くと P の元 $a := \lim a_n, b := \lim b_n, a_n, b_n \in H^0(X_n, \mathcal{O}_{X_n})$ に対して

$$\{a, b\}_{\hat{\mathcal{X}}} := \varprojlim \{a_n, b_n\}_{X_n}$$

と定義することにより $\hat{\mathcal{X}}$ 上のポアソン構造が決まる. さらに $\{,\}_{X_n}$ のウエイトが $-l$ であることから P の固有ベクトルの間のポアソン積は再び固有ベクトルになる. このことから $\{,\}_{\hat{\mathcal{X}}}$ は $\mathcal{X}$ 上のポアソン積 $\{,\}_{\mathcal{X}}$ を定義する. $\mathcal{X}'$ に対しても $\hat{\mathcal{X}}' := \operatorname{Spec} Q$ と置いて同じ議論をすれば $\mathcal{X}'$ 上にもポアソン積 $\{,\}_{\mathcal{X}'}$ が定義される.

今度は $\{Y_n\} \to \{X'_n\}$ を代数化して $\mathbf{C}^d$-概型の射影射 $\Pi: \mathcal{Y} \to \mathcal{X}$ を構成する. Y_n 上には X'_n 上相対的に豊富な直線束 L_n で $L_n|_{Y_{n-1}} \cong L_{n-1}$ となるものを固定してあった. さらに命題 5.1.5 からこれらの直線束は互いに可換な $\mathbf{C}^*$-線形化を持っている. グロタンディークの代数化定理 ([EGA III], Theoreme 5.4.5) から $\{Y_n\} \to \{X'_n\}$ は射影射 $\hat{\mathcal{Y}} \to \hat{\mathcal{X}}'$ にまで代数化される. さらに $\{L_n\}$ は $\hat{\mathcal{Y}}$ の ($\hat{\mathcal{X}}'$ 上相対的に豊富な) 直線束 $\hat{L}$ にまで拡張される. 形式的コホモロジーの比較定理から

$$H^0(\hat{\mathcal{Y}}, \hat{L}) = \varprojlim H^0(Y_n, L_n)$$

である. L_n の $\mathbf{C}^*$-線形化を用いると $H^0(Y_n, L_n)$ は $\mathbf{C}^*$-作用を持つ. したがって $H^0(\hat{\mathcal{Y}}, \hat{L})$ も $\mathbf{C}^*$-作用を持った有限生成 Q-加群である. 同じことが $H^0(\hat{\mathcal{Y}}, \hat{L}^{\otimes i})$, $i \geq 0$ に対してもいえる. ここで

$$\hat{\mathcal{Y}} = \operatorname{Proj}_Q \bigoplus_{i \geq 0} H^0(\hat{\mathcal{Y}}, \hat{L}^{\otimes i})$$

であることに注意する. 以後記号を簡略化するために $Q_i := H^0(\hat{\mathcal{Y}}, \hat{L}^{\otimes i})$, $Q_* := \oplus_{i \geq 0} Q_i$ と置く. ここで補題 5.2.4 を各 Q_i に適用すると有限生成 C-加群 C_i で $C_i \otimes_C Q = Q_i$ となるものが存在した. このとき $C_* := \oplus_{i \geq 0} C_i$ は Q_* の部分環になる. 必要なら $\hat{L}$ を何乗かしたものに取り換えて Q_* は Q 上の次数付き環として Q_1 で生成されているとしてよい. このとき C_* が C 上の次数付き環として C_1 で生成されることを証明しよう. n 回乗法写像を

$$m_n: C_1 \otimes_C C_1 \otimes_C \cdots \otimes_C C_1 \to C_n$$

としよう. m_n は $\mathbf{C}^*$-作用を持った C-加群の間の同変射であるから $M :=$ $\mathrm{Coker}(m_n)$ も $\mathbf{C}^*$-作用を持った有限生成 C-加群である. ここで両辺にテンソル積 $\otimes_C Q$ を施すと仮定から $M \otimes_C Q = \hat{M} = 0$ である. C-加群 M の台 $\mathrm{Supp}(M)$ は $\mathrm{Spec}\, C$ の $\mathbf{C}^*$-安定な閉部分集合である. C の $\mathbf{C}^*$-作用は良い作用なので, もし $\mathrm{Supp}(M) \neq \emptyset$ であったとすると $\mathrm{Supp}(M)$ は原点 0 を含まなければならない. 一方 $\hat{M} = 0$ なので $0 \notin \mathrm{Supp}(M)$ である. したがって $M = 0$ となり, m_n は全射である. これで C_* は C 上有限生成な環であることがわかった. そこで

$$\mathcal{Y} := \mathrm{Proj}_C C_*$$

と置くと $\mathcal{Y}$ は $\mathcal{X}'$ 上射影的な概型で $\Pi\colon \mathcal{Y} \to \mathcal{X}'$ は $\hat{\mathcal{Y}} \to \hat{\mathcal{X}}'$ の代数化になっている.

次に $\mathcal{Y}$ が自然に $\mathbf{C}^d$-ポアソン概型になることを示そう. 各 Y_n は T_n-相対シンプレクティック形式 $\omega_n \in H^0(Y_n, \Omega^2_{Y_n/T_n})$ を持つ. 同型射

$$\widehat{\Pi_* \Omega^2_{\mathcal{Y}/\mathbf{C}^d}} \to \varprojlim H^0(Y_n, \Omega^2_{Y_n/T_n})$$

を考える. ただし左辺は $\Pi_* \Omega^2_{\mathcal{Y}/\mathbf{C}^d}$ をイデアル I_Q に沿って完備化したものである. したがって $\{\omega_n\}$ は $\widehat{\Pi_* \Omega^2_{\mathcal{Y}/\mathbf{C}^d}}$ の切断 $\tilde{\omega}$ を決める. $\widehat{\Pi_* \Omega^2_{\mathcal{Y}/\mathbf{C}^d}}$ は $\mathbf{C}^*$-作用を持った有限生成 Q-加群である. 各 ω_n は $\mathbf{C}^*$-作用に関して固有ベクトルなので $\tilde{\omega}$ も固有ベクトルである. $\Pi_* \Omega^2_{\mathcal{Y}/\mathbf{C}^d}$ は $\widehat{\Pi_* \Omega^2_{\mathcal{Y}/\mathbf{C}^d}}$ の中で固有ベクトルで張られた部分空間なので $\tilde{\omega} \in \Pi_* \Omega^2_{\mathcal{Y}/\mathbf{C}^d}$ である. 各 ω_n が相対シンプレクティック形式だったから $\tilde{\omega}$ も相対シンプレクティックである. したがって $\tilde{\omega}$ は $\mathcal{Y}$ 上にポアソン積を定義する.

最後に次の事実に注意しておく.

補題 5.2.5 R_Y は有限生成 R-加群である. さらに $R \to R_Y$ を代数化して得られた射 $\mathbf{C}[x_1, \ldots, x_d] \to \mathbf{C}[y_1, \ldots, y_d]$ に対して $\mathbf{C}[y_1, \ldots, y_d]$ は有限生成 $\mathbf{C}[x_1, \ldots, x_d]$-加群である.

証明. R_Y は $m_R R_Y$-完備なので $m_R R_Y$-完備である. すなわち $R_Y = \varprojlim R_Y / m_R^k R_Y$ である. $R_Y / m_R R_Y$ はアルチン環なので有限次元 $\mathbf{C}$-ベクトル空間である. そこで $\bar{w}_1, \ldots, \bar{w}_l$ をその基底とする. 各 $\bar{w}_i$ を R_Y の元 w_i に

まで持ち上げる. このとき R_Y が R-加群として $w_1, \ldots, w_l$ で生成されること
を示そう. R_Y の元 z を任意に取る. このとき z を $m_R^{k-1} R_Y$ を法として考え
た元を $z_{k-1} \in R_Y / m_R^{k-1} R_Y$ であらわすことにする.

$$z_{k-1} = \sum_{1 \leq i \leq l} a_i^{(k-1)} w_i, \ a_i^{(k-1)} \in R/m_R^{k-1}$$

と書けたとき $a_i^{(k-1)}$ の適当な持ち上げ $a_i^{(k)} \in R/m_R^k$ が存在して

$$z_k = \sum_{1 \leq i \leq l} a_i^{(k)} w_i \in R_Y / m_R^{k-1} R_Y$$

と書けることを示せばよい. なぜならば, これが示されれば,

$$a_i := \lim_{\leftarrow} a_i^{(k)} \in R$$

と置くと

$$z = \sum_{1 \leq i \leq l} a_i w_i$$

と書けることになるからである. さて $a_i^{(k)}$ の持ち上げを 1 つ取り $b_i^{(k)} \in R/m_R^k$
と置く. 完全系列

$$0 \to m_R^{k-1} R_Y / m_R^k R_Y \to R_Y / m_R^k R_Y \to R_Y / m_R^{k-1} R_Y \to 0$$

から $z_k - \sum b_i^{(k)} w_i \in m_R^{k-1} R_Y / m_R^k R_Y$ である. ここで全射

$$m_R^{k-1}/m_R^k \otimes_{\mathbf{C}} R_Y / m_R R_Y \to m_R^{k-1} R_Y / m_R^k R_Y$$

を用いると, ある元 $c_i^{(k)} \in m_R^{k-1}/m_R^k$ を用いて

$$z_k - z_k - \sum_{1 \leq i \leq l} b_i^{(k)} w_i = \sum_{1 \leq i \leq l} c_i^{(k)} w_i$$

と書ける. したがって $a_i^{(k)} := b_i^{(k)} + c_i^{(k)}$ と置けばよい.

さて R_Y は R 上有限生成な加群であることがわかったので, 補題 5.2.3 よ
り, R_Y の中で固有ベクトル全体で張られてできる部分空間 $\mathbf{C}[y_1, \ldots, y_d]$ は
$\mathbf{C}[x_1, \ldots, x_d]$ 上加群として有限生成である. $\square$

以上をまとめると次の定理を得る.

定理 5.2.6　(X, ω) を錐的シンプレクティック多様体, $\pi: (Y, \omega_Y) \to (X, \omega)$ をそのシンプレクティック特異点解消とする. ω から自然に決まる X 上のポアソン構造を $\{\ ,\ \}$, ω_Y から自然に決まる Y 上のポアソン構造を $\{\ ,\ \}_Y$ であらわす. さらに $l := wt(\omega) > 0$ (cf. [Part 1], 命題 4.1.14), $d := \dim H^2(Y^{an}, \mathbf{C})$ とする. このとき $\mathbf{C}$ 上有限型概型からなる $\mathbf{C}^*$-同変な可換図式

$$\begin{array}{ccc} \mathcal{Y} & \longrightarrow & \mathcal{X} \\ {\scriptstyle f}\downarrow & & {\scriptstyle g}\downarrow \\ T & \xrightarrow{\ \pi_*\ } & S \end{array} \qquad (5.20)$$

で次の性質を持つものが存在する.

(i) T と S はともに d 次元アファイン空間であり π_* は有限射である. さらに $T = \operatorname{Spec} \mathbf{C}[y_1, y_2, \ldots, y_d]$, $S = \operatorname{Spec} \mathbf{C}[x_1, \ldots, x_d]$ で y_i のウエイトはすべて l であり, x_i のウエイトはすべて正である. $f^{-1}(0) = Y$, $g^{-1}(0) = X$ で可換図式によって Y および X に誘導される $\mathbf{C}^*$-作用は最初に与えられた作用に等しい.

(ii) $\mathcal{Y}$ はウエイト $-l$ の T-ポアソン構造を持ち, f は $(Y, \{\ ,\ \}_Y)$ のポアソン変形になっている. 同様に $\mathcal{X}$ はウエイト $-l$ の S-ポアソン構造を持ち, g は $(X, \{\ ,\ \})$ のポアソン変形になっている.

(iii) 射 $\mathcal{Y} \to \mathcal{X}$ はポアソン概型の射になっていて $f^{-1}(0) \to g^{-1}(0)$ はもとの π に一致する.

(iv) $T_n := \operatorname{Spec} \mathbf{C}[y_1, \ldots, y_d]/(y_1, \ldots, y_d)^{n+1}$, $Y_n := \mathcal{Y} \times_T T_n$ と置くと $\{Y_n\} \to \{T_n\}$ は Y の形式的普遍ポアソン変形を与える. 同様に $S_n := \operatorname{Spec} \mathbf{C}[x_1, \ldots, x_d]/(x_1, \ldots, x_d)^{n+1}$, $X_n = \mathcal{X} \times_S S_n$ と置くと $\{X_n\} \to \{S_n\}$ は X の形式的普遍ポアソン変形を与える.

5.3　ワイル群と普遍ポアソン変形

錐的シンプレクティック代数多様体 (X, ω) の中で非特異点全体に余次元 2 のシンプレクティックリーフ全体を付け加えてできる開集合を U と書くことにする. U の (ただ 1 つの) クレパント特異点解消を $\pi_U: \tilde{U} \to U$ とする. X の余次元 2 のシンプレクティックリーフの連結成分を $Z_1, \ldots, Z_r$ とする. 各 i

に対して原点で ADE 型特異点を持った $\mathbf{C}^3$ のアファイン超曲面 S_i が決まり,
$p \in Z_i^{an}$ に対して

$$(X^{an}, p) \cong (S_i^{an}, 0) \times (\mathbf{C}^{2n-2}, 0)$$

が成り立っている. S_i の極小特異点解消を $\pi_i \colon \tilde{S}_i \to S_i$ とする. S_i の特異点
のタイプを A_k-型, D_k-型または E_k-型であるとする. このとき $\pi_i^{-1}(0)$ の既
約成分は k 個の (-2)-曲線からなり, これらを $C_1, \ldots, C_k$ とする.

$$\Phi_i := \left\{ \sum_{1 \le j \le k} a_j [C_j] \in H^2(\tilde{S}_i^{an}, \mathbf{Z}), \, \forall a_j \in \mathbf{Z} \, \middle| \, m\left(\sum a_j [C_j]\right)^2 = -2 \right\}$$

は S_i のタイプと同じルート系になる. $\Delta_i := \{[C_i]\}_{1 \le i \le k}$ は Φ_i の単純ルート
になる. Φ_i のワイル群を $W(\Phi_i)$ であらわすことにする.

$$(\tilde{U}^{an}, (\pi_U^{an})^{-1}(p)) \cong (\tilde{S}_i, \pi_i^{-1}(0)) \times (\mathbf{C}^{2n-2}, 0)$$

が成り立つので $\pi_U^{-1}(Z_i)$ は (Z_i に関して) 局所的には k 個の既約成分を持つ.
このことから $R^2(\pi_U^{an})_* \mathbf{Z}$ は Z_i 上の階数 k の局所系になる. この局所系から
Z_i^{an} の基本群の表現

$$\rho_i \colon \pi_1(Z_i^{an}, p) \to \mathrm{Aut}(H^2(\tilde{S}_i^{an}, \mathbf{Z}))$$

が決まる. $\mathrm{Im}(\rho_i)$ の元 τ は $\{C_i\}$ の交点数を不変にする : $(\tau([C_i]).\tau([C_j])) = (C_i, C_j)$. したがって $\mathrm{Im}(\rho_i)$ はディンキン図形 Δ_i の同型群 $\mathrm{Aut}(\Delta_i)$ の部分群
になる. 命題 4.5.2 において $\mathrm{Im}(\rho_i)$ は分類済みである. そこで

$$W_i := \{w \in W(\Phi_i) \mid \tau w \tau^{-1} = w, \, \forall \tau \in \mathrm{Im}(\rho_i)\}$$

と定義する. このとき X の**ワイル群** W を

$$W := \prod_{1 \le i \le r} W_i$$

によって定義する. 定理 5.2.6 の可換図式

$$
\begin{array}{ccc}
\mathcal{Y} & \longrightarrow & \mathcal{X} \\
f \downarrow & & \downarrow g \\
T & \xrightarrow{\pi_*} & S
\end{array}
\tag{5.21}
$$

を考える. $T = \operatorname{Spec} \mathbf{C}[y_1, \ldots, y_d]$ において T の原点における接空間を $H^2(Y^{an}, \mathbf{C})$ と同一視して $T = \operatorname{Spec} \operatorname{Sym}^{\cdot}(H^2(Y^{an}, \mathbf{C})^*)$ とみなす.

定理 5.3.1 $\pi_*: T \to S$ は W をガロア群に持つような有限次ガロア被覆である. さらに T の W-作用は線形的な作用である. つまり W は $H^2(Y^{an}, \mathbf{C})$ 上に線形的に作用しており, T の W-作用はその作用から誘導される.

証明. 複素解析空間の芽 $(T^{an}, 0)$, $(S^{an}, 0)$ を各々 $\operatorname{PDef}(Y)$, $\operatorname{PDef}(X)$ と書く. π_* が誘導する有限射 $\operatorname{PDef}(Y) \to \operatorname{PDef}(X)$ が W-ガロア被覆であることを証明する. このことが示されたとすると, 考えている有限射は $\mathbf{C}^*$-同変なので, $\operatorname{PDef}(Y)$ 上で W の作用と $\mathbf{C}^*$ の作用は可換になる. さらに $\mathcal{O}_{\operatorname{PDef}(X),0} \to \mathcal{O}_{\operatorname{PDef}(Y),0}$ の両辺にテンソル積 $\otimes_{\mathcal{O}_{\operatorname{PDef}(X),0}} \hat{\mathcal{O}}_{\operatorname{PDef}(X),0}$ を施すことにより

$$\hat{\pi}^*: \hat{\mathcal{O}}_{\operatorname{PDef}(X),0} \to \hat{\mathcal{O}}_{\operatorname{PDef}(Y),0}$$

が W-ガロア被覆であることがわかる. $\hat{\mathcal{O}}_{\operatorname{PDef}(Y),0}$ は $\mathbf{C}^*$-作用を持っているので $f \in \hat{\mathcal{O}}_{\operatorname{PDef}(Y),0}$ を固有ベクトルとする. このとき $w \in W$ に対して w^*f も再び固有ベクトルになる. 実際 $\sigma \in \mathbf{C}^*$ に対して

$$\sigma^* w^* f = w^* \sigma^* f = w^*(\sigma^{wt(f)} f) = \sigma^{wt(f)} w^* f$$

となるからである. したがって $\hat{\pi}^*$ を固有ベクトルで生成される部分空間に制限したものが元々の

$$\pi^*: \mathbf{C}[x_1, \ldots, x_d] \to \mathbf{C}[y_1, \ldots, y_d]$$

に他ならない. このことは π^* が W-ガロア有限射であることを意味する. $\mathbf{C}[y_1, \ldots, y_d]$ の W-作用は $\mathbf{C}^*$-作用と可換なので W の作用は $\mathbf{C}[y_1, \ldots, y_d]$ のウエイトを保つ. いま $wt(y_i) = l \ (\forall i)$ なので W はベクトル空間 $\mathbf{C}y_1 \oplus \cdots \oplus \mathbf{C}y_d$ に作用する. このベクトル空間は T の原点における余接空間に他ならない. T の原点における接空間は $H^2(Y^{an}, \mathbf{C})$ と自然に同一視されるから W は $H^2(Y^{an}, \mathbf{C})^*$ に作用することになる.

(i) まず証明の大まかな方針について述べる. X の余次元 2 のシンプレクティックリーフの連結成分を $Z_1, \ldots, Z_r$ として各 Z_i から点 $p_i \in Z_i$ を取る. このとき同型射 $(X^{an}, p_i) \cong (S_i^{an}, 0) \times (\mathbf{C}^{2n-2}, 0)$ をうまく取って X のシンプレクティック形式 ω が $pr_1^* \omega_S + pr_2^* \omega_{st}$ に対応するようにできる. 以後, 記

号を簡略化するために

$$V_i := (S_i^{an}, 0) \times (\mathbf{C}^{2n-2}, 0), \quad \tilde{V}_i := (\tilde{S}_i^{an}, \pi_i^{-1}(0)) \times (\mathbf{C}^{2n-2}, 0)$$

と置く．V_i をシンプレクティック形式 $pr_1^* \omega_{S_i} + pr_2^* \omega_{st}$ によって自然にポアソン複素解析空間とみなす．同様に $\tilde{V}_i$ もシンプレクティック形式 $pr_1^* \omega_{\tilde{S}_i} + pr_2^* \omega_{st}$ によってポアソン複素多様体とみなす．系 4.4.4 において

$$S = S_i, \quad \tilde{S} := \tilde{S}_i, \quad W = W(\Phi_i)$$

と置くことにより $\tilde{V}_i, V_i$ の普遍ポアソン変形の可換図式

$$
\begin{array}{ccc}
(\tilde{\mathcal{S}}^{an}, E^{an}) \times (\mathbf{C}^{2d-2}, 0) & \longrightarrow & (\mathcal{S}^{an}, 0) \times (\mathbf{C}^{2d-2}, 0) \\
\Big\downarrow {\scriptstyle f_{\mathcal{S}}^{an} \circ p_1} & & \Big\downarrow {\scriptstyle q_{\mathcal{S}}^{an} \circ p_1} \\
(\mathfrak{h}, 0) & \longrightarrow & (\mathfrak{h}/W(\Phi_i), 0)
\end{array}
\tag{5.22}
$$

を得る．ここで

$$\mathrm{PDef}(\tilde{V}_i) := (\mathfrak{h}, 0), \quad \mathrm{PDef}(V_i) := (\mathfrak{h}/W, 0)$$

と置く．定義から $W(\Phi_i)$-ガロア被覆

$$(\pi_i)_* \colon \mathrm{PDef}(\tilde{V}_i) \to \mathrm{PDef}(V_i)$$

が存在する．

$(X, \{\,,\})$ の無限小ポアソン変形は $(V_i, \{\,,\}_{V_i})$ の無限小変形ポアソン変形を引き起こす．さらに $(Y, \{\,,\}_Y)$ の無限小ポアソン変形は $(\tilde{V}_i, \{\,,\}_{\tilde{V}_i})$ の無限小ポアソン変形を引き起こす．したがってポアソン変形関手の間に射 $\mathrm{PD}_X \to \mathrm{PD}_{V_i}$, $\mathrm{PD}_Y \to \mathrm{PD}_{\tilde{V}_i}$ が存在する．また $\pi \colon Y \to X$ は

$$R^1 \pi_* \mathcal{O}_Y = 0, \quad \pi_* \mathcal{O}_Y = \mathcal{O}_X$$

を満たすので射 $\mathrm{PD}_Y \to \mathrm{PD}_X$ を誘導する．同じ理由から $\pi_i \colon \tilde{V}_i \to V_i$ は射 $\mathrm{PD}_{\tilde{V}_i} \to \mathrm{PD}_{V_i}$ を誘導する．これらは次の可換図式を満たしている：

$$
\begin{array}{ccc}
\mathrm{PD}_Y & \longrightarrow & \mathrm{PD}_{\tilde{V}_i} \\
\Big\downarrow & & \Big\downarrow \\
\mathrm{PD}_X & \longrightarrow & \mathrm{PD}_{V_i}
\end{array}
\tag{5.23}
$$

この可換図式から次の形式的複素空間の可換図式を得る：

$$
\begin{array}{ccc}
\widehat{\mathrm{PDef}}(Y) & \longrightarrow & \widehat{\mathrm{PDef}}(\tilde{V}_i) \\
\downarrow & & \downarrow \\
\widehat{\mathrm{PDef}}(X) & \longrightarrow & \widehat{\mathrm{PDef}}(V_i)
\end{array}
\tag{5.24}
$$

ここで ^ は各々の複素解析空間を原点で完備化したものをあらわしている．証明の方針は，まずこの図式を実際の複素解析空間 (の芽) の間の可換図式

$$
\begin{array}{ccc}
\mathrm{PDef}(Y) & \xrightarrow{\varphi_i} & \mathrm{PDef}(\tilde{V}_i) \\
\downarrow & & (\pi_i)_* \downarrow \\
\mathrm{PDef}(X) & \longrightarrow & \mathrm{PDef}(V_i)
\end{array}
\tag{5.25}
$$

にまで拡張する．そこで $F_i := \mathrm{Im}(\varphi_i)$ と置いて，次のことを証明する．

(a) F_i と $(\pi_i)_*(F_i)$ はともに非特異である．

(b) $(\pi_i)_*|_{F_i} : F_i \to (\pi_i)_*(F_i)$ は W_i-ガロア被覆である．

このとき可換図式

$$
\begin{array}{ccc}
\mathrm{PDef}(Y) & \xrightarrow{\prod \varphi_i} & \prod F_i \\
\downarrow & & \prod(\pi_i)_* \downarrow \\
\mathrm{PDef}(X) & \longrightarrow & \prod(\pi_i)_*(F_i)
\end{array}
\tag{5.26}
$$

から射

$$
\iota : \mathrm{PDef}(X) \to \mathrm{PDef}(Y) \times_{\prod(\pi_i)_*(F_i)} \prod F_i
$$

を得る．最後に ι が同型射であることを証明する．この記述から射 $\mathrm{PDef}(Y) \to \mathrm{PDef}(X)$ は $\prod_{1 \le i \le k} W_i$ をガロア群に持つガロア被覆であることがわかる．

(ii) ここでは可換図式

$$
\begin{array}{ccc}
\mathrm{PDef}(Y) & \longrightarrow & \mathrm{PDef}(\tilde{V}_i) \\
\downarrow & & (\pi_i)_* \downarrow \\
\mathrm{PDef}(X) & \longrightarrow & \mathrm{PDef}(V_i)
\end{array}
\tag{5.27}
$$

の構成を行う．垂直射に関してはすでに射ができているので，水平方向の射を作ればよい．$\mathcal{Y} \to T$ に対して周期写像 $p_{\mathcal{Y}} : T^{an} \to H^2(Y^{an}, \mathbf{C})$ (cf. [Part 1],

3.3) を考える．$\mathrm{PDef}(Y)$ は T^{an} の原点における芽であったから，周期写像から自然に射 $p_{\mathrm{PDef}(Y)}\colon \mathrm{PDef}(Y) \to H^2(Y^{an}, \mathbf{C})$ が決まる．[Part 1]，命題 3.3.2 から周期写像の原点 $0 \in T^{an}$ における微分 $dp_{\mathcal{Y},0}$ はポアソン–小平–スペンサー写像 $\kappa\colon T_0 T \to H^2(Y^{an}, \mathbf{C})$ に等しいが，$\mathcal{Y} \to T$ は原点において Y の形式的普遍ポアソン変形を与えていたから，κ は同型射である．したがって $p_{\mathrm{PDef}(Y)}$ によって $\mathrm{PDef}(Y)$ は $H^2(Y^{an}, \mathbf{C})$ の原点における芽と同一視される．同様に

$$(\tilde{\mathcal{S}}^{an}, E^{an}) \times (\mathbf{C}^{2d-2}, 0) \to \mathrm{PDef}(\tilde{V}_i)$$

に対して周期写像

$$\mathrm{PDef}(\tilde{V}_i) \to H^2(\tilde{V}_i, \mathbf{C})$$

を考えることにより $\mathrm{PDef}(\tilde{V}_i)$ は $H^2(\tilde{V}_i, \mathbf{C})$ の原点における芽と同一視される．包含写像 $\tilde{V}_i \to Y^{an}$ から自然な射 $H^2(Y^{an}, \mathbf{C}) \to H^2(\tilde{V}_i, \mathbf{C})$ が決まる．この射は正則写像 $\mathrm{PDef}(Y) \to \mathrm{PDef}(\tilde{V}_i)$ を誘導する．この正則写像のことを φ_i と書く．次に可換図式の下段の水平射 $\mathrm{PDef}(X) \to \mathrm{PDef}(V_i)$ を構成する．形式的複素解析空間の射 $\hat{\phi}_i\colon \widehat{\mathrm{PDef}}(X) \to \widehat{\mathrm{PDef}}(V_i)$ は局所環の射 $\widehat{\mathcal{O}}_{\mathrm{PDef}(V_i),0} \to \widehat{\mathcal{O}}_{\mathrm{PDef}(X),0}$ を決める．この射を $\mathcal{O}_{\mathrm{PDef}(V_i),0}$ に制限したものを

$$\hat{\phi}_i^*\colon \mathcal{O}_{\mathrm{PDef}(V_i),0} \to \widehat{\mathcal{O}}_{\mathrm{PDef}(X),0}$$

と書く．同様に $\hat{\varphi}_i\colon \widehat{\mathrm{PDef}}(Y) \to \widehat{\mathrm{PDef}}(\tilde{V}_i)$ は局所環の射

$$\hat{\varphi}_i^*\colon \mathcal{O}_{\mathrm{PDef}(\tilde{V}_i),0} \to \widehat{\mathcal{O}}_{\mathrm{PDef}(Y),0}$$

を決め，次の図式は可換になる．

$$
\begin{array}{ccc}
\mathcal{O}_{\mathrm{PDef}(V_i),0} & \xrightarrow{\hat{\phi}_i^*} & \widehat{\mathcal{O}}_{\mathrm{PDef}(X),0} \\
\downarrow & & \downarrow \\
\mathcal{O}_{\mathrm{PDef}(\tilde{V}_i),0} & \xrightarrow{\hat{\varphi}_i^*} & \widehat{\mathcal{O}}_{\mathrm{PDef}(Y),0}
\end{array}
\tag{5.28}
$$

φ_i を完備化したものが $\hat{\varphi}_i$ であったから $\mathrm{Im}(\hat{\varphi}_i^*) \subset \mathcal{O}_{\mathrm{PDef}(Y),0}$ が成り立つ．したがって $\widehat{\mathcal{O}}_{\mathrm{PDef}(Y),0}$ の中で

$$\mathrm{Im}(\hat{\phi}_i^*) \subset \mathcal{O}_{\mathrm{PDef}(Y),0} \cap \widehat{\mathcal{O}}_{\mathrm{PDef}(X),0}$$

が成り立つ．

$$\mathcal{O}_{\mathrm{PDef}(Y),0} \cap \widehat{\mathcal{O}}_{\mathrm{PDef}(X),0} = \mathcal{O}_{\mathrm{PDef}(X),0}$$

であることを示そう．簡単のため $A := \mathcal{O}_{\mathrm{PDef}(X),0}$, $B := \mathcal{O}_{\mathrm{PDef}(Y),0}$ と置く．B は有限生成 A-加群であることに注意する．$m \subset A$ を A の極大イデアルとする．$g \in \hat{A} \cap B$ が与えられたとき，各 $n > 0$ に対して g を A の元 g_n を使って近似する：$g = g_n + h_n$．ここで $h_n \in m^h A$ である．$h_n = g - g_n \in B$ なので

$$h_n \in m^n \hat{A} \cap B \subset m^n \hat{B} \cap B = m^n B$$

である．このことから $g \in A + m^n B$ である．n は任意だったので

$$g \in \bigcap_{n>0} (A + m^n B) = A$$

である．したがって $\hat{\phi}_i^*$ は射 $\mathcal{O}_{\mathrm{PDef}(\tilde{V}_i),0} \to \mathcal{O}_{\mathrm{PDef}(X),0}$ を決める．これから正則写像

$$\phi_i \colon \mathrm{PDef}(X) \to \mathrm{PDef}(V_i)$$

が決まり．可換図式

$$\begin{array}{ccc} \mathrm{PDef}(Y) & \xrightarrow{\varphi_i} & \mathrm{PDef}(\tilde{V}_i) \\ \downarrow & & (\pi_i)_* \downarrow \\ \mathrm{PDef}(X) & \xrightarrow{\phi_i} & \mathrm{PDef}(V_i) \end{array} \tag{5.29}$$

が構成できた．

(iii) X の余次元 2 のシンプレクティックリーフの連結成分 Z_i を 1 つ選んで固定する．$\pi\colon Y \to X$ において $\pi^{-1}(Z_i)$ を既約分解してその既約成分を $E_1, \ldots, E_{\bar{k}}$ とする．各 E_i は $\pi^{-1}(U)$ の因子である．特に $E_i \cap \tilde{V}_i$ は $\tilde{V}_i$ の因子である．ここで制限射

$$r_i \colon H^2(Y^{an}, \mathbf{Z}) \to H^2(\tilde{V}_i, \mathbf{Z}) \ (\cong H^2(\tilde{S}_i, \mathbf{Z}))$$

に $\mathbf{R}$ をテンソルしてできる射を $r_i \otimes \mathbf{R}$ であらわす．このとき $\mathrm{Im}(r_i \otimes \mathbf{R})$ は $[E_i \cap \tilde{V}_i]$ で生成される．E_i は既約でも $E_i \cap \tilde{V}_i$ は既約とは限らないので，一般に $\bar{k} \leq k$ であり，

$$\mathrm{Im}(r_i \otimes \mathbf{R}) = H^2(\tilde{S}_i^{an}, \mathbf{R})^{\mathrm{Im}(\rho_i)}$$

が成り立つ．

$$W_i' := \left\{ w \in W(\Phi_i) \mid w(\mathrm{Im}(r_i \otimes \mathbf{R})) = \mathrm{Im}(r_i \otimes \mathbf{R}) \right\}$$

と置く.

補題 5.3.2 $W_i' = W_i$.

証明. $V := H^2(\tilde{S}_i^{an}, \mathbf{R})$ と置く. $w \in W_i$ と $v \in V^{\mathrm{Im}(\rho_i)}$, $\tau \in \mathrm{Im}(\rho_i)$ に対して $\tau(wv) = w(\tau v) = wv$ が成り立つから $wv \in V^{\mathrm{Im}(\rho_i)}$ である. したがって $W_i \subset W_i'$ である. 以下では $W_i' \subset W_i$ を証明する. $\mathrm{Im}(\rho_i) = \{id\}$ のときは明らかなので, $\mathrm{Im}(\rho_i) \neq \{id\}$ とする.

$\mathrm{Im}(\rho_i) = \mathbf{Z}/2\mathbf{Z}$ の場合は, $\mathrm{Im}(\rho_i)$ の生成元を τ とする. 仮定から $\tau^2 = 1$ である. V には交点形式の符号を逆にすることによって正定値な内積が入っている. その内積に関して V の中で $V^{\mathrm{Im}(\rho_i)}$ の直交補空間を V' とする. このとき $V = V^{\mathrm{Im}(\rho_i)} \oplus V'$ となり, $\tau|_{V^{\mathrm{Im}(\rho_i)}} = id, \tau|_{V'} = -id$ である. $g \in W_i'$ とする. g は V の内積を保つので g は V' を保つ. したがって g と τ は可換である. これは $W_i' \subset W_i$ を意味する.

次に $\mathrm{Im}(\rho_i) = \mathbf{Z}/3\mathbf{Z}$ または $\mathfrak{S}_3$ の場合を考えよう. これはルート系 Φ_i が D_4-型のときしか起こらない. $W_i' \neq W_i$ とすると, $W_i \subset W_i'$ なので $w' \in W_i'$ である元 $\tau \in \mathrm{Im}(\rho_i)$ で $\tau w' \tau^{-1} \neq w'$ となるものが存在する. $W(\Phi_i)$ は $\mathrm{Aut}(\Phi_i)$ の正規部分群なので $w := \tau w' \tau^{-1}$ と置くと, $w \in W(\Phi_i)$ である. $V^{\mathrm{Im}(\rho_i)} \subset V^{\tau}$ なので τ, τ^{-1} は $V^{\mathrm{Im}(\rho_i)}$ 上自明に作用する. したがって $w'w^{-1}$ は $V^{\mathrm{Im}(\rho_i)}$ に自明に作用している. さらに $w'w^{-1} \in W(\Phi_i)$ で $w'w^{-1} \neq 1$ である. このような元は $W(\Phi_i)$ の中に存在しないことを示そう. $V = \mathbf{R}^4$ であり, $e_1, \dots, e_4$ を V の正規直交基底とすると D_4 の単純ルートを $C_1 := e_1 - e_2, C_2 := e_2 - e_3, C_3 := e_3 - e_4, C_4 := e_3 + e_4$ となるように取れる. $\mathrm{Im}(\rho_i) = \mathbf{Z}/3\mathbf{Z}, \mathfrak{S}_3$ どちらの場合も $V^{\mathrm{Im}(\rho_i)}$ は $C_1 + C_3 + C_4 = e_1 - e_2 + 2e_3$, $C_2 = e_2 - e_3$ で張られる 2 次元部分空間である. ワイル群 $W(D_4)$ の元 w は

$$w(e_i) = (-1)^{\epsilon_i} e_{\sigma(i)}$$

という形で書ける. ここで σ は $\{1,2,3,4\}$ の置換であり, ϵ_i は 0 または 1 であり $\sum \epsilon_i$ は偶数であるようなものである. この記述から, もし w が $V^{\mathrm{Im}(\rho_i)}$ に自明に作用していれば $w = id$ であることがわかる. $\square$

周期写像 $\mathrm{PDef}(\tilde{V}_i) \to H^2(\tilde{V}_i, \mathbf{C})$ は可換図式

$$
\begin{array}{ccc}
\mathrm{PDef}(\tilde{V}_i) & \longrightarrow & H^2(\tilde{V}_i, \mathbf{C}) \\
{\scriptstyle (\pi_i)_*}\downarrow & & {\scriptstyle q_i}\downarrow \\
\mathrm{PDef}(V_i) & \longrightarrow & H^2(\tilde{V}_i, \mathbf{C})/W(\Phi_i)
\end{array}
\tag{5.30}
$$

を誘導する．水平方向の射はともに開埋め込みなので $(\pi_i)_*$ を調べるには右側のガロア被覆写像 $q_i \colon H^2(\tilde{V}_i, \mathbf{C}) \to H^2(\tilde{V}_i, \mathbf{C})/W(\Phi_i)$ を調べればよい．F_i を $\mathrm{Im}(r_i \otimes \mathbf{C})$ の原点における (複素解析空間としての) 芽とする．このとき射 $q_i|_{F_i}$ は

$$
F_i \to F_i/W_i' \to q_i(F_i)
$$

と分解する．ここで F_i/W_i' は $q_i(F_i)$ の正規化になっている．先の補題より $W_i' = W_i$ である．このとき次の可換図式を得る：

$$
\begin{array}{ccc}
\mathrm{PDef}(Y) & \xrightarrow{\varphi_i} & F_i \\
\downarrow & & {\scriptstyle q_i}\downarrow \\
\mathrm{PDef}(X) & \longrightarrow & q_i(F_i)
\end{array}
\tag{5.31}
$$

(iv) 各 i に対して作った上の可換図式を集めることで可換図式

$$
\begin{array}{ccccc}
\mathrm{PDef}(Y) & \xrightarrow{\prod \varphi_i} & \prod F_i & \longrightarrow & \prod(H^2(\tilde{S}_i^{an}, \mathbf{C}), 0) \\
\downarrow & & {\scriptstyle \prod q_i|_{F_i}}\downarrow & & {\scriptstyle \prod q_i}\downarrow \\
\mathrm{PDef}(X) & \xrightarrow{\prod \phi_i} & \prod q_i(F_i) & \longrightarrow & \prod(H^2(\tilde{S}_i^{an}, \mathbf{C})/W(\Phi_i), 0)
\end{array}
\tag{5.32}
$$

を得る．ここで

$$
F_i \to (H^2(\tilde{S}_i^{an}, \mathbf{C}), 0)
$$

および

$$
q_i(F_i) \to (H^2(\tilde{S}_i^{an}, \mathbf{C})/W(\Phi_i), 0)
$$

はともに閉埋入である．$\mathrm{PDef}(Y)$ の原点における接空間は $H^2(Y^{an}, \mathbf{C})$ に等しい (系 1.4.2)．さらに $\mathrm{Codim}_Y(Y-\tilde{U}) \geq 2$ なので $H^2(Y^{an}, \mathbf{C}) \cong H^2(\tilde{U}^{an}, \mathbf{C})$

である．一方 $\mathrm{PDef}(X)$ の原点における接空間は定義から $\mathrm{PD}_X(\mathbf{C}[\epsilon])$ であるが，$\mathrm{PD}_X(\mathbf{C}[\epsilon]) \cong \mathrm{PD}_U(\mathbf{C}[\epsilon])$ である (命題 4.1.1)．さて可換図式 (5.32) の第1行目の接空間を考えると射

$$H^2(\tilde{U}^{an}, \mathbf{C}) \overset{d(\prod \varphi_i)}{\to} H^0(U^{an}, R^2\pi_*^{an}\mathbf{C}) \subset \prod H^2(\tilde{S}_i^{an}, \mathbf{C})$$

を得る．ここで第2項が $T_0(\prod F_i)$ に等しいことを説明しておく．まず

$$H^0(U^{an}, R^2\pi_*^{an}\mathbf{C}) = \bigoplus_{1 \le i \le r} H^0(Z_i, R^2\pi_*^{an}\mathbf{C}|_{Z_i})$$

である．$H^0(Z_i, R^2\pi_*^{an}\mathbf{C}|_{Z_i})$ は Z_i 上にのっている π-例外因子のコホモロジー類 $[E_1], \dots, [E_{\bar{k}}]$ で生成される．したがって F_i の定義から $H^0(Z_i, R^2\pi_*^{an}\mathbf{C}|_{Z_i})$ は T_0F_i と同一視できる．このことから第2項は $T_0(\prod F_i)$ に等しい．同時にこの考察から $d(\prod \varphi_i)$ が全射であることもわかる．

一方，可換図式の第2行目の合成射

$$\mathrm{PDef}(X) \to \prod(H^2(\tilde{S}_i^{an}, \mathbf{C})/W(\Phi_i), 0)$$

の接空間を考えると

$$\mathrm{PD}_U(\mathbf{C}[\epsilon]) \to \prod T^1_{S_i^{an}}$$

を得るが，この射は定理 5.1.1 の証明のステップ (iii) で見たように

$$\mathrm{PD}_U(\mathbf{C}[\epsilon]) \to H^0(\Sigma_U^{an}, PT^1_{U^{an}}) \subset \prod T^1_{S_i^{an}}$$

と分解する．ここで最初の射はステップ (iv) より全射である．したがって $\prod \phi_i$ の微分 $d(\prod \phi_i)$ は

$$\mathrm{PD}_U(\mathbf{C}[\epsilon]) \to H^0(\Sigma_U^{an}, PT^1_{U^{an}}) \subset T_0\left(\prod q_i(F_i)\right)$$

と分解する．また系 4.5.4 から

$$h^0(U^{an}, R^2\pi_*^{an}\mathbf{C}) = h^0(\Sigma_U^{an}, PT^1_{U^{an}})$$

が成り立つ．第1項は先に注意したように $\prod F_i$ の原点における接空間の次元に等しい．さらに $\prod F_i$ は非特異であったから $\dim \prod F_i$ にも等しい．したがって $\dim \prod F_i = h^0(\Sigma_U^{an}, PT^1_{U^{an}})$ である．

補題 5.3.3 $q_i(F_i)$ は非特異であり，$\prod \phi_i \colon \mathrm{PDef}(X) \to \prod q_i(F_i)$ はスムース射である．

証明. $m := \dim \prod F_i = \dim \prod q_i(F_i)$ と置く．$\mathrm{PDef}(X)$ は非特異であり，さらに $\mathrm{rank}(d(\prod \phi_i)) = m$ なので $\mathrm{PDef}(X)$ の m 次元非特異部分多様体 H で $d(\prod \phi_i)|_{T_0 H}$ が同型射になるようなものが取れる．このとき $\prod \phi_i(H)$ は m 次元非特異多様体であり $\prod q_i(F_i)$ に含まれる．いま $\dim \prod q_i(F_i) = m$ で $\prod q_i(F_i)$ は既約なので，これは $\prod q_i(F_i)$ が非特異であることを意味する．□

系 5.3.4 $q_i(F_i) = F_i/W_i$.

証明. (iii) の最後で F_i/W_i が $q_i(F_i)$ の正規化であることを注意した．補題 5.3.3 から $q_i(F_i)$ はすでに非特異なので $F_i/W_i = q_i(F_i)$ である．□

最初の可換図式から自然な射

$$\iota \colon \mathrm{PDef}(Y) \to \mathrm{PDef}(X) \times_{\prod q_i(F_i)} \prod F_i$$

ができる．これは同型である．実際 $\prod F_i$ が非特異であることと $d(\prod \varphi_i)$ が全射であることから射 $\prod \phi_i \colon \mathrm{PDef}(Y) \to \prod F_i$ はスムース射である．一方，$pr_2 \colon \mathrm{PDef}(X) \times_{\prod q_i(F_i)} \prod F_i \to \prod F_i$ はスムース射 $\mathrm{PDef}(X) \to \prod q_i(F_i)$ を射 $\prod F_i \to \prod q_i(F_i)$ で底変換したものなのでやはりスムース射である．ここで定理 5.1.1 の証明のステップ (ii) の後半で用いた可換図式

$$
\begin{array}{ccccccc}
0 & \longrightarrow & H^2(U^{an}, \mathbf{C}) & \longrightarrow & \mathrm{PD}_{\tilde{U}}(\mathbf{C}[\epsilon]) & \longrightarrow & H^0(U^{an}, R^2 \pi_*^{an} \mathbf{C}) \\
& & \cong \downarrow & & \pi_* \downarrow & & \\
0 & \longrightarrow & \mathrm{PD}_{U,lt}(\mathbf{C}[\epsilon]) & \longrightarrow & \mathrm{PD}_U(\mathbf{C}[\epsilon]) & \longrightarrow & H^0(\Sigma_U^{an}, PT^1_{U^{an}})
\end{array}
$$
$$(5.33)$$

を考える．この可換図式から

$$\mathrm{Ker}\left(d\left(\prod \phi_i\right)\right) = H^2(U^{an}, \mathbf{C}),$$

$$\mathrm{Ker}(d\, pr_2) = \mathrm{PD}_{U,lt}(\mathbf{C}[\epsilon])$$

であることがわかる. ι の原点での微分 $d\iota$ は射 $\mathrm{Ker}(d(\prod \phi_i)) \to \mathrm{Ker}(d\,pr_2)$ を誘導するが, これは上の可換図式の中の最初の垂直写像に他ならないので同型射である. このことから $d\iota$ は同型射になる. したがって ι は同型射である. 以上で定理が証明された. $\square$

命題 5.3.5 $\mathcal{Y} \to \mathcal{X}$ から誘導される T 上の射 $\Pi: \mathcal{Y} \to \mathcal{X} \times_S T$ は双有理射影射であり, すべての $t \in T$ に対して $\Pi_t: \mathcal{Y}_t \to \mathcal{X}_{\pi_*(t)}$ はクレパント特異点解消である.

証明. 構成の仕方から Π は射影射であり, さらに $\Pi_* \mathcal{O}_\mathcal{Y} = \mathcal{O}_{\mathcal{X} \times_S T}$ なので Π は全射で連結ファイバーを持つ. f の各ファイバーは非特異既約代数多様体で次元は $\dim Y$ に等しい. また g の各ファイバーの次元も $\dim X$ $(= \dim Y)$ なので Π はファイバー間の双有理射を誘導する. また Π はポアソン射なので各 Π_t はクレパント特異点解消である. $\square$

最後に周期写像とワイル群の関係について述べておく. [Part 1], 命題 3.3.1 より $f: \mathcal{Y} \to T$ は C^∞-多様体の自明なファイバー束である. $\mathcal{Y}$ の T-ポアソン構造は f-相対シンプレクティック形式 $\omega_{\mathcal{Y}/T}$ を決め, これによって周期写像 $p: T \to H^2(Y, \mathbf{C})$ が決まる.

命題 5.3.6 周期写像 $p: T \to H^2(Y, \mathbf{C})$ は線形同型写像である.

証明. $H^2(Y, \mathbf{C})$ に $\sigma \in \mathbf{C}^*$ を σ^l-倍で作用させる. p が $\mathbf{C}^*$-同変写像であることを示そう. 次の可換図式が存在することに注意する:

$$
\begin{array}{ccc}
(Y, \omega_Y) & \xrightarrow{\;id\;} & (Y, \omega_Y) \\
{\scriptstyle \iota \circ \sigma^{-1}} \downarrow & & \downarrow {\scriptstyle \iota} \\
(\mathcal{Y}, \sigma^l \omega_{\mathcal{Y}/T}) & \xrightarrow{\;\sigma_\mathcal{Y}\;} & (\mathcal{Y}, \omega_{\mathcal{Y}/T}) \\
\downarrow & & \downarrow \\
T & \xrightarrow{\;\sigma\;} & T
\end{array}
\tag{5.34}
$$

ここで T の点 t を取ると, $\sigma_\mathcal{Y}$ は $\mathcal{Y}_t$ を $\mathcal{Y}_{\sigma t}$ に送ることから, 次の第 2 コホモロジーの可換図式が存在する:

$$\begin{array}{ccc} H^2(Y, \omega_Y) & \xleftarrow{\ id^*\ } & H^2(Y, \mathbf{C}) \\ {\scriptstyle (\iota \circ \sigma^{-1})^*}\Big\uparrow & & \Big\uparrow{\scriptstyle \iota^*} \\ H^2(\mathcal{Y}, \mathbf{C}) & \xleftarrow{\ \sigma_{\mathcal{Y}}^*\ } & H^2(\mathcal{Y}, \mathbf{C}) \\ {\scriptstyle \iota_t^*}\Big\downarrow & & \Big\downarrow{\scriptstyle \iota_{\sigma t}^*} \\ H^2(\mathcal{Y}_t, \mathbf{C}) & \xleftarrow{\ \sigma^*\ } & H^2(\mathcal{Y}_{\sigma t}, \mathbf{C}) \end{array} \qquad (5.35)$$

周期写像 p が $\mathbf{C}^*$-同変であるためには $p(\sigma t) = \sigma^l p(t)$ であることがいえればよい．周期写像の定義から

$$p(\sigma t) = \iota^* \circ (\iota_{\sigma t}^*)^{-1}([\omega_{\sigma t}])$$

である．ここで $\sigma_{\mathcal{Y}}^* \omega_{\sigma t} = \sigma^l \omega_t$ が成り立つので $\sigma^*([\omega_{\sigma t}]) = \sigma^l [\omega_t]$ である．上の可換図式より

$$p(\sigma t) = (\iota \circ \sigma^{-1})^* \circ (\iota_t^*)^{-1}(\sigma^l [\omega_t])$$

が成り立つ．自己同型射 $\sigma^{-1} \colon Y \to Y$ は恒等写像とホモトピー同値なので，$(\sigma^{-1})^* \colon H^2(Y, \mathbf{C}) \to H^2(Y, \mathbf{C})$ は恒等写像である．このことから

$$(\iota \circ \sigma^{-1})^* \circ (\iota_t^*)^{-1}(\sigma^l [\omega_t]) = \iota^* \circ (\iota_t^*)^{-1}(\sigma^l [\omega_t]) = \sigma^l p(t)$$

である．T はアフィン空間でその上の線形関数に σ はウエイト l で作用する．一方 σ は $H^2(Y, \mathbf{C})$ に σ^l 倍で作用している．p は $\mathbf{C}^*$-同変な正則写像なので p は線形写像である．[Part 1], 命題 3.3.2 より p は，$\mathcal{Y} \to T$ の原点におけるポアソン–小平–スペンサー写像に一致する．T は普遍ポアソン変形の底空間であったから，p は同型写像である．$\square$

命題 5.3.7　T の空でないザリスキー開集合 T^0 で任意の $t \in T^0$ に対して Π_t が同型射になっているようなものが取れる．

証明．　$\pi \colon Y \to X$ で点につぶれる曲線 C のホモロジー類を $[C] \in H_2(Y, \mathbf{Z})$ とする．周期写像 $p \colon T \to H^2(Y, \mathbf{C})$ は線形な同型写像なので，$t \in T$ を

$$(p(t).[C]) \neq 0 \ \forall C$$

となるように取ることができる．これはホモロジー類 $[C]$ が高々加算個しかな

いので可能である. このような t 全体は T の中で (通常の位相でも, ザリスキー位相においても) 稠密であることに注意する. さてここで選んだ t に対しては Π_t が同型射になることを示そう. $\mathcal{Y}_t$ の中の曲線 C_t で $\Pi_t(C_t)$ が点になるものがあったとする. このとき $Q := \Pi_t(C_t)$ と置こう. Q は $\mathcal{X}_{\pi_*(t)}$ の点である. $\mathcal{Y}_t$ 上にはシンプレクティック形式 ω_t がのっている. ω_t は正則 2-形式なので ω_t を C_t に制限すると消えている. 特に

$$([\omega_t].[C_t])_{\mathcal{Y}_t} = 0$$

が成り立つ. 一方で C_t は相対的ヒルベルト概型 $\mathrm{Hilb}(\mathcal{Y}/T \times_S \mathcal{X})$ の点 α を決める. $\mathcal{Y}$ には $\mathbf{C}^*$ が作用しているので $\sigma \in \mathbf{C}^*$ に対して $\sigma(C_t)$ は $\mathcal{Y}_{\sigma t}$ の曲線である. これらの曲線も $\mathrm{Hilb}(\mathcal{Y}/T \times_S \mathcal{X})$ の点 $\sigma\alpha$ を決める. $\{\sigma\alpha\}_{\sigma \in \mathbf{C}^*}$ を含む $\mathrm{Hilb}(\mathcal{Y}/T \times_S \mathcal{X})$ の既約成分を H とする. ヒルベルト概型の定義から H は $T \times_S \mathcal{X}$ 上固有な概型である. H から $T \times_S \mathcal{X}$ への射を $q: H \to T \times_S \mathcal{X}$ であらわすと $\sigma(C_t) \subset \mathcal{Y}_{\sigma t}$ であることから

$$q(\sigma\alpha) = (\sigma t, \sigma Q) \in T \times_S \mathcal{X}$$

である. ここで σ を 0 に近づけていくと q の固有性から $(0,0) \in q(H)$ がわかる. したがって $\mathcal{Y}_0 = Y$ 上の曲線 C で π によって原点につぶれ, さらに C_t と代数的同値なものが見つかる. $\mathcal{Y}$ の C^∞-ファイバー束としての自明化から $\mathcal{Y}_t$ の (コ) ホモロジー群は Y の (コ) ホモロジー群と同一視される. この同一視のもとで $[\omega_t] = p(t)$, $[C_t] = [C]$ である. したがって $(p(t).[C]) = 0$ である. これは t の取り方に矛盾する. したがって Π_t は同型射である. 最後に

$$D := \{t \in T \mid \Pi_t \text{ は同型射でない}\}$$

と置くと D は T の構成可能集合 (constructible set) になる. すでに示したように $T - D$ は稠密な集合である. このことから $\bar{D} \neq T$ がわかる. そこで $T^0 := T - D$ と置けばよい. $\square$

上の命題で T^0 は W-不変に取ることができる. 実際 $F := T - T^0$ と置いて $T - \pi_*^{-1}(\pi_*(F))$ を T^0 と置き直せばよい. さらに

$$\mathcal{X}^0 := \mathcal{X} \times_S S^0, \quad \mathcal{Y}^0 := \mathcal{Y} \times_T T^0$$

と置くと, 次の図式はファイバー積になっている.

$$\begin{array}{ccc}
\mathcal{Y}^0 & \longrightarrow & \mathcal{X}^0 \\
\downarrow & & \downarrow \\
T^0 & \longrightarrow & S^0
\end{array} \qquad (5.36)$$

$\mathcal{Y}^0 = T^0 \times_{S^0} \mathcal{X}^0$ なので第1成分には T^0 に対する W-作用,第2成分に対しては自明に作用させることにより,$\mathcal{Y}^0$ には W が作用する.したがって W は $H^2(\mathcal{Y}^0, \mathbf{C})$ に右側から作用する.$\mathcal{Y}^0$ は典型ファイバーが Y の自明な C^∞-ファイバー束だったから同一視 $H^2(\mathcal{Y}^0, \mathbf{C}) \cong H^2(Y, \mathbf{C})$ が存在する.このことから $H^2(Y, \mathbf{C})$ には右側から W が作用する.W の各元 w に対して,w^{-1} の右側作用を w の左側作用として定義することにより W は $H^2(Y, \mathbf{C})$ に左から作用する.この作用を W の**モノドロミー作用**と呼ぶ.

命題 5.3.8 周期写像 $p\colon T \to H^2(Y, \mathbf{C})$ は W-同変である.

証明. $t \in T^0$ とすると,$\Pi\colon \mathcal{Y} \to \mathcal{X}$ から誘導される射 $\Pi_t\colon \mathcal{Y}_t \to \mathcal{X}_{\pi_*(t)}$ は同型になる.$w \in W$ に対しては当然ながら $\pi_*(wt) = \pi_*(t)$ が成り立ち $\Pi_{wt}\colon \mathcal{Y}_{wt} \to \mathcal{X}_{\pi_*(t)}$ も同型である.このとき Y の微分自己同相写像 m_w を微分同相写像の合成射

$$m_{w,t}\colon Y \xrightarrow{\beta_t} \mathcal{Y}_t \xrightarrow{\Pi_t} \mathcal{X}_{\pi_*(t)} \xleftarrow{\Pi_{wt}} \mathcal{Y}_{wt} \xleftarrow{\beta_{wt}} Y$$

が第2コホモロジー群に誘導する射を

$$m_{w,t}^*\colon H^2(Y, \mathbf{C}) \to H^2(Y, \mathbf{C})$$

と書く.$m_{w,t}$ は t の取り方に依存するが $m_{w,t}^*$ は t の取り方によらない.そこで $m_w^* := m_{w,t}^*$ と書き,w を $(m_w^*)^{-1}$ によって $H^2(Y, \mathbf{C})$ に作用させる.これが W のモノドロミー作用であった.$\mathcal{X}$ の S-ポアソン構造は $\mathcal{X}_{\pi_*(t)}$ 上にポアソン構造を定める.$\mathcal{X}_{\pi_*(t)}$ は非特異なので,このポアソン積は非退化で,$\mathcal{X}_{\pi_*(t)}$ 上にシンプレクティック形式 $\omega_{\pi_*(t)}$ が決まる.このとき

$$\omega_t = \Pi_t^* \omega_{\pi_*(t)}, \quad \omega_{wt} = \Pi_{wt}^* \omega_{\pi_*(t)}$$

が成り立つ.周期写像の定義から

$$p(t) = \beta_t^*([\omega_t]), \quad p(wt) = \beta_{wt}^*([\omega_{wt}])$$

である. したがって

$$(m_w^*)^{-1}(p(t)) = (m_{w,t}^*)^{-1}(p(t)) = p(wt)$$

となり, p は W-同変である. □

W のモノドロミー作用は, 双有理幾何を用いても定義できる. そのことを以下で説明しよう. $w \in W$ に対して $f: \mathcal{Y} \to T$ を $w: T \to T$ で引き戻したものを $\mathcal{Y}_w$ とする. このとき次の図式の四角はすべてファイバー積になっている.

$$
\begin{array}{ccc}
\mathcal{Y}_w & \xrightarrow{\;w_{\mathcal{Y}}\;} & \mathcal{Y} \\
\downarrow & & \downarrow \\
T \times_S \mathcal{X} & \xrightarrow{\;w \times id_{\mathcal{X}}\;} & T \times_S \mathcal{X} \\
\downarrow & & \downarrow \\
T & \xrightarrow{\;w\;} & T
\end{array}
\tag{5.37}
$$

ここで $\mathcal{Y}_w \to T \times_S \mathcal{X}$ と $\mathcal{Y} \to T \times_S \mathcal{X}$ はともに $T \times_S \mathcal{X}$ のクレパント特異点解消になっている. したがって両者の間には $T \times_S \mathcal{X}$-双有理写像

$$\phi_w : \mathcal{Y} \dashrightarrow \mathcal{Y}_w$$

が存在して, 余次元 1 で同型である. ϕ_w は余次元 1 で同型なので第 2 コホモロジーの間の同型射 $\phi_w^* : H^2(\mathcal{Y}_w, \mathbf{C}) \to H^2(\mathcal{Y}, \mathbf{C})$ を誘導する. このとき合成射

$$H^2(\mathcal{Y}, \mathbf{C}) \overset{w^*}{\to} H^2(\mathcal{Y}_w, \mathbf{C}) \overset{\phi_w^*}{\to} H^2(\mathcal{Y}, \mathbf{C})$$

のことを α_w と書くことにする. 制限射 $H^2(\mathcal{Y}, \mathbf{C}) \to H^2(Y, \mathbf{C})$ によって $H^2(\mathcal{Y}, \mathbf{C})$ と $H^2(Y, \mathbf{C})$ を同一視して α_w を $H^2(Y, \mathbf{C})$ の自己同型射とみなす. W の元 w は α_w^{-1} によって $H^2(Y, \mathbf{C})$ に左から作用する.

補題 5.3.9 この W-作用は W のモノドロミー作用と一致する.

証明. 先の命題の証明と同じように, $\Pi_t : \mathcal{Y}_t \to \mathcal{X}_{\pi_*(t)}$ が同型になるように $t \in T$ を取る. $w_{\mathcal{Y}} : \mathcal{Y}_w \to \mathcal{Y}$ はファイバーの間の同型射 $\mathcal{Y}_{w,t} \to \mathcal{Y}_{wt}$ を誘導する. さらに $\mathcal{Y}_w \to T \times_S \mathcal{X}$ は同型射 $\Pi_{w,t} : \mathcal{Y}_{w,t} \to t \times \mathcal{X}_{\pi_*(t)}$ を誘導し, $\mathcal{Y} \to T \times_S \mathcal{X}$ は同型射 $\Pi_{wt} : \mathcal{Y}_{wt} \to wt \times \mathcal{X}_{\pi_*(wt)}$ を誘導する. ここで

$\pi_*(t) = \pi_*(wt)$ に注意すると $t \times \mathcal{X}_{\pi_*(t)}$ と $wt \times \mathcal{X}_{\pi_*(wt)}$ はともに $\mathcal{X}_{\pi_*(t)}$ に自然に同一視される．今述べたことをまとめると，可換図式

$$
\begin{array}{ccc}
\mathcal{Y}_w & \xrightarrow{\ w_{\mathcal{Y}}\ } & \mathcal{Y} \\
\uparrow & & \uparrow \\
\mathcal{Y}_{w,t} & \longrightarrow & \mathcal{Y}_{wt} \\
\scriptstyle\Pi_{w,t}\downarrow & & \scriptstyle\Pi_{wt}\downarrow \\
\mathcal{X}_{\pi_*(t)} & \xrightarrow{\ id\ } & \mathcal{X}_{\pi_*(t)}
\end{array}
\tag{5.38}
$$

を得る．次に双有理写像 $\phi_w : \mathcal{Y} - - \to \mathcal{Y}_w$ を考える．$\mathcal{Y}$ と $\mathcal{Y}_w$ はともに $T \times_S \mathcal{X}$ のクレパント特異点解消で $t \times \mathcal{X}_{\pi_*(t)} \subset T \times_S \mathcal{X}$ の近傍上これらの特異点解消は同型である．したがって ϕ_w はファイバー間の同型射 $\mathcal{Y}_t \to \mathcal{Y}_{w,t}$ を誘導する．以上をまとめて可換図式

$$
\begin{array}{ccc}
\mathcal{Y} & \xrightarrow{\ \phi_w\ } & \mathcal{Y}_w \\
\uparrow & & \uparrow \\
\mathcal{Y}_t & \longrightarrow & \mathcal{Y}_{w,t} \\
\scriptstyle\Pi_t\downarrow & & \scriptstyle\Pi_{w,t}\downarrow \\
\mathcal{X}_{\pi_*(t)} & \xrightarrow{\ id\ } & \mathcal{X}_{\pi_*(t)}
\end{array}
\tag{5.39}
$$

を得る．ただし一番上の ϕ_w は射ではなく，双有理写像である．これらの可換図式は次の可換図式

$$
\begin{array}{ccccc}
H^2(\mathcal{Y}, \mathbf{C}) & \xleftarrow{\ \phi_w^*\ } & H^2(\mathcal{Y}_w, \mathbf{C}) & \xleftarrow{\ w_{\mathcal{Y}}^*\ } & H(\mathcal{Y}, \mathbf{C}) \\
\scriptstyle\iota_t^*\downarrow & & \downarrow & & \scriptstyle\iota_{wt}^*\downarrow \\
H^2(\mathcal{Y}_t, \mathbf{C}) & \xleftarrow{\ \cong\ } & H^2(\mathcal{Y}_{w,t}, \mathbf{C}) & \xleftarrow{\ \cong\ } & H^2(\mathcal{Y}_{wt}, \mathbf{C}) \\
\scriptstyle\Pi_t^*\uparrow & & \scriptstyle\Pi_{w,t}^*\uparrow & & \scriptstyle\Pi_{wt}^*\uparrow \\
H^2(\mathcal{X}_{\pi_*(t)}, \mathbf{C}) & \xleftarrow{\ id\ } & H^2(\mathcal{X}_{\pi_*(t)}, \mathbf{C}) & \xleftarrow{\ id\ } & H^2(\mathcal{X}_{\pi_*(t)}, \mathbf{C})
\end{array}
\tag{5.40}
$$

を誘導する．$H^2(\mathcal{Y}, \mathbf{C})$ を $H^2(Y, \mathbf{C})$ と同一視したとき，第 1 行目の合成射が α_w に他ならない．一方，

$$m_w^* = (\iota_t^*)^{-1} \circ \Pi_t^* \circ (\Pi_{w,t}^*)^{-1} \iota_{wt}^*$$

なので，$\alpha_w = m_w^*$ である．$\square$

今までは X の射影的シンプレクティック特異点解消 $Y \to X$ を 1 つ固定して議論してきたが，X の射影的シンプレクティック特異点解消は一般に複数個 (ただし有限個) 存在する．それらを $Y^{(1)} := Y,\ Y^{(2)} \to X, \ldots, Y^{(k)} \to X$ とする．各シンプレクティック特異点解消 $Y^{(i)}$ に対するポアソン変形関手を $\mathrm{PD}_{Y^{(i)}}$ とすると $\mathrm{PD}_{Y^{(i)}}$ の射影極限的包は PD_Y の射影極限的包 R と一致する．実際 $R = \lim R_n$ とあらわし Y の形式的普遍ポアソン変形を $\{Y_n\}$ とする．$Y^{(i)}$ と Y は余次元 1 で同型なので $Y^{(i)}$ と Y は共通の開集合 U で $\mathrm{Codim}_{Y^{(i)}}(Y^{(i)} - U) \geq 2,\ \mathrm{Codim}_Y(Y - U) \geq 2$ を満たすようなものを含んでいる．U の $Y^{(i)}$ への埋め込み射を $j^{(i)}$，U の Y への埋め込み射を j と書くことにする．このとき環付き空間 $(Y^{(i)}, (j^{(i)})_* \mathcal{O}_{Y_n}|_U)$ を $Y_n^{(i)}$ と置くと，$Y_n^{(i)}$ 上には $Y_n|_U$ 上のポアソン構造を一意的に拡張して得られるポアソン構造がのっている．したがって $Y_n^{(i)}$ を $Y^{(i)}$ の $\mathrm{Spec}\, R_n$ 上へのポアソン変形とみなすことができる．このとき $\{Y_n^{(i)}\}$ は $Y^{(i)}$ の形式的普遍ポアソン変形になる．$\{Y_n^{(i)}\}$ は T 上の普遍ポアソン変形 $\mathcal{Y}^{(i)} \to T$ に代数化され，それから誘導される射

$$\Pi^{(i)}: \mathcal{Y}^{(i)} \to T \times_S \mathcal{X}$$

は $T \times_S \mathcal{X}$ のクレパント特異点解消になっている．さらに $w \in W$ に対して $\mathcal{Y}^{(i)} \to T$ を $T \xrightarrow{w} T$ で引き戻したものを $\mathcal{Y}_w^{(i)}$ とする．$\mathcal{Y}_w^{(i)}$ は $\mathcal{Y}^{(i)} \to T \times_S \mathcal{X}$ を $T \times_S \mathcal{X} \xrightarrow{w \times id_{\mathcal{X}}} T \times_S \mathcal{X}$ によって引き戻したものでもあるので，$\mathcal{Y}_w^{(i)}$ は $T \times_S \mathcal{X}$ のクレパント特異点解消になっている．この特異点解消を $\Pi_w^{(i)}$ であらわす．実は $T \times_S \mathcal{X}$ の射影的クレパント特異点解消はこの形のもので尽くされることがわかる．$\mathcal{Y}_w^{(i)}$ は $\mathcal{Y}$ と余次元 1 で同型であったから $H^2(\mathcal{Y}_w^{(i)}, \mathbf{R})$ は $H^2(\mathcal{Y}, \mathbf{R})$ と同一視される．$H^2(\mathcal{Y}_w^{(i)}, \mathbf{R}) \cong \mathrm{Pic}(\mathcal{Y}_w^{(i)}) \otimes \mathbf{R}$ であり (系 5.4.4 を参照)，$\overline{\mathrm{Amp}}(\Pi_w^{(i)}) \subset H^2(\mathcal{Y}_w^{(i)}, \mathbf{R})$ を $\Pi_w^{(i)}$-ネフな $\mathcal{Y}_w^{(i)}$ 上の因子で生成される**錐** (cone) として $\mathrm{Amp}(\Pi_w^{(i)})$ をその内点全体とする．このとき

$$H^2(\mathcal{Y}, \mathbf{R}) = \bigcup_{1 \leq i \leq k,\, w \in W} \overline{\mathrm{Amp}}(\Pi_w^{(i)})$$

が成り立ち，異なる (i, w) に対する $\mathrm{Amp}(\Pi_w^{(i)})$ は互いに交わらない．ここで

$$\mathcal{H} := H^2(\mathcal{Y}, \mathbf{R}) - \bigcup_{1 \leq i \leq k,\, w \in W} \mathrm{Amp}(\Pi_w^{(i)})$$

と置く. $\mathcal{H}$ は $H^2(\mathcal{Y}, \mathbf{R})$ の原点を通る有限個の超平面からできている. このような超平面の各々を**壁** (wall) と呼ぶ. さらに各々の豊富錐 $\mathrm{Amp}(\Pi_w^{(i)})$ のことを**部屋** (chamber) と呼ぶ. $H^2(\mathcal{Y}, \mathbf{R})$ は制限射によって $H^2(Y, \mathbf{R})$ と同一視されるのでワイル群 W は $H^2(\mathcal{Y}, \mathbf{R})$ に作用している. ワイル群の作用で1つの部屋は別の部屋に移動する. さらに1つの壁は別の壁に移動する.

一方 $\mathcal{Y} \to T$ に対して

$$D := \{t \in T \mid \Pi_t \text{ は同型射でない}\}$$

と定義する. T を周期写像 p によって $H^2(Y, \mathbf{C})$ と同一視すると $D \subset H^2(Y, \mathbf{C})$ とみなせる. このとき D はすぐ上で定義した $\mathcal{H}$ を複素化したものに一致する:

$$D = \mathcal{H}_{\mathbf{C}}.$$

このようにしてポアソン変形と双有理幾何は密接に関係している. ここで述べたことの詳細は [Na 4] に書かれてある.

5.4 錐的特異点と GAGA 原理

$X := \mathrm{Spec}\, A$ をアファイン正規代数多様体で有理特異点のみを許すものとする. さらに X は良い $\mathbf{C}^*$-作用を持っていて, $0 \in X$ が唯一の固定点 (原点) とする. ここで $f: Z \to X$ を X の $\mathbf{C}^*$-同変な射影的特異点解消と仮定する. 原点に対応する A の極大イデアルを m として, $\hat{A}$ を A の m による完備化, $\hat{X} := \mathrm{Spec}\, \hat{A}$ とする. このとき $\hat{Z} := Z \times_X \hat{X}$ と置き f から誘導される自然な射影射を $\hat{f}: \hat{Z} \to \hat{X}$ と書く. また $X_n := \mathrm{Spec}\, A/m^{n+1}$, $Z_n := Z \times_X X_n$ と置く. Z_n は $\mathbf{C}$ 上固有な概型である. この節では次の命題を証明する.

命題 5.4.1 $\mathcal{L}$ を複素解析空間 Z^{an} 上の直線束とする. このとき Z 上の直線束 L が存在して $L^{an} = \mathcal{L}$ となる.

証明. $\mathcal{L}_n := \mathcal{L}|_{Z_n^{an}}$ と置く. Z_n は $\mathbf{C}$ 上固有なので GAGA 原理より $\mathcal{L}_n$ に対して $L_n \in \mathrm{Pic}(Z_n)$ で $L_n^{an} = \mathcal{L}_n$ となるような代数的直線束 L_n がただ1つ存在する. グロタンディークの存在定理 ([EGA III] 1, 5.1.6) より

$$\mathrm{Pic}(\hat{Z}) \cong \varprojlim \mathrm{Pic}(Z_n)$$

である．したがって $\{L_n\}$ は $\hat{Z}$ 上の直線束 $\hat{L}$ を決める．証明の方針は $\hat{L}$ に $\mathbf{C}^*$-線形化を与えて $\hat{L}$ を Z 上の直線束 L に代数化する．この L が求める直線束である．

　(i) Z への $\mathbf{C}^*$-作用を $a\colon \mathbf{C}^* \times Z \to Z$ であらわす．a は $\hat{Z}$ への $\mathbf{C}^*$-作用 $\hat{a}\colon \mathbf{C}^* \hat{\times} \hat{Z} \to \hat{Z}$ を定める．ここでは $\hat{a}^*\hat{L} \cong pr_2^*\hat{L}$ を示す．a は Z^{an} への $\mathbf{C}^*$-作用 $a^{an}\colon \mathbf{C}^* \times Z^{an} \to Z^{an}$ も引き起こす．$H^i(\mathbf{C}^* \times Z^{an}, \mathcal{O}_{\mathbf{C}^* \times Z^{an}}) = 0$ $(i = 1, 2)$ なので $\mathrm{Pic}(\mathbf{C}^* \times Z^{an}) \cong H^2(\mathbf{C}^* \times Z^{an}, \mathbf{Z})$ である．$H_*(\mathbf{C}^*, \mathbf{Z})$ は自由加群なので，キュンネ (Kunneth) の公式より

$$H^2(\mathbf{C}^* \times Z^{an}, \mathbf{Z}) = H^0(\mathbf{C}^*, \mathbf{Z}) \otimes H^2(Z^{an}, \mathbf{Z}) \oplus H^1(\mathbf{C}^*, \mathbf{Z}) \otimes H^1(Z^{an}, \mathbf{Z})$$

が成り立つ．ここで $H^1(Z^{an}, \mathbf{Z}) = 0$ である．実際 X^{an} は有理特異点しか持たないので $R^1 f_*^{an} \mathbf{Z} = 0$ である．このときルレーのスペクトル系列から完全系列

$$0 \to H^1(X^{an}, \mathbf{Z}) \to H^1(Z^{an}, \mathbf{Z}) \to H^0(X^{an}, R^1 f_*^{an} \mathbf{Z})$$

が存在する．ここで X^{an} は錐的なので原点に可縮であり $H^1(X^{an}, \mathbf{Z}) = 0$ となる．したがって

$$pr_2^*\colon \mathrm{Pic}(Z^{an}) \to \mathrm{Pic}(\mathbf{C}^* \times Z^{an})$$

は同型射である．このことから

$$(a^{an})^*\mathcal{L} \cong pr_2^*\mathcal{L}$$

である．実際 pr_2^* が同型であることから $(a^{an})^*\mathcal{L} = pr_2^* K$，$K \in \mathrm{Pic}(Z^{an})$ と書けることがわかるが，$(a^{an})^*\mathcal{L}|_{1 \times Z^{an}} = \mathcal{L}$ なので $K = \mathcal{L}$ である．$\mathbf{C}^*$-作用 a^{an} は各 $n \geq 0$ に対して Z_n^{an} 上の $\mathbf{C}^*$-作用を引き起こすがこれを同じ a^{an} であらわす．$\mathcal{L}_n := \mathcal{L}|_{Z_n}$ と置くと上の同型射は $\mathbf{C}^* \times Z_n^{an}$ 上の直線束の同型射 $(a^{an})^*\mathcal{L}_n \cong pr_2^*\mathcal{L}_n$ を誘導する．最初に注意したように $L_n \in \mathrm{Pic}(Z_n)$ は $L_n^{an} = \mathcal{L}_n$ となるような代数的直線束である．$a^* L_n \cong pr_2^* L_n$ であることを示そう．そのために $W_n := \mathrm{Spec}\,\Gamma(Z_n, \mathcal{O}_{Z_n})$ とおいて自然な射 $Z_n \to W_n$ のことを g_n と書くことにする．このとき $id \times f_n$ は次のように分解する：

$$\mathbf{C}^* \times Z_n \overset{id \times g_n}{\to} \mathbf{C}^* \times W_n \to \mathbf{C}^* \times X_n.$$

$(a^{an})^* L_n^{an} \otimes (pr_2^* L_n^{an})^{-1}$ は自明であったから

$$\mathcal{O}_{\mathbf{C}^* \times W_n^{an}} = (id \times g_n)_*^{an} [(a^{an})^* L_n^{an} \otimes (pr_2^* L_n^{an})^{-1}]$$
$$= [(id \times g_n)_* (a^* L_n \otimes (pr_2^* L_n)^{-1})]^{an}$$

である. このことから $M := (id \times g_n)_* (a^* L_n \otimes (pr_2^* L_n)^{-1})$ は $\mathbf{C}^* \times W_n$ 上の直線束であることがわかる. ところが W_n が局所アルチン $\mathbf{C}$-概型であることと $\mathrm{Pic}(\mathbf{C}^*) = 1$ であることから $\mathrm{Pic}(\mathbf{C}^* \times W_n) = 1$ がわかる. そのためには $\mathbf{C}^* \times W_n$ を $\mathbf{C}^*$ の W_n 上の変形とみて, W_n を小さな閉埋入の列

$$S_0 := \mathrm{Spec}\,\mathbf{C} \to S_1 \to S_2 \to \cdots \to S_m = W_n$$

であらわし, それに対応する閉埋入列

$$\mathbf{C}^* \times S_0 \to \mathbf{C}^* \times S_1 \to \mathbf{C}^* \times S_2 \to \cdots \to \mathbf{C}^* \times S_m$$

を考える. $H^i(\mathbf{C}^*, \mathcal{O}_{\mathbf{C}^*}) = 0$, $i = 1, 2$ なのでピカール群の制限射

$$\mathrm{Pic}(\mathbf{C}^* \times S_m) \to \cdots \to \mathrm{Pic}(\mathbf{C}^* \times S_2) \to \mathrm{Pic}(\mathbf{C}^* \times S_1) \to \mathrm{Pic}(\mathbf{C}^* \times S_0)$$

はすべて同型になる. したがって M は自明な直線束である. $a^* L_n \otimes (pr_2^* L_n)^{-1}$ $= (id \times g_n)^* M$ なので $a^* L_n \otimes (pr_2^* L_n)^{-1}$ も自明である. 再びグロタンディークの存在定理より

$$\mathrm{Pic}(\mathbf{C}^* \hat{\times} \hat{Z}) \cong \varprojlim \mathrm{Pic}(\mathbf{C}^* \times Z_n)$$

である. したがって $\hat{a}^* \hat{L} \cong pr_2^* \hat{L}$ であることがわかった.

(ii) $\hat{L}$ が $\mathbf{C}^*$-線形化を持つことを示そう. (i) で作った $\mathbf{C}^* \hat{\times} \hat{Z}$ 上の直線束の同型射 $\hat{a}^* \hat{L} \cong pr_2^* \hat{L}$ を $\{1\} \times \hat{Z}$ に制限すると $\hat{L}$ の自己同型射を得る. この射は $\Gamma(\hat{Z}, \mathcal{O}_{\hat{Z}})^*$ の元 φ_0 を用いて

$$\varphi_0 \colon \hat{L} \to \hat{L}, \quad x \to \varphi_0 \cdot x$$

と書ける. そこで $pr_2^* \varphi_0^{-1} \colon pr_2^* \hat{L} \to pr_2^* \hat{L}$ を考え $\hat{a}^* \hat{L} \to pr_2^* \hat{L}$ に $pr_2^* \varphi_0^{-1}$ を合成した同型射を

$$\phi_0 \colon \hat{a}^* \hat{L} \to pr_2^* \hat{L}$$

と置く. こうしておくと ϕ_0 を $1 \times \hat{Z}$ 上に制限すると $\hat{L}$ の恒等写像になる. この同型射が $\hat{L}$ の $\mathbf{C}^*$-線形化からどの程度ずれているかを見るために, 次の記号を用意する. $\tau \in \mathbf{C}^*$ に対して ϕ_0 は同型射 $\tau^* \hat{L} \to \hat{L}$ を誘導するが, これを $\phi_{0,\tau}$ と書くことにする. $\sigma \in \mathbf{C}^*$ に対して $\tau^* \hat{L} \overset{\phi_{0,\tau}}{\to} \hat{L}$ は同型射 $\sigma^* \tau^* \hat{L} \to \sigma^* \hat{L}$ を誘導するが, この同型射のことを $\sigma \phi_{0,\tau}$ であらわす. すべての $\sigma, \tau \in \mathbf{C}^*$ に対して

$$\phi_{0,\sigma} \circ \sigma \phi_{0,\tau} = \phi_{0,\sigma\tau}$$

が成り立てば ϕ_0 は $\hat{L}$ の $\mathbf{C}^*$-線形化を与える. そこで

$$f(\sigma, \tau) := \phi_{0,\sigma} \circ \sigma \phi_{0,\tau} \circ \phi_{0,\sigma\tau}$$

と置くと $f(\sigma, \tau)$ は $\hat{L}$ の自己同型射を与える. $\hat{L}$ の自己同型射は $\Gamma(\hat{Z}, \mathcal{O}_{\hat{Z}})^*$ の元を定める. このとき $\Gamma((\mathbf{C}^*)^2 \hat{\times} \hat{Z}, \mathcal{O}_{(\mathbf{C}^*)^2 \hat{\times} \hat{Z}})$ の元 F が決まり F に $\mathbf{C}^*$ の特定の点 (σ, τ) を代入したものが $f(\sigma, \tau)$ になる.

$$\Gamma((\mathbf{C}^*)^2 \hat{\times} \hat{Z}, \mathcal{O}_{(\mathbf{C}^*)^2 \hat{\times} \hat{Z}}) = \Gamma((\mathbf{C}^*)^2 \hat{\times} \hat{X}, \mathcal{O}_{(\mathbf{C}^*)^2 \hat{\times} \hat{X}})$$
$$= \mathbf{C}[s, t, 1/s, 1/t] \hat{\otimes} \hat{A} = \lim_{\leftarrow} (\mathbf{C}[s, t, 1/s, 1/t] \otimes A/m^{k+1})$$

と書けるので

$$F = \lim_{\leftarrow} f_k, \ f_k \in \mathbf{C}[s, t, 1/s, 1/t] \otimes A/m^{k+1}$$

とあらわし $f_0 \in \mathbf{C}[s, t, 1/s, 1/t]^*$ である. したがって $f_0 = c s^a t^b$, $c \in \mathbf{C}^*$, $a, b \in \mathbf{Z}$ と書くことができる. ϕ_0 の作り方から任意の $\sigma, \tau \in \mathbf{C}^*$ に対して $f(\sigma, 1) = f(1, \tau) = 1$ である. このことから $f_0 = 1$ であることがわかる.

(iii) 証明の方針はまず $u_1 \in 1 + \mathbf{C}[t, 1/t] \hat{\otimes} m\hat{A}$ を適当に選び, u_1 が決める同型射 $u_1 : pr_2^* \hat{L} \to pr_2^* \hat{L}$ と φ_0 の合成射 $\phi_1 := u_1 \circ \phi_0$ から決まる同型, $\phi_1|_{a^* L_1} : a^* L_1 \to pr_2^* L_1$ が L_1 の $\mathbf{C}^*$-線形化を与えるようにする. 次に $u_2 \in 1 + \mathbf{C}[t, 1/t] \hat{\otimes} m^2 \hat{A}$ を選び, $\phi_2 := u_2 \circ \phi_1$ が L_2 の $\mathbf{C}^*$-線形化を与えるようにする. この操作を順次続けていき, 最終的には $u_\infty := \prod u_k$ と置いて $\phi := u_\infty \circ \phi_0$ を考えるとこれが $\hat{L}$ の $\mathbf{C}^*$-線形化を与える.

k の帰納法で証明する. さて u_{k-1} まで取れて ϕ_{k-1} が L_{k-1} の $\mathbf{C}^*$-線形化を与えているとする ($k = 1$ のときは $u_0 = 1$ と置く). 以下の議論は定理 4.3.1 や命題 5.1.5 とほぼ同様であるが, 少し違う部分がある. $\phi_{k-1} : a^* \hat{L} \to pr_2^* \hat{L}$

が L_k, L_{k-1} に対して引き起こす射を

$$\bar{\phi}'_k : a^* L_k \to pr_2^* L_k, \quad \bar{\phi}_{k-1} : a^* L_{k-1} \to pr_2^* L_{k-1}$$

と置く. さらに $\bar{\phi}'_k$ と $\bar{\phi}_{k-1}$ が $\sigma \in \mathbf{C}^*$ に対して定める射を

$$\bar{\phi}'_{k,\sigma} : \sigma^* L_k \to L_k, \quad \bar{\phi}_{k-1,\sigma} : \sigma^* L_{k-1} \to L_{k-1}$$

とする. ここで $\sigma, \tau \in \mathbf{C}^*$ に対して

$$f(\sigma, \tau) := \bar{\phi}'_{k,\sigma} \circ \sigma \bar{\phi}'_\tau \circ \bar{\phi}'^{-1}_{k,\sigma\tau}$$

と置くと, これは L_k の自己同型射になる. $\bar{\phi}_{k-1}$ は L_{k-1} の $\mathbf{C}^*$-線形化を与え
ているから, この射を L_{k-1} に制限すると恒等写像である. したがって $f(\sigma, \tau) \in$
$\mathrm{Aut}(L_k; id|_{L_{k-1}})$ である. ここで $\mathrm{Aut}(L_k; id|_{L_{k-1}})$ の中の $\mathbf{C}$-部分ベクトル空間

$$id + m^k/m^{k+1} \subset \mathrm{Aut}(L_k; id|_{L_{k-1}})$$

を考える. $\bar{\phi}'_k$ は ϕ_{k-1} から得られていたことに注意すると

$$f(\sigma, \tau) \in id + m^k/m^{k+1}$$

である. さらに $v \in id + m^k/m^{k+1}$ に対して

$$^\sigma v := \bar{\phi}'_{k,\sigma} \circ \sigma v \circ \bar{\phi}'^{-1}_{k,\sigma}$$

と定義すると $^\sigma v \in id + m^k/m^{k+1}$ であり, これによって $\mathbf{C}^*$ は $id + m^k/m^{k+1}$
に作用している. さて

$$f : \mathbf{C}^* \times \mathbf{C}^* \to id + m^k/m^{k+1}$$

は代数トーラス $\mathbf{C}^*$ の有理表現 $id + m^k/m^{k+1}$ のホッホシルトコホモロジーに
関して 2-コサイクルになる. 代数トーラスの高次ホッホシルトコホモロジー群は
消えるので (cf. [Mi], Proposition 15.16), f は 2-コバウンダリーになる. すな
わち, $\mathbf{C}^*$ の元でパラメーター付けされた元の族 $\{\bar{v}_{k,\sigma}\}$, $\bar{v}_{k,\sigma} \in id + m^k/m^{k+1}$
が存在して

$$f(\sigma, \tau) = {}^\sigma \bar{v}_{k,\tau} \circ \bar{v}^{-1}_{k,\sigma\tau} \circ \bar{v}_{k,\sigma}$$

を満たす. このとき $\bar{\phi}_{k,\sigma} := \bar{v}^{-1}_{k,\sigma} \circ \bar{\phi}'_{k,\sigma}$ と置き直せば

$$\bar{\phi}_{k,\sigma} \circ \sigma \bar{\phi}_{k,\tau} = \bar{\phi}_{k,\sigma\tau}$$

が成り立つ. $\{\bar{v}_{k.\sigma}\}$ は σ に対して代数的に定まっているので

$$\bar{v}_k \in 1 + \mathbf{C}[t, 1/t] \otimes m^k/m^{k+1}$$

が決まり $t = \sigma$ を代入すると $\bar{v}_{k,\sigma}$ になる. ここで $\bar{u}_k := \bar{v}_k^{-1} \in 1 + \mathbf{C}[t, 1/t] \otimes m^k/m^{k+1}$ と置いて $\bar{u}_k$ を $1 + \mathbf{C}[t, 1/t] \hat{\otimes} m^k \hat{A}$ への持ち上げを 1 つ取り u_k とする. この u_k が求める元である.

(iv) Z 上の直線束で f-豊富なものを $\mathcal{O}_Z(1)$ とする. このとき

$$Z = \operatorname{Proj}_A \bigoplus_{i \geq 0} H^0(Z, \mathcal{O}_Z(i))$$

と書ける. Z は準射影的な非特異多様体なので $\mathcal{O}_Z(1)$ は $\mathbf{C}^*$-線形化を持つ ([C-G], Theorem 5.1.9). したがって $\mathcal{O}_{\hat{Z}}(1) := \mathcal{O}_Z(1)|_{\hat{Z}}$ も $\mathbf{C}^*$-線形化を持つ.

$$\hat{Z} = \operatorname{Proj}_{\hat{A}} \bigoplus_{i \geq 0} H^0(\hat{Z}, \mathcal{O}_{\hat{Z}}(i))$$

であり

$$\hat{L} = \bigoplus_{i \geq 0} \widetilde{H^0(\hat{Z}, \hat{L} \otimes \mathcal{O}_{\hat{Z}}(i))}$$

である. ここで $M_i := H^0(\hat{Z}, \hat{L} \otimes \mathcal{O}_{\hat{Z}}(i))$ と置く. M_i は有限性生成 $\hat{A}$-加群である. (iii) で見たように $\hat{L}$ は $\mathbf{C}^*$-線形化を持つので M_i は $\mathbf{C}^*$-作用を持った $\hat{A}$-加群である. このとき補題 5.2.3 から $M_{i,A} \otimes_A \hat{A} = M_i$ となるような有限生成 A-加群 $M_{i,A}$ が存在する. そこで Z 上で

$$L := \bigoplus_{i \geq 0} \widetilde{M_{i,A}}$$

と置けば L は Z の直線束で $\hat{L}$ を代数化したものになる.

(v) 最後に $L^{an} = \mathcal{L}$ であることを示そう. $f^{an} : Z^{an} \to X^{an}$ の原点上の被約ファイバー $Z_{0,\mathrm{red}}^{an}$ を考える. $\mathbf{C}^*$-作用を用いるとコホモロジー群の制限射 $H^2(Z^{an}, \mathbf{Z}) \to H^2(Z_{0,\mathrm{red}}^{an}, \mathbf{Z})$ は同型である. $\operatorname{Pic}(Z^{an}) \cong H^2(Z^{an}, \mathbf{Z})$ だったので, L^{an} と $\mathcal{L}$ が同型であることを見るのには $Z_{0,\mathrm{red}}^{an}$ 上の直線束 $L^{an}|_{Z_{0,\mathrm{red}}^{an}}$ と $\mathcal{L}|_{Z_{0,\mathrm{red}}^{an}}$ のコホモロジー類が一致していればよい. L の構成の仕方から $L^{an}|_{Z_0^{an}}$ と $\mathcal{L}|_{Z_0^{an}}$ は直線束としてすでに一致している. したがって直線束 $L^{an}|_{Z_{0,\mathrm{red}}^{an}}$ と $\mathcal{L}|_{Z_{0,\mathrm{red}}^{an}}$ も一致し, もちろん両者のコホモロジー類も一致する. $\square$

系 5.4.2 $f : Z \to X$ は命題 5.4.1 と同じものとする. このとき自然な準同型射 $\operatorname{Pic}(Z) \to \operatorname{Pic}(Z^{an})$ は同型である.

証明. 全射性は命題からわかっているので，単射性を示せばよい．$L \in \mathrm{Pic}(Z)$ に対して $L^{an} \cong \mathcal{O}_{Z^{an}}$ であったとする．このとき

$$\mathcal{O}_{X^{an}} \cong f_*^{an} L^{an} \cong (f_*L)^{an}$$

であるから $M := f_*L$ は X 上の直線束であることがわかる．さらに $L \cong f^*M$ である．したがって M が自明な直線束であることを示せばよい．そこで次の補題がいえれば十分である．

補題 5.4.3 $X = \mathrm{Spec}\, A$ を良い $\mathbf{C}^*$-作用を持ったアファイン正規代数多様体とする．このとき $\mathrm{Pic}(X) = \{1\}$ である．

証明. X 上の直線束 M は [C-G], Theorem 5.1.9 から $\mathbf{C}^*$-線形化を持つ．$N := \Gamma(X, M)$ と置くと N は $\mathbf{C}^*$-作用を持った有限生成 A-加群である．X の原点に対応する A の極大イデアルを m とすると $N/mN = \mathbf{C}$ である．N/mN は1次元 $\mathbf{C}^*$-表現なのでそのウエイトを w とする．このとき N/mN の生成元 $\bar{s}$ の N への持ち上げ s でウエイトが w であるようなものを取る．$\mathrm{div}(s)$ は X 上の $\mathbf{C}^*$-不変な閉集合なので，もし $\mathrm{div}(s) \neq \emptyset$ ならば $0 \in \mathrm{div}(s)$ となる．これは s の取り方から起こらない．したがって $\mathrm{div}(s) = \emptyset$ であり s は直線束 M を生成する．すなわち M は自明な直線束である．□

複素正規空間 Z は，その上の余次元1の既約部分多様体を何倍かするとカルチェ因子になるとき **Q-分解的**という．複素正規空間 Z の各点 p の芽 (Z, p) が **Q**-分解的なときに Z のことを複素解析的 **Q**-分解的と呼ぶこともあるが，ここで定義した **Q**-分解性はそれとは違い大域的な性質である．

系 5.4.4 $\pi\colon Y \to X$ を $\mathbf{C}^*$-同変な双有理射で Y は正規で **Q**-分解的とする．すなわち Y 上のヴェイユ因子 D は何倍かすると必ずカルチェ因子になるものとする．このとき複素解析空間 Y^{an} も **Q**-分解的である．

証明. Y の $\mathbf{C}^*$-同変な特異点解消を $h\colon Z \to Y$ とする．Y^{an} 上の既約因子 $\mathcal{D}$ を1つ取る．$(h^{an})^{-1}(\mathcal{D})$ の既約成分 $\mathcal{D}'$ で $h^{an}(\mathcal{D}') = \mathcal{D}$ となるものを取る．$\mathcal{L} := \mathcal{O}_{Z^{an}}(\mathcal{D}')$ と置くと，系 5.4.2 より，ある $L \in \mathrm{Pic}(Z)$ が存在して $L^{an} = \mathcal{L}$ となる．Y が **Q**-分解的なので，適当な $r > 0$ に対して $h_*L^{\otimes r}$ のダブルデュアル $(h_*L^{\otimes r})^* = ((h_*L)^{\otimes r})^*$ は直線束である．このとき

$$[(h_* L^{\otimes r})^*]^{an} \cong \mathcal{O}_{Y^{an}}(r\mathcal{D})$$

となるので, $r\mathcal{D}$ はカルチェ因子である. □

5.5 主定理の拡張

　一般に錐的シンプレクティック多様体 (X, ω) はクレパント特異点解消を持たない. しかし X の (射影的な) 特異点解消 $f: Z \to X$ を取り, 極小モデルプログラムを走らせることにより X の部分的特異点解消 $\pi: Y \to X$ に到達する ([BCHM]). Y は次の性質を持つ.

　(i) Y は **Q**-分解的であり高々末端特異点しか持たない.

　(ii) π はクレパントな射影的双有理射である.

　このような π のことを X の **Q-分解的末端化** (**Q**-factorial terminalization) と呼ぶ. このとき Y もシンプレクティック代数多様体になる. これは次のようにして確かめることができる. X はシンプレクティック特異点しか持たないので ω は Y_{reg} の 2-形式 ω_Y に延びる. ω が d-閉なので ω_Y も d-閉である. さらに π がクレパントであることから ω_Y は非退化である. Y の特異点解消 $Z \to Y$ を取ると, X がシンプレクティック特異点しか持たないことから ω は Z 上の 2-形式にまで延びる. したがって ω_Y が Z 上の 2-形式に延びることになり, (Y, ω_Y) はシンプレクティック代数多様体である. U を X の開集合で X_{reg} と余次元 2 のシンプレクティックリーフをすべて合わせてできるものとする. π がクレパント特異点解消のときと同様に, $Y_0 := \pi^{-1}(U)$ と置くと,

$$\mathrm{Codim}_Y(Y - Y_0) \geq 2$$

が成り立つ. このことを使うと X の **C***-作用は Y の **C***-作用に延びる. この場合にも定理 5.2.6, 定理 5.3.1, 命題 5.3.5, 命題 5.3.7 が成り立つ (cf. [Na 2], [Na 3], [Na 4]):

定理 5.5.1 **C***-同変な可換図式

$$
\begin{array}{ccc}
\mathcal{Y} & \xrightarrow{\ \Pi\ } & \mathcal{X} \\
{\scriptstyle f}\downarrow & & {\scriptstyle g}\downarrow \\
\mathbf{C}^d & \longrightarrow & \mathbf{C}^d/W
\end{array}
\tag{5.41}
$$

が存在して f, g は各々 $0 \in \mathbf{C}^d, \bar{0} \in \mathbf{C}^d/W$ において Y, X の普遍ポアソン変形を与える．Π は各々の点 $t \in \mathbf{C}^d$ に対して射 $\Pi_t \colon \mathcal{Y}_t \to \mathcal{X}_{\bar{t}}$ を誘導するが，これらはすべて $\mathbf{Q}$-分解的末端化になっている．特に $t = 0$ のときはもとの π そのものになっている．さらに一般の $t \in \mathbf{C}^d$ に対しては Π_t は同型になっている．

定義から Y は $\mathbf{Q}$-分解的である．したがって系 5.4.4 によって Y^{an} も $\mathbf{Q}$-分解的である．ここで重要な働きをするのが，次の命題 ([Na 1], Theorem 17) である．

命題 5.5.2 Y^{an} を $\mathbf{Q}$-分解的であると仮定する．このとき $f \colon \mathcal{Y} \to \mathbf{C}^d$ は (ポアソン構造を忘れると) Y の局所自明な変形になっている．より正確には $Y = \cup U_i$ をアファイン開被覆とすると，任意の $k \geq 0$ に対して

$$\mathcal{Y} \times_{\mathbf{C}^n} T_k|_{U_i} \cong U_i \times T_k$$

が成り立つ．ここで T_k は $\mathbf{C}^n$ の原点における k 次無限小近傍のことである．

直観的な言い方をすると，f を通常の意味で Y の変形とみたとき，Y の特異点は f で変わらない．定理 5.5.1 の系として次が成り立つ．

系 5.5.3 (X, ω) を錐的シンプレクティック多様体とすると，次の2つの条件は同値である．

(i) X は射影的なクレパント特異点解消を持つ．

(ii) X はポアソン変形でスムージング可能である．

証明. X がクレパント特異点解消 $\pi \colon Y \to X$ を持てば，π に対して定理 5.5.1 が適用できる．一般の点 $t \in \mathbf{C}^d$ に対して Π_t が同型であるから，$\mathcal{X}_{\bar{t}}$ は非特異である．したがって X はポアソン変形でスムージング可能である．逆に X がポアソン変形でスムージング可能であったとする．X の $\mathbf{Q}$-分解的端末化 $\pi \colon Y \to X$ を1つ取り，定理 5.5.1 を適用する．一般の点 $t \in \mathbf{C}^d$ に対して $\mathcal{Y}_t \cong \mathcal{X}_{\bar{t}}$ である．仮定から $\mathcal{X}_{\bar{t}}$ は非特異である．したがって $\mathcal{Y}_t$ も非特異である．上で見たように f で Y の特異点は変化しないので，Y にもし特異点がのっていれば $\mathcal{Y}_t$ にも特異点がのっていることになり矛盾である．したがって Y は非特異である．$\square$

5.6 普遍ポアソン変形の具体例と応用

この節では，先に証明した定理を用いて，各錐的シンプレクティック多様体に対してその普遍ポアソン変形を具体的に記述する．紙面の制約上，証明の多くは省略した．詳しくは引用されている文献を参照してほしい．

例 5.6.1 (スロードウィー切片)

複素単純リー環 $\mathfrak{g}$ とそのべき零元 x に対するスロードウィー切片の同時特異点解消 (cf. 2.4 節)

$$
\begin{array}{ccc}
\tilde{\mathcal{S}} & \longrightarrow & \mathcal{S} \\
f_{\mathcal{S}} \downarrow & & q_{\mathcal{S}} \downarrow \\
\mathfrak{h} & \longrightarrow & \mathfrak{h}/W
\end{array}
\tag{5.42}
$$

を考える．$\mathcal{S}_0 := q_{\mathcal{S}}^{-1}(0)$ は錐的シンプレクティック多様体であり $q_{\mathcal{S}}$ は $\mathcal{S}_0$ のポアソン変形である (cf. 命題 2.4.9)．さらに $\tilde{\mathcal{S}}_0 := f_{\mathcal{S}}^{-1}(0)$ は $\mathcal{S}_0$ のシンプレクティック特異点解消であり，$f_{\mathcal{S}}$ は $\tilde{\mathcal{S}}_0$ のポアソン変形になっている．次の例外を除いて，この可換図式は，定理 5.3.1 の可換図式と一致する ([LNS])．

(i) x は B_n, C_n, G_2 または F_4 型リー環の副正則べき零元．

(ii) x は C_n-型リー環のジョルダン型が $[n,n]$ または $[2n-2i, 2i]$ $(1 < i \leq n/2)$ のべき零元．

(iii) x は G_2-型リー環の 8 次元のべき零軌道 O の元．

(i), (ii), (iii) の場合に $\mathcal{S}_0$, $\tilde{\mathcal{S}}_0$ の普遍ポアソン変形は何になるであろうか？実はこれらの普遍ポアソン変形は別のタイプのリー環のスロードウィー切片を使って記述される．

(i) の場合，$\mathcal{S}_0$ は，それぞれ A_{2n-1}, D_{n+1}, E_6 または D_4-型のリー環 $\mathfrak{g}'$ の副正則べき零元に対するスロードウィー切片 $\mathcal{S}'$ の中心ファイバー $\mathcal{S}'_0$ に錐的シンプレクティック多様体として同型である．

(ii) の場合，$\mathcal{S}_0$ は，それぞれ D_{n+1}-型のリー環 $\mathfrak{g}'$ のジョルダン型 $[n+1, n+1]$, $[2n-2i+1, 2i+1]$ のべき零元に対するスロードウィー切片 $\mathcal{S}'$ の中心ファイバー $\mathcal{S}'_0$ に錐的シンプレクティック多様体として同型である．

(iii) の場合，$\mathcal{S}_0$ は，C_3-型のリー環 $\mathfrak{g}'$ のジョルダン型 $[4, 1^2]$ のべき零元に

対するスロードウィー切片 $\mathcal{S}'$ の中心ファイバー $\mathcal{S}'_0$ に錐的シンプレクティック多様体として同型である.

したがって (i), (ii), (iii) いずれの場合も可換図式

$$
\begin{array}{ccc}
\bar{\mathcal{S}}' & \longrightarrow & \mathcal{S}' \\
f_{\mathcal{S}'} \downarrow & & q_{\mathcal{S}'} \downarrow \\
\mathfrak{h}' & \longrightarrow & \mathfrak{h}'/W'
\end{array}
\tag{5.43}
$$

が $\mathcal{S}_0$, $\tilde{\mathcal{S}}_0$ の普遍ポアソン変形を与える.

証明のアイデアを簡単に説明しよう. $\tilde{\mathcal{S}} \to \mathfrak{h}$ の周期写像 $p_{\mathcal{S}} \colon \mathfrak{h} \to H^2(\tilde{\mathcal{S}}_0, \mathbf{C})$ は $G \times^B \mathfrak{b} \to \mathfrak{h}$ の周期写像 $p \colon \mathfrak{h} \to H^2(T^*(G/B), \mathbf{C})$ と制限射 $\mathrm{res} \colon H^2(T^*(G/B), \mathbf{C}) \to H^2(\tilde{\mathcal{S}}_0, \mathbf{C})$ の合成射である. 命題 2.4.19 より p は同型射である. したがって制限射 res が同型であれば $p_{\mathcal{S}}$ は同型になる. 実際に (i), (ii), (iii) の例外を除いて, 制限射 res は同型である. したがってこの場合 $p_{\mathcal{S}}$ は同型になる. $p_{\mathcal{S}}$ は [Part 1], 命題 3.3.2 から, ポアソン–小平–スペンサー写像とみなせる. したがって, 命題 4.2.3 と合わせると $\tilde{\mathcal{S}} \to \mathfrak{h}$ は $\tilde{\mathcal{S}}_0$ の普遍ポアソン変形であることがわかる. 次に $\mathcal{S}_0$ の普遍ポアソン変形が $\mathcal{S} \to \mathfrak{h}/W$ であることを見よう. そのためには錐的シンプレクティック多様体 $\mathcal{S}_0$ のワイル群 W' が W に一致することを見ればよい. 定理 5.3.1 から $\mathcal{S}_0$ の普遍ポアソン変形は $\mathfrak{h}/W'$ 上のポアソン概型 $\mathcal{X}$ で与えられる. このとき $GL(\mathfrak{h})$ の部分群として W' は W を含み $\mathcal{S} \to \mathfrak{h}/W$ は $\mathcal{X} \to \mathfrak{h}/W'$ を $\mathfrak{h}/W \to \mathfrak{h}/W'$ によって引き戻したものになる. したがって可換図式

$$
\begin{array}{ccccc}
\mathfrak{h} \times_{\mathfrak{h}/W} \mathcal{S} & \longrightarrow & \mathcal{S} & \longrightarrow & \mathcal{X} \\
\downarrow & & \downarrow & & \downarrow \\
\mathfrak{h} & \longrightarrow & \mathfrak{h}/W & \longrightarrow & \mathfrak{h}/W'
\end{array}
\tag{5.44}
$$

が存在して, 各々の四角はカルテシアン図式になっている. 特に $\mathfrak{h} \times_{\mathfrak{h}/W} \mathcal{S} = \mathfrak{h} \times_{\mathfrak{h}/W'} \mathcal{X}$ である. $\tilde{\mathcal{S}}$ は $\mathfrak{h} \times_{\mathfrak{h}/W} \mathcal{S}$ のクレパント特異点解消になっている. ここで $\mathfrak{h}$ に対応する G の極大トーラスを H と書くことにすると, $\tilde{\mathcal{S}}$ は H を含む特定のボレル部分群 B_0 を用いて構成されていた (cf. 2.4 節). そこで $\tilde{\mathcal{S}}$ のことを改めて $\tilde{\mathcal{S}}_{B_0}$ と書くことにする. したがって H を含む他のボレル群 B に対

しても $\tilde{\mathcal{S}}_B$ は $\mathfrak{h} \times_{\mathfrak{h}/W} \mathcal{S}$ のクレパント特異点解消になっている.鍵になる観察は $\mathfrak{h} \times_{\mathfrak{h}/W'} \mathcal{X}$ の任意のクレパント特異点解消はこの形をしていて,B が違えば $\tilde{\mathcal{S}}_B$ は別の特異点解消を与えているという事実である ([LNS], Theorem 5.4). H を含むようなボレル群はちょうど $|W|$ 個存在するので $\mathfrak{h} \times_{\mathfrak{h}/W} \mathcal{S}$ のクレパント特異点解消はちょうど $|W|$ 個存在する.一方,5.3 節の一番最後で説明したように,$w' \in W'$ に対して $\tilde{\mathcal{S}}_{B_0} \to \mathfrak{h}$ を $w' \colon \mathfrak{h} \to \mathfrak{h}$ で引き戻したものを $\tilde{\mathcal{S}}_{B_0, w'}$ と書くことにすると $\{\tilde{\mathcal{S}}_{B_0, w'}\}_{w' \in W'}$ は $\mathfrak{h} \times_{\mathfrak{h}/W'} \mathcal{X}$ の相異なるクレパント特異点解消を与えている.すなわち $\mathfrak{h} \times_{\mathfrak{h}/W'} \mathcal{X}$ は少なくとも $|W'|$ 個のクレパント特異点解消を持つ.したがって $W \neq W'$ とすると,これは先ほど述べた観察と矛盾することになる.つまり $W = W'$ なのである. $\square$

例 5.6.2 (トーリック超ケーラー多様体 (cf. [BLPW], [Nag]))

$d \times m$-整数値行列 A と $m \times (m-d)$-整数値行列 B で次の系列

$$0 \to \mathbf{Z}^{m-d} \overset{B}{\to} \mathbf{Z}^m \overset{A}{\to} \mathbf{Z}^d \to 0$$

が完全となるものを考える.[Part 1],5 章で行ったように m 次元代数トーラスを m 次元複素ベクトル空間 V と双対空間 V^* の直和 $V \oplus V^*$ に

$$(z_1, \ldots, z_m, w_1, \ldots, w_m) \mapsto (t_1 z_1, \ldots, t_m z_m, t_1^{-1} w_1, \ldots, t_m^{-1} w_m)$$

によって作用させる.$V \oplus V^*$ 上にはシンプレクティック形式 $\omega = \Sigma dw_i \wedge dz_i$ が存在して,この作用は ω を保つ.A によって d 次元代数トーラス T^d が T^m に埋め込まれるので T^d が $(V \oplus V^*, \omega)$ に作用する.この作用からモーメント写像 $\mu \colon V \oplus V^* \to (\mathfrak{t}^*)^d$ が決まる.自然な同一視によって $(\mathfrak{t}^*)^d = \mathbf{C}^d$ と思うと,

$$\mu(z_1, \ldots, z_m, w_1, \ldots, w_m) = \Sigma z_i w_i \mathbf{a}_i$$

である.ここで $\mathbf{a}_i$ は A の第 i-列である.$\alpha \in \mathrm{Hom}_{alg.gp}(T^d, \mathbf{C}^*)$ に対して

$$X(A, \alpha) := V \oplus V^* /\!/_\alpha T^d, \quad Y(A, \alpha) := \mu^{-1}(0) /\!/_\alpha T^d$$

と置いて,$X(A, \alpha)$ をローレンス多様体,$Y(A, \alpha)$ をトーリック超ケーラー多様体と呼んだのであった.$X(A, 0), Y(A, 0)$ はともにアフィン多様体であり,射影的双有理写像 $X(A, \alpha) \to X(A, 0), Y(A, \alpha) \to Y(A, 0)$ が存在する.さ

らに A は次の条件 $(*)$ を満たすと仮定する.

$(*)$ A の $d \times d$-小行列式で 0 でないものの値は 1 または -1 である.

この条件があると, α を一般に取れば $X(A, \alpha)$, $Y(A, \alpha)$ は各々 $X(A, 0)$, $Y(A, 0)$ のクレパント特異点解消になっている. ゲール (Gale) 双対性から A が $(*)$ を満たすことと B が次の条件 $(**)$ を満たすことは同値である ([C-L-S], Lemma 14.3.1 の **Z**-加群バージョンを用いよ).

$(**)$ B の $(m - d) \times (m - d)$-小行列式で 0 でないものの値は 1 または -1 である.

さて [Part 1], 5 章の最初で注意したように次の条件を課しておく.

条件 (i) B の行ベクトルはどれも 0 でない.

さらに次に述べるような変換を行ってもローレンス多様体, トーリック超ケーラー多様体自体は同じものになる.

(変換 I)：A の i-列目と j-列目を入れ替えた行列を A', B の i-行目と j-行目を入れ替えた行列を B' とすると, A', B' に関して最初に考えた系列は完全になって $X(A', \alpha)$, $Y(A', \alpha)$ を定義する. さらに $\mathbf{C}^{2m}$ において z_i と z_j, w_i と w_j を入れ替える写像を $\Phi: \mathbf{C}^{2m} \to \mathbf{C}^{2m}$ とすると, Φ はポアソン同型射 $X(A, \alpha) \cong X(A', \alpha)$, $Y(A, \alpha) \cong Y(A', \alpha')$ を誘導する.

(変換 II)：今度は A の i-列目を -1 倍したものを A', B の i-行目を -1 倍したものを B' とすると, $X(A', \alpha)$ と $Y(A', \alpha)$ が定義される. $\mathbf{C}^{2m}$ において $(z_i, w_i) \to (-w_i, z_i)$ に送る写像を $\Phi: \mathbf{C}^{2m} \to \mathbf{C}^{2m}$ とすると, Φ はやはりポアソン同型射 $X(A, \alpha) \cong X(A', \alpha)$, $Y(A, \alpha) \cong Y(A', \alpha')$ を誘導する.

ここで B の行ベクトルで互いに平行なものが 2 つあったとする. (i) よりともに零ベクトルではない. また $(**)$ よりこれらはともに原始的 (すなわち成分の共通因子は 1) である. したがって 2 つのベクトルは一致するか互いに -1 倍になっている.

そこで, 必要ならば上の 2 つのタイプの変換を A, B に施して B は次の条件 (ii) を満たすとしてよい.

条件 (ii) m の適当な分割 $[d_1, d_2, \ldots, d_l]$ が存在して 1-行目から d_1-行目までのベクトルは同じものでこれを $\mathbf{b}_1$ とする. さらに $d_1 + 1$-行目から d_2-行目までのベクトルはすべて同じでこれを $\mathbf{b}_2$ とする, 以後同様にして, 最後に $d_1 + \cdots + d_{l-1} + 1$-行目から m-行目までのベクトルを $\mathbf{b}_l$ とする. $\mathbf{b}_1, \mathbf{b}_2, \ldots, \mathbf{b}_l$,

は互いに平行ではない.

モーメント写像 μ は射

$$\bar{\mu}_\alpha \colon X(A, \alpha) \to \mathbf{C}^d$$

を誘導して $\bar{\mu}_\alpha$ は $X(A, 0)$ を経由する:

$$X(A, \alpha) \to X(A, 0) \xrightarrow{\bar{\mu}} \mathbf{C}^d.$$

このとき $\bar{\mu}_\alpha^{-1}(0) = Y(A, \alpha)$ であり $\bar{\mu}_\alpha$ は $Y(A, \alpha)$ の普遍ポアソン変形を与える. これは $\bar{\mu}_\alpha$ に対する周期写像 $p \colon \mathbf{C}^d \to H^2(Y(A, \alpha), \mathbf{C})$ が同型であることからしたがう. この同型性は周期写像が**カーバン** (Kirwan) **写像**と呼ばれる線形写像に一致していることと, カーバン写像が B の条件 (i) から同型になることに由来する. ここで

$$W := \prod_{1 \le i \le l} \mathfrak{S}_{d_i}$$

と置き, W の元 σ を $\{1, 2, \ldots, d_1\}$ の置換 σ_1, $\{d_1 + 1, \ldots, d_1 + d_2\}$ の置換 $\sigma_2, \ldots, \{d_1 + \cdots + d_{l-1} + 1, \ldots, d_l\}$ の置換 σ_l の積 $\sigma_1 \times \sigma_2 \times \cdots \times \sigma_l$ の形であらわされる $\{1, 2, \ldots, m\}$ の置換とみなす. このとき W は $X(A, 0) \xrightarrow{\bar{\mu}} \mathbf{C}^d$ に次のように作用する. まず $\sigma \in W$ を $V \oplus V^*$ に $z_i \to z_{\sigma(i)}, w_i \to w_{\sigma(i)}$ で作用させる. $V \oplus V^*$ には代数トーラス T^d が作用するが, 一般にこの 2 つの作用は可換ではない. しかし $x \in V \oplus V^*$ に対して $t \in T^d$ と $\sigma \in W$ を取って $t \circ \sigma(x)$ と $\sigma \circ t(x)$ を比較してみると, 両者は同じ T^d-軌道上にある. このことから W は $X(A, 0) := V \oplus V^* /\!\!/_0 T^d$ に作用する. $z_i w_i$ は $V \oplus V^*$ の T^d-不変な多項式関数なので, $X(A, 0)$ 上の関数とみなせる. したがって射

$$f \colon X(A, 0) \to \mathbf{C}^m$$

を

$$(z_1, \ldots, z_m, w_1, \ldots, w_m) \mapsto (z_1 w_1, \ldots, z_m w_m)$$

によって定義することができる. 一方で $A \colon \mathbf{C}^m \to \mathbf{C}^d$ を

$$(u_1, \ldots, u_m) \mapsto \sum u_i \mathbf{a}_i$$

によって定義する. ここで $\mathbf{a}_i$ は $d \times m$-行列 A の第 i-行ベクトルであり, $\mathbf{C}^d$

を d 次の縦ベクトル全体の集合とみなしている. このとき $\bar{\mu}$ は f と A に分解する:

$$\bar{\mu}: X(A,0) \xrightarrow{f} \mathbf{C}^m \xrightarrow{A} \mathbf{C}^d.$$

$\mathbf{C}^m$ に $u_i \to u_{\sigma(i)}$ によって W を作用させると f は W-同変になる. 最後に $\mathbf{C}^m$ の W-作用は $\mathbf{C}^d$ 上の作用に降下することを示そう. 線形写像 $A: \mathbf{C}^m \to \mathbf{C}^d$ の核 $\mathrm{Ker}(A)$ は, この例の一番最初で与えた完全系列から $B: \mathbf{C}^{m-d} \to \mathbf{C}^m$ の像 $\mathrm{Im}(B)$ に一致する. B に課した条件 (ii) より $\mathrm{Im}(B)$ の元の第 1 成分から第 d_1-成分, 第 $d_1 + 1$-成分から第 $d_1 + d_2$-成分, ..., 第 $d_1 + \cdots + d_{l-1} + 1$-成分 から第 $d_1 + \cdots + d_l$-成分は各々同じ値を取る. したがって W によって $\mathrm{Im}(B)$ の元は不変であり, W は $\mathbf{C}^m/\mathrm{Ker}(A) = \mathbf{C}^d$ に作用する. $\sigma \in W$ によって $\mathbf{a}_i \in \mathbf{C}^d$ は $\mathbf{a}_{\sigma(i)} \in \mathbf{C}^d$ に移ることに注意する. さらに $\bar{\mu}$ は W-同変である. このことから W は $\bar{\mu}$ のファイバーを再び (一般に別の) ファイバーに移す. より詳しく W の作用を見ると W は $\bar{\mu}^{-1}(0) = Y(A,0)$ には自明に作用することがわかる. このとき可換図式

$$
\begin{array}{ccc}
X(A,0) & \longrightarrow & X(A,0)/W \\
\bar{\mu} \downarrow & & \downarrow \\
\mathbf{C}^d & \longrightarrow & \mathbf{C}^d/W
\end{array}
\tag{5.45}
$$

はファイバー積になり, $X(A,0)/W \to \mathbf{C}^d/W$ が $Y(A,0)$ のポアソン変形になる. 実は W が $Y(A,0)$ のワイル群であり, 定理 5.3.1 で考えた可換図式は

$$
\begin{array}{ccc}
X(A,\alpha) & \longrightarrow & X(A,0)/W \\
\bar{\mu}_\alpha \downarrow & & \downarrow \\
\mathbf{C}^d & \longrightarrow & \mathbf{C}^d/W
\end{array}
\tag{5.46}
$$

に一致する. 証明のアイデアを簡単に説明しよう. B の条件から $Y(A,0)$ の余次元 2 のシンプレクティックリーフはちょうど l 個の連結成分を持ち, $Y(A,0)$ は各々の連結成分にそって A_{d_i-1}-型のクライン特異点を持つことが証明できる. したがってワイル群 W' は $W = \prod_{1 \le i \le l} \mathfrak{S}_{d_i}$ の部分群である. $\mathbf{C}^d/W'$ 上の $Y(A,0)$ の普遍ポアソン変形を $\mathcal{Y} \to \mathbf{C}^d/W'$ とする. このとき商写像 $q': \mathbf{C}^d \to \mathbf{C}^d/W'$ によって $\mathcal{Y}$ を引き戻したものが $X(A,0) \to \mathbf{C}^d$ に一致す

る．一方すでに $\mathbf{C}^d/W$ 上に $Y(A,0)$ のポアソン変形 $X(A,0)/W$ が構成できているので射 $\pi\colon \mathbf{C}^d/W \to \mathbf{C}^d/W'$ が存在して，π で $\mathcal{Y} \to \mathbf{C}^d/W'$ を引き戻したものが $X(A,0)/W$ である．しかし $X(A,0) \to \mathbf{C}^d$ は商写像 $q\colon \mathbf{C}^d \to \mathbf{C}^d/W$ によって $X(A,0)/W \to \mathbf{C}^d/W$ を引き戻したものなので

$$q'\colon \mathbf{C}^d \xrightarrow{q} \mathbf{C}^d/W \xrightarrow{\pi} \mathbf{C}^d/W'$$

と分解する．q' と q はそれぞれ $W' \subset GL(d,\mathbf{C})$ と $W \subset GL(d,\mathbf{C})$ による商写像であった．さらに $W' \subset W$ なので $W' = W$ がわかる．　$\square$

参 考 文 献

[Ar] Artin, M.: Algebraic approximation of structures over complete local rings, Publ.Math. I.H.E.S. **36** (1969), 23–58

[BCHM] Birkar, C., Cascini, P., Hacon, C., McKernan, J.: Existence of minimal models for varieties of log general type, J. Amer. Math. Soc. **23** (2010), 405–468

[BLPW] Braden, T., Licata, A., Proudfoot, N., Webster, B.: Quantizations of conical symplectic resolutions II: category $\mathcal{O}$ and symplectic duality. with an appendix by I. Losev, Asterisque **384** (2016), 75–179

[Bo] Borel, A.: Linear algebraic groups, second enlarged edition, Springer GTM **126**, 1991

[Bour] Bourbaki, N.: Elements of Mathematics, Lie groups and Lie algebras, Chapters 4–6, Springer Verlag, 2005

[Br] Brieskorn, E.: Singular elements of semisimple algebraic groups, in Actes Congrès Intern. Math., Nice, 1970 (Gauthier Villars, Paris, 1971), vol.2, 279–284

[C-G] Chriss, N., Ginzburg, V.: Representation theory and complex geometry. Birkhauser Boston, Inc., Boston, MA, 1997, x+495 pp.

[C-M] Collingwood, D., McGovern, W.: Nilpotent orbits in semisimple Lie algebras, Van Nostrand Reinhold Math. Series, 1993

[C-L-S] Cox, D., Little, J., Schenck, H.: Toric varieties. Graduate Studies in Mathematics, **124**. American Mathematical Society, Providence, RI, 2011, xxiv+841 pp.

[EGA III] Grothendieck, A., Dieudonne, J.: Elements de Geometrie Algebrique, Etude cohomologique des faisceaux coherents, Publ. Math. IHES **11** (1961), **17**, (1963)

[G-K] Ginzburg, V., Kaledin, D.: Poisson deformations of symplectic quotient singularities, Adv. Math. **186** (2004), 1–57

[Gr] Grothendieck, A.: On the de Rham cohomology of algebraic varieties, Publ. Math. IHES **29** (1966), 95–103

[Ha] Hartshorne, R.: Algebraic geometry. Graduate Texts in Mathematics, **52**. Springer-Verlag, New York-Heidelberg, 1977, xvi+496 pp.

[Ho] Hochschild, G.P.: Basic theory of algebraic groups and Lie algebras, Graduate Texts Math. **75** (1981)

[Hu] Humphreys, J.: Introduction to Lie algebras and representation theory. Graduate Texts in Mathematics, **9**. Springer-Verlag, New York-Berlin, 1972. xii+169 pp.

[Iv] Iversen, B.: Cohomology of sheaves. Universitext. Springer-Verlag, Berlin, 1986, xii+464 pp.

[K-H] 加藤信一, 堀田良之：Springer 表現とその周辺, 第 5 回代数セミナー報告集 II, 1982

[KKMS] Kempf, G., Knudsen, F., Mumford, D., Saint-Donat, B.: Toroidal embeddings. I. Lecture Notes in Mathematics, **339**. Springer-Verlag, Berlin-New York, 1973, viii+209 pp.

[Ko] Kostant, B.: Lie group representations on polynomial rings, Amer. J. Math. **85** (1963), 327–404

[LNS] Lehn, M., Namikawa, Y., Sorger, C.: Slodowy slices and universal Poisson deformations, Compos. Math. **148** (2012), 121–144

[Ma] 松村英之：可換環論, 共立出版

[Mat] 松島与三：多様体入門, 裳華房

[Matz] 松澤淳一：特異点とルート系, 朝倉書店

[Mi] Milne, J.: Algebraic groups, Cambridge Studies in Advanced Mathematics, **170** Cambridge University Press, Cambridge, 2017, xiv+644 pp.

[Na 1] Namikawa, Y.: Flops and Poisson deformations of symplectic varieties, Publ. Res. Inst. Math. Sci. **44** (2008), 259–314

[Na 2] Namikawa, Y.: Poisson deformations of affine varieties, Duke Math. J. **156** (2011), 51–85

[Na 3] Namikawa, Y.: Poisson deformations of affine symplectic varieties, II, Kyoto J. Math. **50** (2010), 727–752

[Na 4] Namikawa, Y.: Poisson deformations and birational geometry. J. Math. Sci. Univ. Tokyo **22** (2015), no. 1, 339–359. Math. Ann. **319** (2001), 597–623

[Part 1] 並河良典：複素代数多様体, —正則シンプレクティック構造からの視点—, サイエンス社 (2021)

[Nag]   Nagaoka, T.: The universal Poisson deformation of hypertoric varieties and some classification results, arXiv:1810.02961

[Sch]   Schlessinger, M.: Functors of Artin rings, Trans. Amer. Math. Soc. **130** (1968), 208–222

[Slo]   Slodowy, P.: Simple singularities and simple algebraic groups, Lecture Notes in Mathematics, **815** (Springer, New York, 1980)

索　　引

著者略歴

並河 良典
（なみ かわ よし のり）

1986 年　京都大学理学部卒業
1991 年　博士（理学）（京都大学）
2005 年　大阪大学大学院理学研究科教授
2008 年　京都大学大学院理学研究科教授
2020 年　京都大学数理解析研究所教授

主要著書
『複素代数多様体』（サイエンス社，2021）

ライブラリ数理科学のための数学とその展開＝AL3

複素シンプレクティック代数多様体
―特異点とその変形―

2021 年 6 月 10 日ⓒ　　　　　　　　　　　初 版 発 行

著　者　並河良典　　　　　発行者　森平敏孝
　　　　　　　　　　　　　印刷者　大道成則

発行所　　**株式会社　サイエンス社**

〒151-0051　東京都渋谷区千駄ヶ谷 1 丁目 3 番 25 号
営業 ☎ (03)5474-8500（代）　振替 00170-7-2387
編集 ☎ (03)5474-8600（代）
FAX ☎ (03)5474-8900

印刷・製本　（株）太洋社

《検印省略》

サイエンス社のホームページのご案内
https://www.saiensu.co.jp
ご意見・ご要望は
rikei@saiensu.co.jp　まで.

ISBN978-4-7819-1512-8

PRINTED IN JAPAN